环境工程CAD绘图快速入门

视频+案例版

谭荣伟 编著

化学工业出版社
·北京·

U0376134

内容简介

《环境工程 CAD 绘图快速入门（视频＋案例版）》通过视频操作讲解与专业实例介绍相结合，详细介绍了 AutoCAD 绘图各种操作技法及其在环境工程中的使用方法，为环境工程学习 CAD 绘图提供快速直观的操作指导和练习案例。

本书分上下两篇，上篇以 AutoCAD 2022 简体中文版本为例，对 AutoCAD 常用功能命令及基本操作，以"文字＋视频"的方式逐一讲解其绘图操作步骤及使用方法。视频操作简单明了。文字内容与讲解视频紧密结合，快速直观便于学习，易于掌握。下篇详细介绍环境工程常见设计图案例绘制方法，是 CAD 在环境工程绘图中的具体应用。通过丰富的专业案例练习，可以进一步巩固上篇所学内容，快速掌握 CAD 绘图技能。

本书适合从事环境工程、环境保护、环境监督、环境咨询管理等专业的设计师、工程师与相关施工管理技术人员作为学习 AutoCAD 进行环境工程设计图形绘制的实用入门指导用书；也可以作为环境工程相关行业领域初、中级技术职业学校和高等院校师生的教学、自学 CAD 图书以及社会相关领域 CAD 培训实用教材，也是环境工程学习 CAD 绘图不可多得的参考资料。

图书在版编目（CIP）数据

环境工程 CAD 绘图快速入门：视频＋案例版/谭荣伟编著 . —北京：化学工业出版社，2022.9（2023.8 重印）
ISBN 978-7-122-41335-2

Ⅰ.①环⋯　Ⅱ.①谭⋯　Ⅲ.①环境工程-计算机辅助设计-AutoCAD 软件-教材　Ⅳ.①X5- 9

中国版本图书馆 CIP 数据核字（2022）第 074624 号

责任编辑：袁海燕
责任校对：宋　玮
装帧设计：王晓宇

出版发行：化学工业出版社（北京市东城区青年湖南街 13 号　邮政编码 100011）
印　　装：北京科印技术咨询服务有限公司数码印刷分部
787mm×1092mm　1/16　印张 23¼　字数 619 千字
2023 年 8 月北京第 1 版第 2 次印刷

购书咨询：010-64518888
售后服务：010-64518899
网　　址：http: //www. cip. com. cn
凡购买本书，如有缺损质量问题，本社销售中心负责调换。

定　　价：88. 00 元

环境工程（Environmental Engineering）是研究和从事防治环境污染和提高环境质量的科学技术，环境工程同生物学中的生态学、医学中的环境卫生学和环境医学，以及环境物理学和环境化学有关。环境工程学科领域还在发展，但其核心是环境污染源的治理。环境工程学是一个庞大而复杂的技术体系，它不仅研究防治环境污染和公害的措施，而且研究自然资源的保护和合理利用，探讨废物资源化技术、改革生产工艺、发展少害或无害的闭路生产系统，以及按区域环境进行运筹学管理，以获得较大的环境效应和经济效益，这些都成为环境工程的重要发展方向。

"互联网＋"及计算机硬件技术的飞速发展，使更多更好、功能强大全面的工程设计软件得到更为广泛的应用，其中 AutoCAD 无疑是比较成功的典范。AutoCAD 是美国欧特克（Autodesk）公司的通用计算机辅助设计（Computer Aided Design，即 CAD 简称）软件，AutoCAD R10 是 AutoCAD 的第 1 个版本，于 1982 年 12 月发布。AutoCAD 至今已进行了十多次的更新换代，包括 DOS 版本 AutoCAD R12、Windows 版本 AutoCAD R14、更为强大的 AutoCAD 2010～2022 版本等，在功能性、操作性和稳定性等诸多方面都有了质的变化。凭借其方便快捷的操作方式、功能强大的编辑功能以及能适应各领域工程设计多方面需求的功能特点，AutoCAD 已经成为当今工程领域进行二维平面图形绘制、三维立体图形建模的主流工具之一。"一带一路"规划将带动全国各地大规模的包括环境工程在内的各项基础设施建设。环境工程的基础工程建设现在和未来将需要更多掌握 AutoCAD 的各种专业技术人才。

《环境工程 CAD 绘图快速入门》自出版以来，由于其切合环境工程实际操作情况，操作精要实用、内容全面、资料丰富，深受广大读者欢迎和喜爱。诚然，随着软件技术的不断发展，该书也显示不足一面，例如文字图表讲解有点不直观，易产生单调的感觉。

为完善本书的内容，结合目前最新 AutoCAD 2022 简体中文版本，作者对《环境工程 CAD 绘图快速入门》的内容进行了全面修改、调整和补充。更新后的本书内容，首次以"视频＋案例"组合方式呈现，对本书所阐述的 AutoCAD 功能进行全面而详细的视频操作讲解，使得内容更为直观易懂；同时保留原有丰富实用的专业案例内容，作为进一步熟悉和巩固 AutoCAD 操作技能绘制练习使用。

本书的特点是通过 169 个视频操作讲解及多个环境工程专业实例介绍相结合，详细介绍了 AutoCAD 绘图各种操作技法及其在环境工程中的使用方法，为环境工程学习 CAD 绘图提供快速直观的操作指导和练习案例。

本书分上下两篇，上篇以 AutoCAD 2022 简体中文版本为例，对 AutoCAD 各个常用功能命令及基本操作，以视频方式逐一讲解其绘图操作步骤及使用方法。所述内容全面，视频操作简单明了，包含众多技巧，也有独门秘籍。文字内容与讲解视频，二者紧密结合，相得益彰，快速直观便于学习，易于掌握。下篇为环境工程常见设计图案例绘制方法详细介绍，是 CAD 在环境工程绘图中的具体应用。通过丰富的专业案例练习，可以进一步巩固上篇所学内容，快速掌握 CAD 绘图技能。

由于 AutoCAD 绝大部分基本绘图功能命令是基本一致或完全一样的，其操作使用方法也是基本一样的。因此，本书同样适合 AutoCAD 2022 以前版本（如 AutoCAD 2000～2022）以及以后推出的新版本学习使用参考。

本书适合作为环境工程、环境保护、环境监督、环境咨询管理等专业的设计师、工程师与相关施工管理技术人员，学习 AutoCAD 进行环境工程设计图形绘制的实用入门指导用书；也可以作为环境工程相关行业领域初、中级技术职业学校和高等院校师生的教学、自学 CAD 图书以及社会相关领域 CAD 培训实用教材，也是环境工程学习 CAD 绘图不可多得的参考资料。

本书主要由谭荣伟组织修改及编写，黄冬梅等参加了相关章节编写。由于编著者水平有限，虽经再三勘误，仍难免有纰漏之处，欢迎广大读者予以指正。

编著者

2022 年 1 月

目录

CONTENTS

上篇　环境工程 CAD 绘图操作视频讲解

第 3 章
环境工程 CAD 基本图形绘制方法　109

第 7 章
环境工程 CAD 图打印与转换输出　　261

下篇　环境工程 CAD 绘图操作练习案例

第 8 章
环境工程工艺流程 CAD 绘制　　290

第 9 章
环境设施安装图 CAD 绘制

308

第 10 章
环境工程构筑物施工图 CAD 绘制

324

第 11 章
环境工程轴测图 CAD 绘制

344

上篇
环境工程CAD绘图操作视频讲解

第1章

环境工程
CAD绘图综述

1.0 本章操作讲解视频清单

本章涉及的相关功能命令操作讲解视频清单及其下载地址见表1.0。各个视频下载地址可以通过手机微信扫描表中相应二维码获取，获取下载地址后即可通过网络免费下载。

学习CAD绘图功能命令相关内容时，建议观看相应的操作讲解视频后再进行操作练习，对尽快掌握相关知识及操作技能有帮助。

表 1.0　本章各个讲解视频清单及其播放或下载地址

视频名称	V1 AutoCAD 2022 安装过程		视频名称	V2 AutoCAD 2022 启动方法	
	功能简介	安装 AutoCAD 2022 软件		功能简介	启动 AutoCAD 2022 软件
	命令名称	—		命令名称	—
	章节内容	第 1.3.2 节		章节内容	第 1.3.2 节

注：使用手机扫描表中二维码，即可在手机上直接播放相应的操作讲解视频（建议横屏观看）。也可以使用手机扫描表中二维码，将视频文件转发到电脑端播放或下载后播放（参考方法：点击视频右上角的"…"符号，再点击弹出的"复制链接"，将链接地址发送至电脑端即可）。下同。

本章结合环境工程设计的特点和要求，讲解CAD在环境工程设计及管理工作中的应用及其绘制方法的一些基础知识。在实际环境工程实践中，该专业的工程师及技术管理人员学习掌握CAD绘图技能是十分必要的，因为CAD可以有力地促进环境工程及施工管理工作，

CAD在一定程度上可以提高工作效率，方便进行技术交底、工作交流及汇报等。CAD可以应用于环境工程中的方案图、施工图、竣工图、大样图等多方面图纸及方案绘制工作。

1.1 环境工程 CAD 绘图知识快速入门

在环境工程中（图1.1），常常需要绘制各种图纸，例如环境工程设计工艺图、方案图、安装图及施工图等，这些都可以使用CAD轻松快速完成。特别说明一点，最为便利的还在于，环境工程各种图形与表格使用CAD绘制完成后，还可以将所绘制图形从CAD软件中轻松转换输出JPG/BMP格式图片或PDF格式文件等，可以轻松应用到WORD文档中，方便使用和浏览。CAD图形具体转换方法在后面的章节中详细介绍。因此，从事环境工程设计及管理工作的相关技术人员，学习CAD绘图是很有用处的。

图 1.1　环境工程

1.1.1 关于环境工程

环境工程（Environmental Engineering）是研究和从事防治环境污染和提高环境质量的科学技术，环境工程同生物学中的生态学、医学中的环境卫生学和环境医学，以及环境物理学和环境化学有关。由于环境工程处在初创阶段，学科的领域还在发展，但其核心是环境污染源的治理。迄今为止，人们对环境工程这门学科还存在着不同的认识。有人认为，环境工程是研究环境污染防治技术的原理和方法的学科，主要是研究对废气、废水、固体废物、噪声，以及对造成污染的放射性物质、热、电磁波等的防治技术；有人则认为环境工程除研究污染防治技术外还应包括环境系统工程、环境影响评价、环境工程经济和环境监测技术等方面的研究。尽管对环境工程的研究内容有不同的看法，但是从环境工程发展的现状来看，其基本内容主要有大气污染防治工程、水污染防治工程、固体废物的处理和利用、环境污染综合防治、环境系统工程等几个方面。环境工程学是一个庞大而复杂的技术体系，它不仅研究防治环境污染和公害的措施，而且研究自然资源的保护和合理利用，探讨废物资源化技术、改革生产工艺、发展少害或无害的闭路生产系统，以及按区域环境进行运筹学管理，以获得较大的环境效应和经济效益，这些都成为环境工程的重要发展方向。图1.2为常见的环境工程图纸。

1.1.2 环境工程绘图方式

早期的环境工程进行图纸绘制主要是手工绘制，绘图的主要工具和仪器有绘图桌、图板、丁字尺、三角板、比例尺、分规、圆规、绘图笔、铅笔、曲线板和模板等。手工绘制图纸老一辈工程师和施工管理技术人员是比较熟悉的，年轻一代使用比较少，作为环境工程工程师或技术人员，了解一下其历史，也挺有知识和趣味的，如图1.3所示。

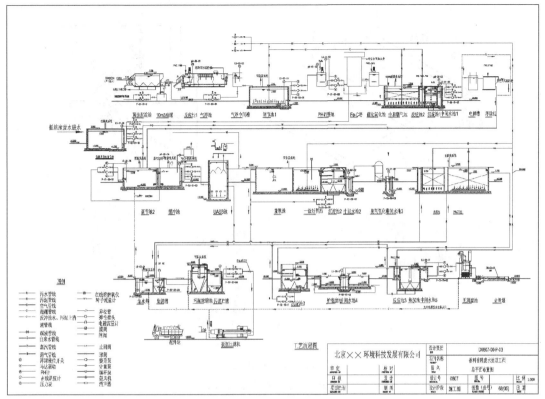

(a) 某水处理项目工艺图

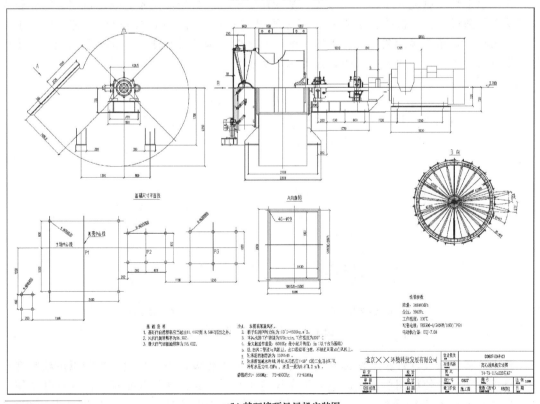

(b) 某环境项目风机安装图

图 1.2　常见环境工程图纸

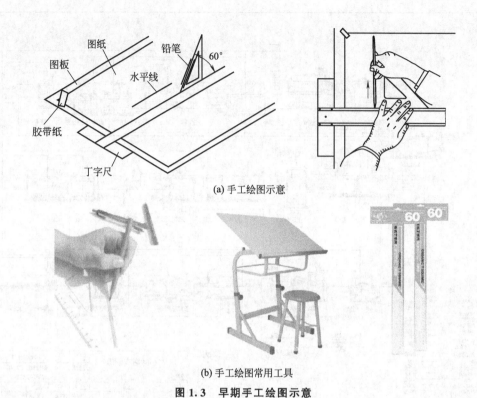

(a) 手工绘图示意

(b) 手工绘图常用工具

图1.3　早期手工绘图示意

　　比纯手工绘图更进一步的绘图方式，是使用绘图机及其相应设备。绘图机是当时比较先进的手工绘图设备，其机头上装有一对互相垂直的直尺，可作360°的转动，它能代替丁字尺、三角板、量角器等绘图工具的工作，画出水平线、垂直线和任意角度的倾斜线。绘图机分为钢带式绘图机、导轨式绘图机，如图1.4所示。

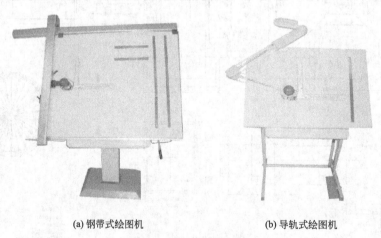

(a) 钢带式绘图机　　　　　　　　(b) 导轨式绘图机

图1.4　常见手工绘图机

　　随着计算机及其软件技术快速发展，在现在环境工程设计中，环境工程图纸的绘制都已经计算机数字化，使用图板、绘图笔和丁字尺等工具手工绘制图纸几乎很少。现在基本使用台式电脑或笔记本进行图纸绘制，然后使用打印机或绘图仪输出图纸，如图1.5、图1.6所示。

(a) 台式电脑

(b) 笔记本电脑

图 1.5 图纸绘制设备

(a) 打印机

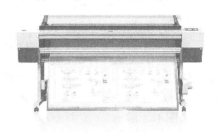
(b) 绘图仪

图 1.6 图纸打印输出设备

1.1.3 环境工程 CAD 绘图图幅、线型和字体

1.1.3.1 环境工程 CAD 绘图常见图幅大小

  环境工程图纸的图纸幅面和图框尺寸，即图纸图面的大小，按 GB/T 18229《CAD 工程制图规则》、GB/T 18112《房屋建筑 CAD 制图统一规则》等国家相关规范规定，分为 A4、A3、A2、A1 和 A0，具体大小详见表 1.1 和图 1.7 所示，图幅还可以在长边方向加长一定的尺寸，参见环境工程和环境工程制图相关规范，在此从略。使用 CAD 进行绘制时，也完全按照前述图幅进行。图框详细 CAD 绘制方法在后面章节进行论述。

表 1.1 图纸幅面和图框尺寸   单位：mm

尺寸代号 ＼ 幅画代号	A4	A3	A2	A1	A0
$b \times l$	210×297	297×420	420×594	594×841	841×1189
c	5	5	10	10	10
a	25	25	25	25	25

  图纸以短边作为垂直边称为横式，以短边作为水平边称为立式。一般 A0～A3 图纸宜横式使用；必要时，也可立式使用。此外，CAD 还有一个更为灵活的地方，CAD 可以输出任意规格大小的图纸，但这种情况一般在作为草稿、临时使用，不宜作为正式施工图纸。在环境工程实际工程施工实践中，A3、A2 图幅大小的图纸使用最方便，比较受施工相关人员欢迎。

1.1.3.2 环境 CAD 图形常见线型

  按照《CAD 工程制图规则》、《房屋建筑 CAD 制图统一规则》等国家制图行业标准及规范的相关规定，制图图线宽度分为粗线、中线、细线，从 $b=0.18$mm、0.25mm、0.35mm、0.50mm、0.70mm、1.0mm、1.4mm、2.0mm 线宽系列中根据需要选取使用；

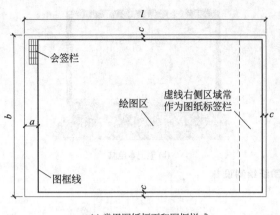
(a)常用图纸幅面和图框样式

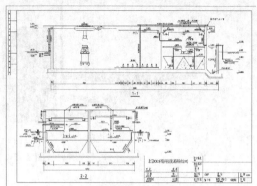
(b)环境图纸布局实例

图 1.7　环境图纸图幅示意

该线宽系列的公比为 $1:\sqrt{2}\approx1:1.4$，粗线、中粗线和细线的宽度比率为 $4:2:1$，在同一图样中同类图线的宽度一致，如表 1.2 所列，线型则有实线、虚线、点划线、折断线和波浪线等类型，如图 1.8 示意。

表 1.2　常用线宽组要求　　　　　　　　　　　　　　　　单位：mm

线宽比	线　宽　组					
b	2.0	1.4	1.0	0.7	0.5	0.35
$0.5b$	1.0	0.7	0.5	0.35	0.25	0.18
$0.25b$	0.5	0.35	0.25	0.18	—	

注：1. 需要微缩的图纸，不宜采用 0.18mm 及更细的线宽。
　　2. 同一张图纸内，各不同线宽中的细线，可统一采用较细的线宽组的细线。

　　环境工程 CAD 绘图即是按照上述线条宽度和线型进行的，实际绘图时根据图幅大小和出图比例调整宽度大小，具体绘制方法在后面章节详细论述，其中细线实际在 CAD 绘制中是按默认宽度为 0 进行绘制。

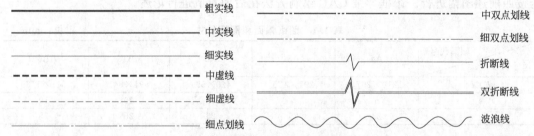

图 1.8　常用环境 CAD 制图图线

　　一般情况下，图线不得与文字、数字或符号重叠、混淆，不可避免时，应首先保证文字等的清晰。虚线与虚线交接或虚线与其他图线交接时，应是线段交接。虚线为实线的延长线时，不得与实线连接。同一张图纸内，相同比例的各图样，应选用相同的线宽组。

1.1.3.3　环境 CAD 图形常见字体和字号

　　按照《CAD 工程制图规则》、《房屋建筑 CAD 制图统一规则》等国家制图规范的相关规定，CAD 环境工程制图图样中汉字、字符和数字应做到排列整齐、清楚正确，尺寸大小协调一致。汉字、字符和数字并列书写时，汉字字高略高于字符和数字字高。CAD 图上的文字应使用中文标准简化汉字。涉外的规划项目,可在中文下方加注外文;数字应使用阿拉伯数字,计量单位应使用国家法定计量单位;代码应使用规定的英文字母,年份应用公元年表示。

文字高度应按表1.3中所列数字选用。如需书写更大的字,其高度应按$\sqrt{2}$的比值递增。汉字的高度应不小于2.5mm,字母与数字的高度应不小于1.8mm。汉字的最小行距不小于2mm,字符与数字的最小行距应不小于1mm;当汉字与字符、数字混合使用时,最小行距等应根据汉字的规定使用。如图1.9所示。图及说明中的汉字应采用长仿宋体,其宽度与高度的关系一般应符合表1.4的规定。大标题、图册、封面、目录、图名标题栏中设计单位名称、工程名称、地形图等的汉字可选用楷体、黑体等其他字体。

表 1.3 环境设计文字高度 单位:mm

用于蓝图、缩图、底图	3.5、5.0、7.0、10、14、20、25、30、35
用于彩色挂图	7.0、10、14、20、25、30、35、40、45

注:经缩小或放大的城乡规划图,文字高度随原图纸缩小或放大,以字迹容易辨认为标准。

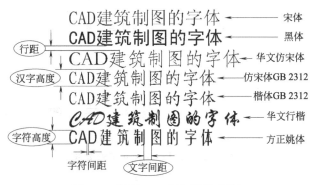

图 1.9 环境 CAD 制图字体间距

表 1.4 长仿宋体宽度与高度关系 单位:mm

字高	20	14	10	7	5	3.5
字宽	14	10	7	5	3.5	2.5

分数、百分数和比例数的注写,应采用阿拉伯数字和数学符号,例如:四分之三、百分之二十五和一比二十应分别写成3/4、25%和1:20。当注写的数字小于1时,必须写出个位的"0",小数点应采用圆点,齐基准线书写,例如0.01。

在实际绘图操作中,图纸上所需书写的文字、数字或符号等,均应笔画清晰、字体端正、排列整齐;标点符号应清楚正确。一般常用的字体有宋体、仿宋体、新宋体、黑体等,根据计算机 Windows 操作系统中字体选择,建议选择常用的字体,以便于 CAD 图形电子文件的交流阅读。字号也即字体高度的选择,根据图形比例和字体选择进行选用,一般与图幅大小相匹配,便于阅读,同时保持图形与字体协调一致,主次分明。

1.1.4 环境工程 CAD 图形尺寸标注基本要求

按照《CAD 工程制图规则》(GB/T 18229)、《房屋建筑 CAD 制图统一规则》(GB/T 18112)等制图规范的相关规定,图样上的尺寸,包括尺寸界线、尺寸线、尺寸起止符号和尺寸数字,如图1.10所示。

图样上的尺寸单位,除标高及总平面以 m(米)为单位外,其他必须以 mm(毫米)为

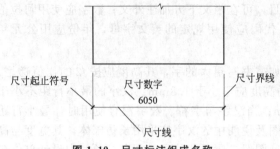

图 1.10　尺寸标注组成名称

单位。尺寸数字一般应依据其方向注写在靠近尺寸线的上方中部。如没有足够的注写位置，最外边的尺寸数字可注写在尺寸界线的外侧，中间相邻的尺寸数字可错开注写。如图 1.11 所示。

CAD 环境工程制图中，尺寸标注起止符号所用到的短斜线、箭头和圆点符号的数值大小，分别宜为 $e = 2.0mm$、$a = 5b$、$r = 2\sqrt{2}\,b$（b 为图线宽度，具体数值参见前面小节相关讲述），如图 1.12 所示，其中短斜线应采用中粗线。标注文本与尺寸线距离 $h_。$不应小于 1.0mm，如图 1.13 所示。

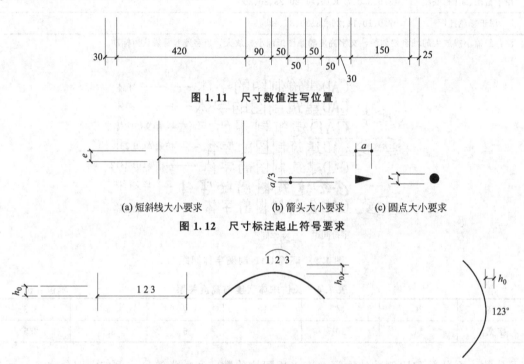

图 1.11　尺寸数值注写位置

(a) 短斜线大小要求　　　　(b) 箭头大小要求　　　　(c) 圆点大小要求

图 1.12　尺寸标注起止符号要求

图 1.13　标注文本的标注位置要求

用于标注尺寸的图线，除特别说明外，应以细线绘制。尺寸界线一端距图样轮廓线 $X_。$不应小于 2.0mm。另一端 $X_。$宜为 3.0mm，平行排列的尺寸线的间距 L_i 宜为 7.0mm。如图 1.14 所示。

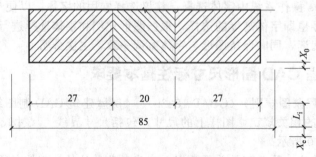

图 1.14　尺寸界线要求

角度的尺寸线应以圆弧表示。该圆弧的圆心应是该角的顶点，角的两条边为尺寸界线。起止符号应以箭头表示，如没有足够位置画箭头，可用圆点代替，角度数字应按水平方向注写。标注圆弧的弧长时，尺寸线应以与该圆弧同心的圆弧线表示，尺寸界线应垂直于该圆弧的弦，起止符号用箭头表示，弧长数字上方应加注圆弧符号"⌒"。如图 1.15 所示。

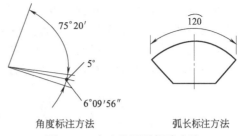

图 1.15　角度和圆弧标注方法

坡度符号常用箭头加百分比或数值比表示，也可用直角三角形表示坡度符号，如图 1.16 所示。

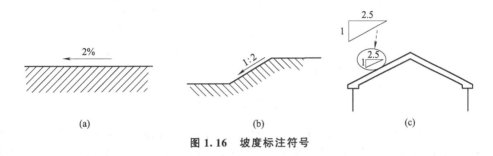

图 1.16　坡度标注符号

标高标注应包括标高符号和标注文本，标高数字应以米为单位，注写到小数点以后第三位。在总平面图中，可注写到小数点以后第二位。零点标高应注写成"±0.000"，正数标高不注"＋"，负数标高应注"－"，例如"3.000"、"－0.600"。

标高符号应以直角等腰三角形表示，按图 1.17(a) 所示形式用细实线绘制，如标注位置不够，也可按图 1.17(b) 所示形式绘制。水平段线 L 根据需要取适当长度，高 h 取约 3.0mm。总平面图室外地坪标高符号，宜用涂黑的三角形表示，如图 1.17(c) 所示。标高符号的尖端应指至被注高度的位置。尖端一般应向下，也可向上。标高数字应注写在标高符号的左侧或右侧，在图样的同一位置需表示几个不同标高时，标高数字可按并列一起形式注写，如图 1.17(d) 所示。

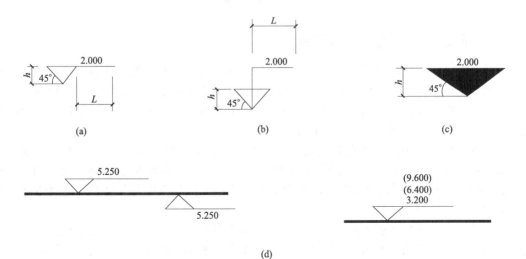

图 1.17　标高标注符号和方法

半径的尺寸线应一端从圆心开始，另一端画箭头指向圆弧。半径数字前应加注半径符号"R"。较小圆弧、较大圆弧的半径可按下图形式标注，如图 1.18(a) 示意。标注圆的直径尺寸时，直径数字前应加直径符号"Φ"或"φ"。在圆内标注的尺寸线应通过圆心，两端画箭头指至圆弧。较小圆的直径尺寸，可标注在圆外。如图 1.18(b) 示意。

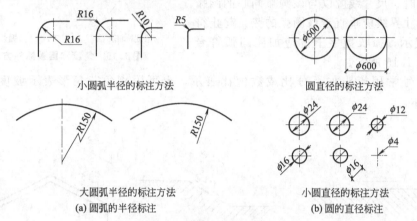

小圆弧半径的标注方法　　　　　　　　　　　　　　圆直径的标注方法

大圆弧半径的标注方法　　　　　　　　　　　　　　小圆直径的标注方法
(a) 圆弧的半径标注　　　　　　　　　　　　　　　(b) 圆的直径标注

图 1.18　圆弧与圆形尺寸标注

　　定位轴线一般应编号，编号应注写在轴线端部的圆内。圆应用细实线绘制，直径 D 为 8～10mm。定位轴线圆的圆心，应在定位轴线的延长线上或延长线的折线上。定位轴线应用细点画线绘制。如图 1.19 所示。

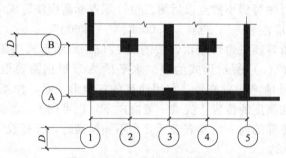

图 1.19　定位轴线及编号标注

1.1.5　环境工程 CAD 图形比例

　　按照《CAD 工程制图规则》、《房屋建筑 CAD 制图统一规则》等国家制图规范的相关规定，一般情况下，一个图样应选用一种比例。根据制图需要，同一图样也可选用两种比例。当构件的纵、横向断面尺寸相差悬殊时，可在同一详图中的纵、横向选用不同的比例绘制。轴线尺寸与构件尺寸也可选用不同的比例绘制。

　　图样的比例，应为图形与实物相对应的线性尺寸之比。比例的大小，是指其比值的大小，如 1∶50 大于 1∶100。比例的符号为冒号"∶"，比例应以阿拉伯数字表示，如 1∶1、1∶2、1∶100、1∶200 等。比例宜注写在图名的右侧，字的基准线应取平；比例的字高宜比图名的字高小一号或二号。

　　一般情况下，环境工程平面图、立面图、剖面图等常用比例为 1∶100、1∶50 等，而节点构造做法等详图常用比例为 1∶1，1∶5，1∶10 等，有的环境施工图可能不标注比例。如图 1.20 为不同比例环境工程施工图。

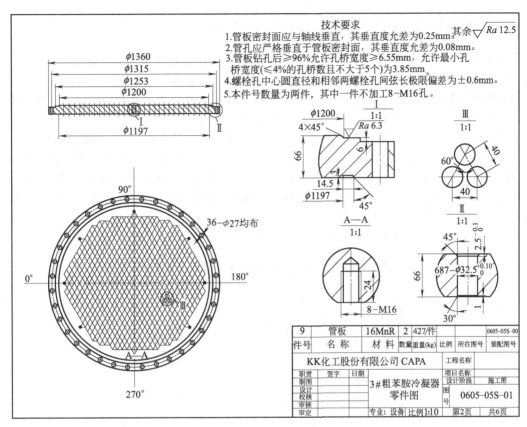

(a) 环境工程设备零件图

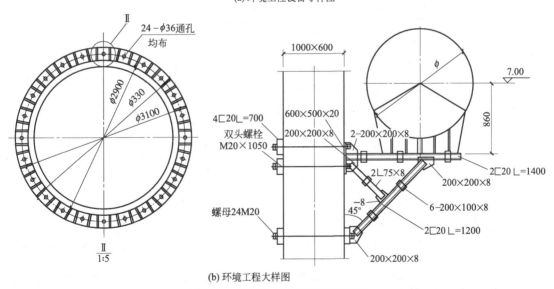

(b) 环境工程大样图

图1.20 不同比例环境工程施工图

1.2 环境工程 CAD 绘图计算机硬件和软件配置

环境工程设计 CAD 绘图，需要有相关的电脑设施（即硬件配置要求），并安装相应的操作系统与 CAD 绘图软件（即软件配置要求），二者都是环境工程设计 CAD 绘图的工具，缺一不可。

1.2.1 环境工程 CAD 绘图相关计算机设备

由于计算机软件功能愈来愈多，程序也愈来愈复杂，对计算机性能要求也就愈来愈高。为了实现软件运行的快速流畅，需要完成的第一项任务是确保计算机满足 CAD 绘图软件运行所需要的最低系统配置要求；如果计算机系统不满足这些要求，则在 AutoCAD 使用中可能会出现一些问题，例如出现无法安装或使用起来十分缓慢费时，甚至经常死机等现象。

若需安装 AutoCAD 2022 以上版本，建议采用表 1.5、表 1.6 不同要求情况配置的计算机，以便获得更为快速的绘图操作效果。当然，若达不到以下计算机配置要求，其实也可以安装使用，只是安装了高版本 AutoCAD 的计算机运行速度可能较慢，操作需要一点耐心。一般而言，目前的个人计算机都可以满足安装和使用要求。安装过程中会自动检测 Windows 操作系统是 32 位（32bit）还是 64 位（64bit）版本。然后安装对应位数版本的 AutoCAD。不能在 32 位系统上安装 64 位版本的 AutoCAD，反之亦然。

表 1.5　AutoCAD 2022 版本一般计算机相关配置参考要求

AutoCAD 2022(包括专用工具集)系统要求(Windows)	
操作系统	64 位 Microsoft® Windows® 10。有关支持信息,请参见 Autodesk 的产品支持生命周期
处理器	基本要求:2.5～2.9GHz 处理器 建议:3GHz 处理器以上
内存	基本要求:8GB 建议:16GB 以上
显示器分辨率	传统显示器:1920×1080 真彩色显示器 高分辨率和 4K 显示器:在 Windows 10(配支持的显卡)上支持高达 3840×2160 的分辨率
显卡	基本要求:1GB GPU,具有 29GB/s 带宽,与 DirectX 11 兼容 建议:4GB GPU,具有 106GB/s 带宽,与 DirectX 12 兼容
磁盘空间	建议 10.0GB 以上
网络	请参见 Autodesk Network License Manager for Windows
指针设备	Microsoft 鼠标兼容的指针设备
.NET Framework	.NET Framework 版本 4.8 或更高版本

表 1.6　AutoCAD 2022 for Mac 系统要求

AutoCAD 2022 for Mac 系统要求	
操作系统	Apple® macOS® Big Sur v11 Apple macOS Catalina v10.15 Apple macOS Mojave v10.14
模型	基本要求:Apple Mac Pro® 4.1、MacBook Pro 5.1、iMac® 8.1、Mac mini® 3.1、MacBook Air®、Mac-Book® 5.1 建议:支持 Metal Graphics Engine 的 Apple Mac®型号,在 Rosetta 2 模式下支持带有 M 系列芯片的 Apple Mac 型号
CPU 类型	64 位 Intel CPU 建议:Intel Core i7 或更高
内存	基本要求:4GB 建议:8GB 或更大
显示器分辨率	基本要求:1280×800 显示器 高分辨率:2880×1800 Retina 显示器

AutoCAD 2022 for Mac 系统要求	
磁盘空间	4GB 可用磁盘空间(用于下载和安装)
指针设备	Apple 兼容的鼠标、Apple 兼容的触控板、Microsoft 兼容的鼠标
显卡	建议:Mac 本地安装的显卡
磁盘格式	APFS、APFS(加密)、Mac OS Extended(日志)、Mac OS Extended(日志,加密)

特别说明一点,自 AutoCAD 2022 版本开始,对常见的 Windows 系统,AutoCAD 要求 64 位的 Windows 10 以上版本才能安装,即不再支持在 Windows 8 \ 7 等系统版本安装 AutoCAD 2022 以上版本。

其他相关硬件设施的配置,根据各自情况确定,如打印机、扫描仪、数码相机、刻录机等备选设备。其他要求见表 1.7。

表 1.7 AutoCAD 2022 大型数据集、点云和三维建模的其他要求

大型数据集、点云和三维建模的其他要求	
内存	8GB 或更大 RAM
磁盘空间	6GB 可用硬盘空间(不包括安装所需的空间)
显卡	3840×2160(4K)或更高的真彩色视频显示适配器,4G 或更大 VRAM,Pixel Shader 3.0 或更高版本,支持 DirectX 的工作站级显卡

1.2.2 环境工程 CAD 绘图相关软件

(1) 建议 CAD 绘图软件 AutoCAD 最新版本是 AutoCAD 2022,现在几乎是每年更新一个版本,目前版本是按年份序号标识,如 AutoCAD 2004、2008、2012、2018、2020等,新的版本如 2023、2024 等按规律也会逐年推出。如图 1.21 所示为 AutoCAD 不同版本。

(a) AutoCAD 2004版本

(b) AutoCAD 2015版本

图 1.21 AutoCAD 不同版本

从 AutoCAD 2010 以后的版本,一般分为 32 位 (32bit) 和 64 位 (64bit) 版本两种类型。安装过程中会自动检测 Windows 操作系统是 32 位还是 64 位版本,然后安装适当版本的 AutoCAD。

(2) 建议计算机操作系统 不同版本的 AutoCAD 采用对应的操作系统或更高版本,一般建议采用以下操作系统的 Service Pack（SP3、SP2、SP1）或更高版本：Microsoft®、Windows® XP、Windows Vista®、Windows 7、Windows 8、Windows 10 等。

注意，自 AutoCAD 2022 版本起仅支持 Windows 10 系统。

AutoCAD 的版本越高，对操作系统和计算机的硬件配置要求也越高。采用高版本操作系统，不仅其操作使用简捷明了，而且运行 AutoCAD 速度也会相对加快，操作起来更为流畅。建议采用较高版本的 AutoCAD 与 Windows 操作系统，二者位数版本要一致。注意 AutoCAD 2017 以后版本要求 Windows 7 以上操作系统。

安装了 AutoCAD 以后，双击其快捷图标将进入 AutoCAD 绘图环境。其提供的操作界面非常友好，与 Windows XP、Windows Vista、Windows 7、Windows 8、Windows 10 等风格一致，功能也更强大。

1.3 AutoCAD 软件安装方法简述

1.3.1 AutoCAD 软件简介

AutoCAD，即 Auto Computer Aided Design 英文第一个字母的简称，是美国欧特克（Autodesk）有限公司（简称"欧特克"或"Autodesk"）的通用计算机辅助设计软件。其在环境工程、土木、水利工程、化工、电子、航天、船舶、轻工业、石油和地质等诸多工程领域已得到广泛的应用。AutoCAD 是一个设计一体化、功能丰富，而且面向未来的世界领先的设计软件，为全球工程领域的专业设计师们创立更加高效和富有灵活性以及互联性的新一代设计标准，标志着工程设计师们共享设计信息资源的传统方式有了重大突破，AutoCAD 已完成向互联网应用体系的全面升级，也极大地提高了工程设计效率与设计水平。

AutoCAD 的第 1 个版本——AutoCAD R1.0 版本是 1982 年 12 月发布的，至今已进行了多次的更新换代，从 AutoCAD R14、AutoCAD 2004、AutoCAD 2016 到现在最新版本 AutoCAD 2022 等，其版本按年编号，几乎每年推出新版本，版本更新发展迅速。其中比较经典的几个版本应算 AutoCAD R12、AutoCAD R14、AutoCAD 2000、AutoCAD 2004、AutoCAD 2010、AutoCAD 2012、AutoCAD 2020，这几个经典版本每次功能都有较为显著的变化，可以看作是不同阶段的里程碑，如图 1.22 所示。若要随时获得有关 Autodesk 公司及其软件产品的具体信息，可以访问其英文网站（http://http://usa.autodesk.com）或访问其中文网站（http://www.autodesk.com.cn）。AutoCAD 一直秉承持续改进、不断创新的方针，从二维绘图、工作效率、可用性、自动化、三维设计、三维模型出图等各方面推陈出新，不断进步，已经从当初的简单绘图平台发展成了综合的设计平台。

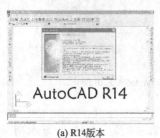
(a) R14版本

(b) 2010版本

(c) 2019版本

图 1.22　AutoCAD 不同版本的发展

不同版本的 AutoCAD 对应不同的图形文件格式，例如，AutoCAD R14.dwg、AutoCAD 2000.dwg、AutoCAD 2010.dwg、AutoCAD 2018.dwg 等格式文件。需注意的是低版本软件

只能打开本版本对应以下的图形格式文件，不能打开高版本的图形格式文件。例如，Auto-CAD 2010 软件不能打开 AutoCAD 2018. dwg 格式的图形文件，需将其转换为低版本的格式才能打开。

目前 AutoCAD 最新版本是 2021 年发布的 AutoCAD 2022 版本。

1.3.2　AutoCAD 快速安装方法

本节结合最新版本 AutoCAD 2022 介绍其快速安装方法。其他版本如 AutoCAD 2010～AutoCAD 2021 等版本的安装原理方法与此类似，参考 AutoCAD 2022 安装过程即可。如图 1.23 所示。

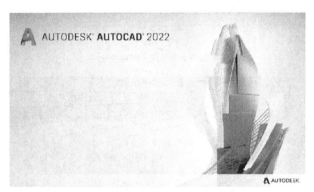

图 1.23　AutoCAD 2022 版本软件

AutoCAD 2022 安装有在线安装和离线安装两种方式。

(1) 在线安装　先下载 AutoCAD 2022 在线安装版本软件，再通过网络进行安装的方法。在线安装的软件一般比较小，但对网络速度要求稍高些，以确保在安装过程中不断线或出现断断续续等其他情况。

(2) 离线安装　先通过购买或下载全部 AutoCAD 2022 安装软件，在本地电脑进行安装的方法。离线安装软件一般比较大，但对网络无要求。

AutoCAD 2022 版软件产品提供了更快、更可靠的全新安装和展开体验。安装产品时，选项较少，因此可以更快地启动和运行。

1.3.2.1　AutoCAD 2022 快速安装方法

(1) 点击桌面打开"我的电脑"，在 AutoCAD 2022 文件存储的相应盘号中 D：(或其他盘 E：、F：)中打开"D：AutoCAD_2022_Simplified_Chinese_Win_64bit"文件夹，双击其中的安装文件"setup. exe"(注意：setup. exe 文件类型为应用程序文件)即开始进行安装。如图 1.24(a) 所示。AutoCAD 2022 典型安装需要约 3～6GB 硬盘空间，软件较大。

特别说明一点，在安装过程中，若 Windows 10 系统弹出"用户账户控制"对话框，提示"你要允许此应用对你的设备进行更改吗?"，则需要点击"是（Y）"才能进行后续安装操作。如图 1.24(b) 所示。

(2) 点击安装文件"setup. exe"后，系统弹出"Autodesk install"对话框，开始 Auto-CAD 2022 安装准备。如图 1.25 所示。

(3) 安装准备完成后，系统弹出"法律协议"对话框。点击勾选其中的"我同意使用条款"。然后点击"下一步"按钮。如图 1.26 所示。

(4) 系统弹出"选择安装位置"，采用默认安装位置，然后点击"下一步"按钮。如图 1.27 所示。

(a) 点击安装文件"setup.exe"

(b) "用户账户控制"对话框

图 1.24 安装 AutoCAD 2022

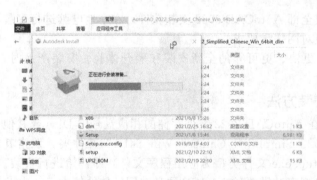

图 1.25 AutoCAD 2022 安装准备

图 1.26 "法律协议"提示

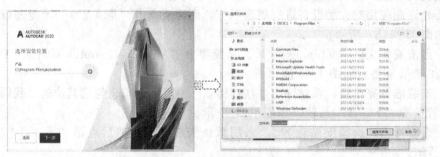

图 1.27 选择安装位置

（5）接着系统开始正式安装 AutoCAD 2022 软件，直至安装过程 100％完成。如图 1.28 所示。

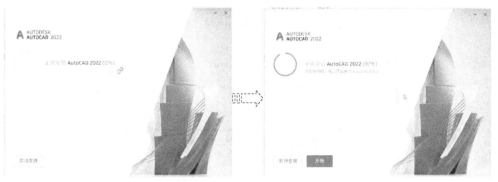

图 1.28　安装进行中

（6）完成 AutoCAD 2022 安装，系统自动在桌面创建 AutoCAD 2022 图标。如图 1.29 所示。

1.3.2.2　AutoCAD 2022 快速启动方法

（1）双击 AutoCAD 桌面快捷方式图标"AutoCAD 2022-简体中文（Simplified Chinese）"即可启动 Auto-CAD 2022 软件。如图 1.30 所示。

（2）若已安装早期 AutoCAD 版本（AutoCAD 2021 以前版本），系统将弹出"AutoCAD-DWG 关联"或"移植自定义设置"。按需要勾取或全部不选择均可，最后点击"确定 ⊘ "。此项属于 AutoCAD 比较高的版本

图 1.29　完成 AutoCAD 2022 安装

（例如 AutoCAD 2017 以后版本）才具有的新功能特性。如图 1.31 所示。

图 1.30　AutoCAD 2022 图标

图 1.31　与早期版本 DWG 文件关联提示

（3）接着 AutoCAD 2022 弹出"我们开始吧"对话框，要求通过输入序列号或网络许可的方式进行软件激活。软件许可所需的序列号等资料，一般由软件销售商提供。按照软件提示进行操作即可激活，具体激活过程比较简单，在此不再详细阐述。如图 1.32 所示。

图 1.32　进行软件许可激活

1.4　AutoCAD 高版本新功能简述

AutoCAD 版本是按年编号的，目前最新版本是 AutoCAD 2022（其实为 R26.0 版本），该版本是 2021 年推出。其中自 AutoCAD 2019 版本起仅支持 Windows 7.0 以上版本操作系统，也即不再支持 Windows XP 系统。注意，目前自 AutoCAD 2022 版本仅支持 Windows 10 以上系统，即不再支持 Windows 7 \ 8 \ XP 等系统。其实 AutoCAD 高版本其他使用及操作方法与早期版本基本是一致的，无本质区别，在操作中参考早期版本的操作使用即可。

本节将对 AutoCAD 2017 起的高版本的不同新功能做简要介绍，其中高版本涵盖了低版本的主要功能。以便可以对 AutoCAD 不同阶段各个版本功能发展做一个全面的了解或比较。

对有的新功能，在实际绘图中其实用性不是很大，只需了解一下即可。

1.4.1　AutoCAD 2017 新特性及新功能简介

AutoCAD 2017 的新特性、新功能主要包括如下内容。

（1）智能中心线和中心标记　创建和编辑中心线与中心标记十分简单。移动关联对象时，中心线和中心标记会自动与对象一起移动。如图 1.33 所示。智能中心线和中心标记具体操作方法案例讲解如下所述。

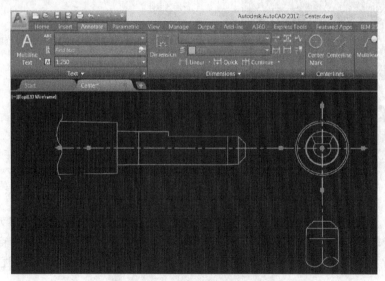

图 1.33　智能中心线和中心标记

（2）创建圆心标记　点击菜单栏中的"注释"命令选项，在"中心线"选项栏中选择"圆心标记"或在命令栏中直接输入命令"CENTERMARK"或"CM"。移动圆形或圆弧图形时，圆心标记同步移动。如图 1.34 所示。

命令：CENTERMARK

选择要添加圆心标记的圆或圆弧：

选择要添加圆心标记的圆或圆弧：

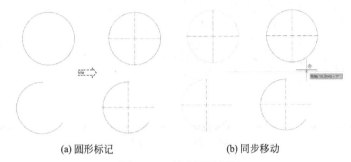

(a) 圆形标记　　　　　　　　(b) 同步移动

图 1.34　创建圆形标记

（3）创建中心线　点击菜单栏中的"注释"命令选项，在"中心线"选项栏中选择"中心线"或在命令栏中直接输入命令"CENTERLINE"或"CL"（注：命令字母不区分大小写）。移动圆形或圆弧图形时，中心线同步移动。使用此功能可以进行快速角度等分。如图 1.35 所示。

命令：CENTERLINE

选择第一条直线：

选择第二条直线：

(a) 圆形标记　　　　　　　　(b) 同步移动

图 1.35　创建中心线

（4）导入 PDF　PDF 已添加到"导入文件"格式中。将几何图形、TrueType 文字和光栅图像作为 AutoCAD 对象从 PDF 文件或参考底图导入图形。如图 1.36 所示。输入 PDF 图形文件具体操作方法案例讲解如下所述。

点击菜单栏中的"插入"命令选项，在"输入"选项栏中选择"PDF 输入"或在命令栏中直接输入命令"PDFIMPORT"。回车后在弹出的对话框中选择要插入的 PDF 文件，然后在屏幕中点击指定插入位置等。使用此功能，可以将 PDF 图形自动转换为 CAD 图线，快速得到 DWG 图形。如图 1.37 所示。

命令：PDFIMPORT

选择 PDF 参考底图或［文件（F）］＜文件＞：（回车 Enter 选择 PDF 文件）

指定插入点＜0，0＞：正在输入 PDF 文件的第 1 页：D：\新书 2021\Book\office-ok-Mode2l. PDF...

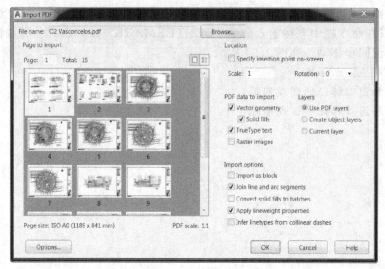

图 1.36 导入 PDF

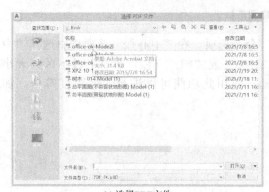

(a) 选择PDF文件

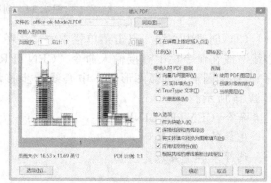

(b) 设置文件参数

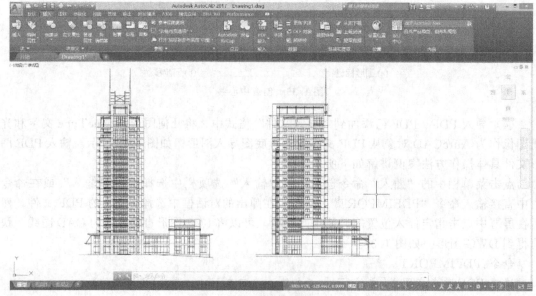

(c) 点击确定插入位置

图 1.37 插入 PDF 图形文件

（5）增强的协调模型　直接在 AutoCAD 中附加和查看 Navisworks 和 BIM360 Glue
（英文）模型。新增的功能可使用标准二维端点和中心对象捕捉，完成对附着协调模型的精
确位置捕捉。如图 1.38 所示。

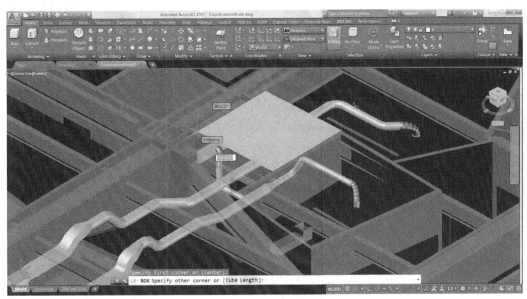

图 1.38　协调模型

（6）AutoCAD 360 Pro 移动应用程序　AutoCAD 360 Pro 现在随附于固定期限的使用
许可中。此应用程序可随时随地充分利用 AutoCAD 的强大功能。在各个移动设备之间绘
制、编辑和查看二维 CAD 图形，在现场更准确地测量图形，从各类云存储服务（Google
Drive、Dropbox 等）存取图形。脱机工作并在重新联机后同步更改。如图 1.39 所示。

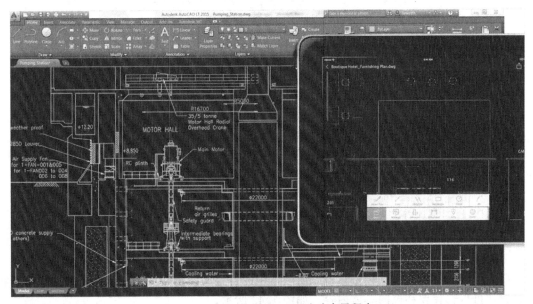

图 1.39　AutoCAD 360 Pro 移动应用程序

（7）共享设计视图　在云中共享二维和三维 CAD 图形。审阅者无需登录或甚至无需基
于 AutoCAD 的产品即可查看图形，并且无法替换您的 DWG™ 源文件。如图 1.40 所示。

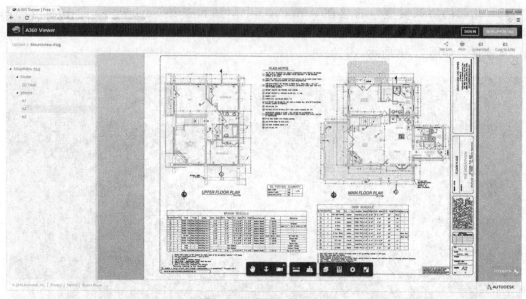

图 1.40   共享设计视图

（8）增强的三维打印   三维打印有多个选项可供选择：将三维模型发送到外部三维打印服务。或安装 Print Studio 工具，从而连接到三维打印机或创建打印文件以供将来使用。如图 1.41 所示。

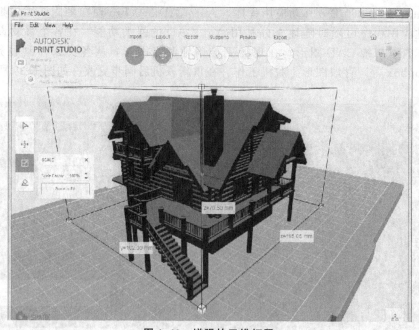

图 1.41   增强的三维打印

（9）增强的移植工具   轻松移植先前版本中的自定义设置和文件。软件会自动检测到相关设置，可以选择要移植的具体内容。如图 1.42 所示。

（10）欧特克桌面应用程序   获取有关软件更新的相关通知，同时不会中断工作流。教程可帮助您充分利用新功能。借助产品特定技巧、内容库等更多内容学习相关技能。如图 1.43 所示。

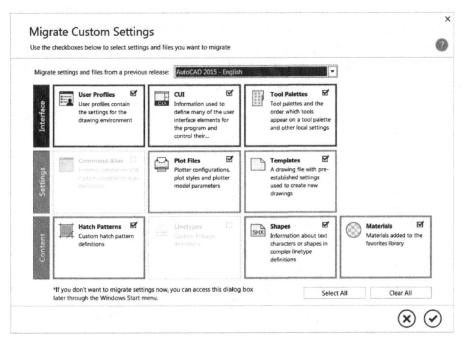

图 1.42 增强的移植工具

图 1.43 欧特克桌面应用

1.4.2 AutoCAD 2018 新特性及新功能简介

AutoCAD 2018 软件包含 AutoCAD 2017 版本增强功能和新功能,如外部参照路径修复和 SHX 字体文件识别等。

（1）PDF 导入增强功能　从 AutoCAD 图形生成的 PDF 文件（包含 SHX 文字）可以将文字存储为几何对象。可以使用 PDFSHXTEXT 命令将 SHX 几何图形重新转换为文字，现在包含一个选项来使用最佳匹配 SHX 字体。TXT2MTXT 命令已通过多项改进得到增强，包括用于强制执行均匀行距的选项。将几何图形从 PDF 中导入，包括 SHX 字体文件、填充、光栅图像和 TrueType 文字。如图 1.44 所示。

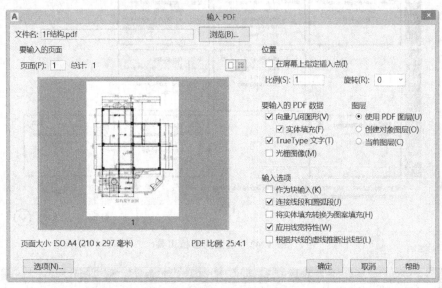

图 1.44　PDF 导入增强功能

（2）外部文件参考增强功能　外部参照的默认路径类型现已设置为"相对"。有两个新路径选项可用："选择新路径"和"查找并替换"。使用工具修复外部参考文件中断开的路径，节省时间并最大程度减少失败。可以将任意图形文件附着到当前图形中作为外部参照。附着的外部参照将链接到所指定图形文件的模型空间。当打开参照图形或者重新加载外部参照时，对该图形所做的更改将自动反映在当前图形中。附着的外部参照不会显著增加当前图形的大小。主命令和系统变量为 EXTERNALREFERENCES、REFPATHTYPE。如图 1.45 所示。

图 1.45　外部文件参考增强功能

（3）对象选择增强功能　即使您平移或缩放关闭屏幕时，选定对象保持在选择集中。选择图形对象时可：通过单击单个对象来选择、从左到右拖动光标以选择完全封闭在选择矩形或套索（窗口选择）中的所有对象、从右到左拖动光标以选择由选择矩形或套索（窗交选择）相交的所有对象。按 Enter 键结束对象选择。如图 1.46 所示。

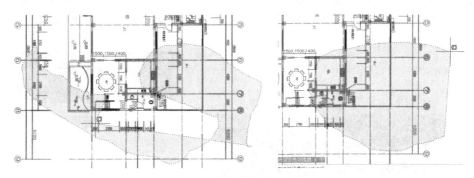

图 1.46　对象选择增强功能

（4）文本转换为多行文本增强功能　将文本和多行文本对象的组合转换为单个多行文本对象。对于较长的输入项或需要特殊格式的文字，可以使用多行文字。如图 1.47 所示，多行文字支持：

① 文字换行；

② 设置段落中的单个字符、单词或短语的格式；

③ 栏；

④ 堆叠文字；

⑤ 项目符号和编号列表；

⑥ 制表符和缩进。

（5）用户界面增强功能　使用常用对话框和工具栏直观地工作。保存在文件导航浏览器中的排序顺序，改进了保存性能；改进了二维图形（稳定性、保真度、性能）；改进了三维导航的性能。如图 1.48 所示。

图 1.47　文本转换为多行文本增强功能

图 1.48　用户界面增强功能

（6）共享设计视图增强功能　　将图形的设计视图发布到安全的位置，以供在 Web 浏览器中查看和共享。可以通过 Autodesk A360 从任意具有 Web 浏览器并且能访问 Internet 的计算机联机传输、编辑和管理 AutoCAD 视图和图形。"共享设计视图"功能提供了一种快速方法：只传输 DWG 文件视图而不会发布 DWG 文件本身。如图 1.49 所示。

图 1.49　共享设计视图增强功能

（7）高分辨率 4K 显示器支持　　可在 4K 和更高分辨率的显示器上享受最佳的查看体验。在 AutoCAD 2018 中对高分辨率显示器的支持继续得到改进。200 多个对话框和其他用户界面元素已经更新，以确保在高分辨率（4K）显示器上的高质量视觉体验。示例包括"编辑图层状态""插入表格"对话框以及 Visual LISP 编辑器。在 Windows 10 的 64 位系统（配支持的显卡）上支持高达 3840×2160 的分辨率。

高分辨率（4K）监视器支持光标、导航栏和 UCS 图标等用户界面元素可正确显示在高分辨率（4K）显示器上。同时，对大多数对话框、选项板和工具栏进行了适当调整，以适应 Windows 显示比例设置。为了获得最佳效果，由于操作系统限制，请使用 Windows 10，并使用支持 DX11 的图形卡。

（8）AutoCAD 移动应用程序　　使用 AutoCAD 移动应用程序在您的移动设备上查看、创建、编辑和共享 CAD 图形。

（9）REGEN（重新生成视图命令）　　在图形中重新生成视图，以修复三维实体和曲面显示中的异常问题。当出现三维显示问题时，REGEN3 会在显示的视图中重新生成所有的三维图形，包括所有的三维实体和曲面细分。

1.4.3　AutoCAD 2019 新特性及新功能简介

AutoCAD 2019 软件包含 AutoCAD 2018、AutoCAD 2017 原有功能和新功能，如外部参照路径修复和 SHX 字体文件识别等。

AutoCAD 2019 软件包含行业专业化工具组合，改进的桌面、新应用实现跨设备工作流，以及 DWG 比较等新功能。

（1）DWG 比较　　功能命令为 COMPARE、COMPAREINFO。

使用"DWG 比较"功能，可以在模型空间中突出显示相同图形或不同图形的两个修订之间的差异。使用颜色，可以区分每个图形所独有的对象和通用的对象。您可以通过关闭对象的图层将对象排除在比较之外。

该功能命令主要是对 2 个 DWG 图形差异进行比较并标注或显示不同之处。执行 COM-

PARE 命令后屏幕弹出"DWG 比较"对话框，点击"…"图标选择要比较的图形文件。然后点击"比较"即可进行操作。如图 1.50 所示。

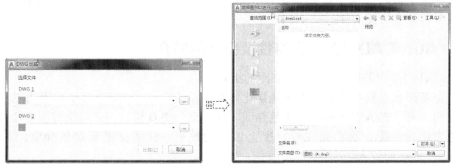

图 1.50　DWG 图形比较

（2）保存到 AutoCAD Web 和 Mobile　功能命令为 OPENFROMWEBMOBILE、SAVE-TOWEBMOBILE。

此功能仅适用于 64 位系统。可以从全球提供 Internet 访问的任何远程位置，在任何桌面、Web 或移动设备上使用 Autodesk Web 和 Mobile 联机打开并保存图形。可以使用新命令（"保存到 Web 和 Mobile"和"从 Web 和 Mobile 中打开"）访问联机图形文件。如图 1.51 所示。

在完成安装 AutoCAD 系统提示安装的应用程序后，即可从接入 Internet 的任何设备（如在现场使用平板电脑，或在远程位置使用台式机）查看和编辑图形。

图 1.51　保存到 AutoCAD Web 和 Mobile

（3）共享视图　功能命令为 SHAREDVIEWS、SHAREVIEW。

可以在组织内部或外部与客户和同事共享设计，而无需发布图形文件。此功能替代了以前版本的"共享设计视图"。

"共享视图"功能从当前图形中提取设计数据，将其存储在云中，并生成可与同事和客户共享的链接。"共享视图"选项板显示所有共享视图的列表，可以在其中访问注释、删除视图或将其有效期延长至超过其 30 天的寿命。

当图形提供者的同事或客户收到来自图形提供者的链接时，他们可以使用从其 Web 浏览器运行的 Autodesk 查看器对来自任意联网 PC、平板电脑或移动设备的视图进行查看、审阅、添加注释和标记。

（4）图标刷新　在支持高分辨率的显示器中可执行其他操作，包括功能区和状态栏图标。对选项板和其他 UI 元素的操作可继续进行。对"命令行"窗口以及"快速访问"工具栏、常规工具栏和工具选项板的图标可执行主题集成操作。

（5）性能　提高了 AutoCAD 高效处理外部文件（例如，外部参照、字体文件和其他辅助文件）位于访问速度缓慢的位置或缺失时有关的性能。

图 1.52　帮助系统功能提高

（6）帮助系统　AutoCAD 2019 已向大多数对话框主题添加了 UI 定位器，可更快找到 UI 中与对话框关联的命令。只需单击"帮助"系统中对话框主题顶部的命令图标，即可找到原始命令。例如，可以从"插入对话框"主题找到 INSERT 命令的位置，如图 1.52 所示。

（7）质量增强功能　大量软件缺陷已得到评估和修复。

（8）网络安全　不断研究、识别和关闭潜在的安全漏洞。对于基于 AutoCAD 2019 的产品，引入了一个新的系统变量 SECUREREMOTEACCESS，它可以设置为限制从 Internet 或远程服务器位置访问文件。

1.4.4　AutoCAD 2020 新特性及新功能简介

AutoCAD 2020 带来了以下几个方面的更新。

（1）全新深色主题带来更清晰的视觉化体验　AutoCAD 2020 及其所有专用工具集的外观全部焕然一新。充满现代感的深蓝色界面，效果更加美观悦目，还可缓解视觉疲劳。新设计的深色主题旨在配合欧特克在对比度上做出的改进，使图标更显清晰分明。如图 1.53 所示。

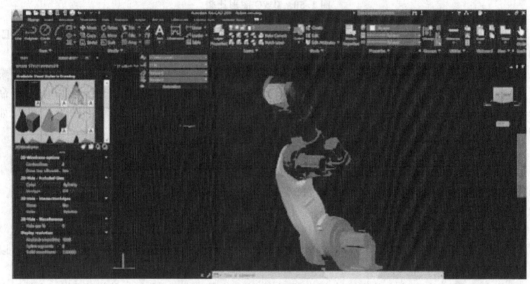

图 1.53　全新深色主题

（2）性能提升让工作更加高效　AutoCAD 的目标始终是成为用户信赖的、高性能的强大设计工具。AutoCAD 2020 在性能上有了很大提升，只需半秒，即可保存当前的工作，这比以往快了平均一秒的时间。不要小看这一秒钟，短短一年内，AutoCAD 全部用户合计可节省 80 个工作年！对于固态硬盘用户来说，AutoCAD 2020 的安装时间比之前快了 50%，这些改进让工作流程更加高效。

（3）测量结果快速显示、一目了然　基于 AutoCAD 2020 的快速测量工具，用户只需将鼠标悬停在相应的对象上，就会显示距离、长度、角度等数据。如图 1.54 所示。

（4）使用"模块"选项板高效插入图块　新的"模块"选项板带有可视化图库，并能准确过滤出用户寻找的模块，能让插入模块的操作更加轻松简便。您可以直接从"当前图纸""最近使用图纸"或"其他图纸"选项卡中将模块拖放到图纸中。在查找和插入多个模块以及最近使用的模块时，该面板可大幅提高效率。此外，它还增加了"重复放置"选项，以节省操作步骤。如图 1.55 所示。

（5）全新的"清除"布局可以轻松删除对象　清除功能经过重新设计，让图纸清理更加轻而易举。通过简单的选取操作以及一个可视预览区，用户可一次性移除多个不需要的对象。"查找不可清除的项目"中包含"可能的原因"字段，借助该功能可了解某些项目无法清除的原因。如图 1.56 所示。

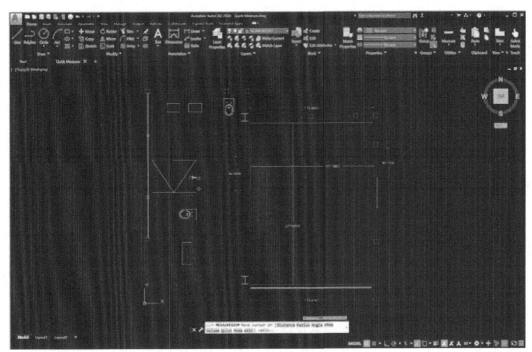

图 1.54 快速测量工具

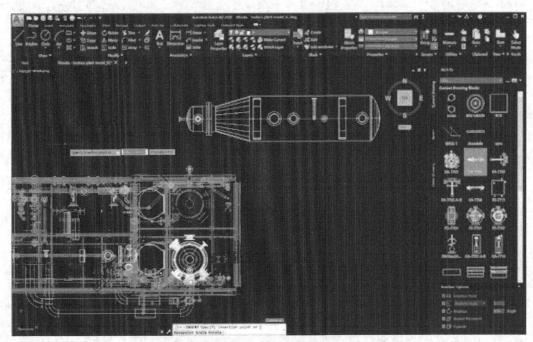

图 1.55 模块选项板

（6）更强大的图纸比较功能 上一版本的"图纸对比"功能一经推出后大受欢迎，AutoCAD 2020 基于用户反馈将该功能做了进一步优化。现在，无需退出当前窗口即可比较修订前后的图纸，并将想要做出的更改实时导入当前图纸。新的"图纸对比"工具栏可快速打开和关闭对比界面。如图 1.57 所示。

图 1.56 全新的"清除"布局

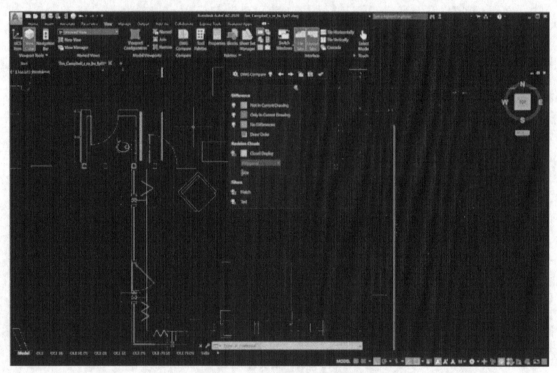

图 1.57 强大的图纸比较功能

(7) AutoCAD 与微软和 Box 携手合作 欧特克与微软和 Box 的合作也是 AutoCAD 2020 的一大亮点。自此,如果用户文件已经存储在微软 OneDrive 或 Box 中,可以利用 AutoCAD 随时访问任何图纸文件,实现更高效的工作流。如图 1.58 所示。

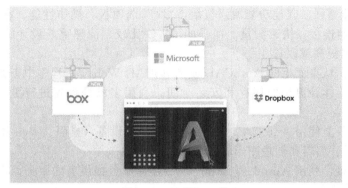

图 1.58 支持 Box 等

1.4.5 AutoCAD 2021 新特性及新功能简介

AutoCAD 2021 集成了行业专用工具箱，改进了 PC、移动设备上的工作流，同时增加了一些新功能，比如历史记录，下面介绍 AutoCAD 2021 的新功能。

（1）图形历史记录 AutoCAD 2021 新增历史记录功能，通过该功能，可以快速比较当前版本与历史版本的差异，同时可以查看整个演变过程。如图 1.59 所示。

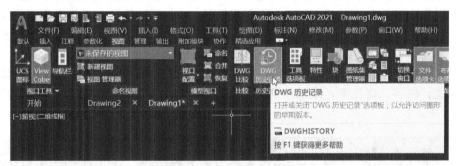

图 1.59 图形历史记录新功能

（2）外部参照比较 在 AutoCAD 2021 版本中，可以查看当前图形的外部参照都做了哪些更改。如图 1.60 所示。

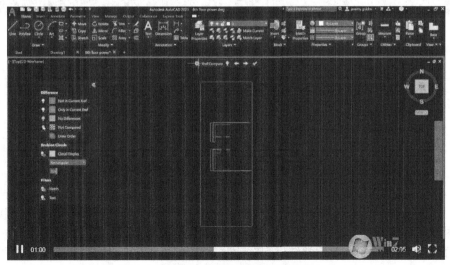

图 1.60 外部参照新功能

（3）其他功能增强　其他功能增强包括："块"选项板、操作性能、在任何设备上使用AutoCAD、云存储连接、快速测量、增强的DWG比较、清理重新设计等方面较以前版本有不同程度的增强提高或改善。

①块选项板：从桌面上的AutoCAD或AutoCAD Web应用程序中查看和访问块内容。

②操作性能：体验更快的保存和安装时间。利用多核处理器进行更流畅的动态观察、平移和缩放操作。

③在任何设备上使用AutoCAD：几乎可以在任何设备（桌面、Web和移动设备）上使用AutoCAD查看、编辑和创建图形。

④云存储链接：利用Autodesk云和一流云存储服务提供商的服务，可在AutoCAD中访问任何DWG™文件。

⑤快速测量：只需悬停鼠标即可显示图形中鼠标附近所有的测量值。

⑥增强的DWG比较：无需离开当前窗口即可比较两个版本的图形。

⑦清理重新设计：通过简单的选择和对象预览，一次删除多个不需要的对象。

1.4.6　AutoCAD 2022新特性及新功能简介

AutoCAD 2022版本软件包括行业专用工具组合、改进的跨平台和Autodesk产品的互联体验，以及诸如计数等全新的自动化操作功能。AutoCAD 2022版本新增加的主要功能如下。

（1）跟踪功能　在AutoCAD Web应用程序或AutoCAD移动应用程序中创建跟踪，以提供图形的反馈、注释、标记和设计研究，而不会更改图形的内容。可以安全地查看并直接将反馈添加到DWG文件，无需更改现有工程CAD图。

在Web和移动应用程序中创建跟踪，然后将图形发送或共享给协作方，以便他们可以查看跟踪及其内容。请注意，跟踪功能需要登录到Autodesk账户才能使用"跟踪"命令。如图1.61所示。

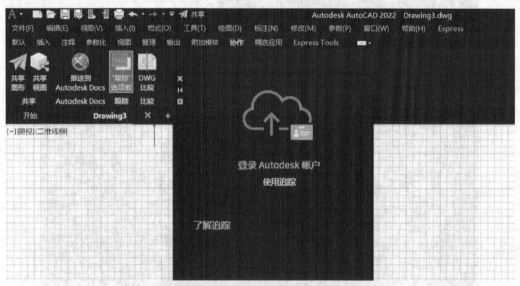

图1.61　登录账号使用追踪功能

（2）计数功能　使用COUNT命令自动计算块或几何图元。"计数"功能可以快速、准确地对图形中对象的实例计数。可以将包含计数数据的表格插入到当前图形中。

"计数"功能提供了计数视觉结果和对计数条件的进一步控制。在模型空间中指定单个块或对象以对其实例计数。还可以使用"计数"选项板来显示和管理当前图形中计数的

"块"。如图 1.62 所示。

命令：COUNT

选择目标对象或[列出所有块(L)]<列出所有块>：指定对角点：找到 4 个

选择目标对象或[列出所有块(L)]<列出所有块>：

组······1

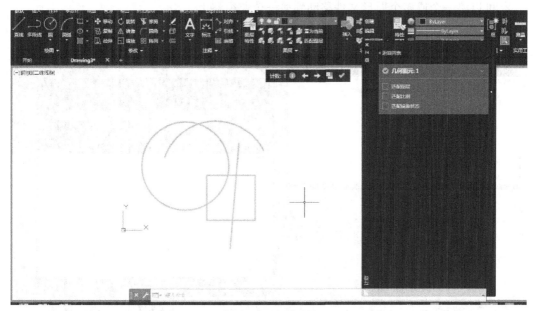

图 1.62　计数功能

（3）共享功能　共享指向当前图形副本的链接，以在 AutoCAD Web 应用程序中查看或编辑，包括所有相关的 DWG 外部参照和图像。可将图形的受控副本发送给团队成员和同事，随时随地进行访问。共享功能同样需要登录到 Autodesk 账户才能使用。如图 1.63 所示。

（4）推送到 Autodesk Docs 功能　此功能可实现将 CAD 图形作为 PDF 从 AutoCAD 推送到 Autodesk Docs。通过将图形布局作为 PDF 推送到 Autodesk Docs，即可现场协作。从多个图形中选择布局，然后将它们作为 PDF 上载到 Autodesk Docs 中的选定项目文件夹。推送到 Autodesk Docs 功能同样需要登录到 Autodesk 账户才能使用。如图 1.64 所示。

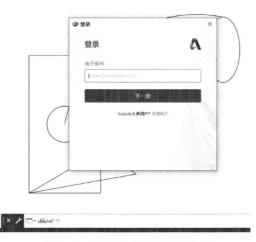

图 1.63　登录后使用共享功能

图 1.64　登录后使用推送功能

（5）浮动窗口功能　此功能可以将某个图形文件选项卡拖离 AutoCAD 应用程序窗口，从而创建一个浮动窗口。在 AutoCAD 的同一实例中，移开图形窗口以并排显示或在多个显示器上显示，同时可以将其拉回 AutoCAD 软件绘图环境中。如图 1.65 所示。

浮动图形窗口功能的一些优势包括：

① 可以同时显示多个图形文件，而无需在选项卡之间切换。

② 可以将一个或多个图形文件移动到另一个监视器上。

图 1.65　将图形文件拖离 AutoCAD 软件

（6）版本性能增强　体验更快性能，包括绘制和三维图形性能。AutoCAD 2022 对部分功能进行了增强，包括图形历史记录、外部参照比较、"块"选项板、快速测量、云存储连接等，使得这些功能更强大。这些功能操作使用方法与原来基本一致，但功能有所强化。

第2章

环境工程 CAD绘图基本使用方法

2.0 本章操作讲解视频清单

本章各节相关功能命令操作讲解视频清单及其下载地址见表 2.0。各个视频下载地址可以通过手机微信扫描表中相应二维码获取，获取下载地址后即可通过网络免费下载。

学习 CAD 绘图功能命令相关内容时，建议观看相应的操作讲解视频以后再进行操作练习，对尽快掌握相关知识及操作技能有帮助。

表 2.0　本章各个讲解视频清单及其播放或下载地址

视频名称	A1 启动 AutoCAD 软件方法		视频名称	A2 进入 CAD 绘图界面方法	
	功能简介	打开 AutoCAD 软件		功能简介	打开进入 CAD 绘图操作界面
	命令名称	—		命令名称	—
	章节内容	第 2.1.1 节		章节内容	第 2.1.2 节
视频名称	A3 CAD 绘图操作界面介绍		视频名称	A4 命令菜单显示设置方法	
	功能简介	CAD 绘图操作界面功能布置情况		功能简介	设置显示或隐藏经典命令菜单
	命令名称	—		命令名称	—
	章节内容	第 2.1.3 节		章节内容	第 2.1.4 节
视频名称	A5 命令面板显示设置方法		视频名称	A6 栅格显示设置方法	
	功能简介	设置显示或隐藏命令面板		功能简介	设置显示或隐藏栅格网
	命令名称	—		命令名称	—
	章节内容	第 2.1.4 节		章节内容	第 2.1.4 节
视频名称	A7 绘图区域背景颜色设置方法		视频名称	A8 创建备份文件设置方法	
	功能简介	设置或修改绘图区域背景显示不同颜色		功能简介	设置 CAD 软件自动创建图形备份文件
	命令名称	—		命令名称	—
	章节内容	第 2.1.4 节		章节内容	第 2.1.4 节

视频名称		A9 CAD 图形文件保存版本选择	视频名称		A10 图形单位设置方法
	功能简介	将 CAD 图形文件保存为不同版本 DWG 格式文件		功能简介	设置图形绘制采用的单位
	命令名称	—		命令名称	—
	章节内容	第 2.1.4 节		章节内容	第 2.1.4 节
视频名称		A11 捕捉功能设置方法	视频名称		A12 线宽设置方法
	功能简介	启动或关闭图形绘制捕捉功能		功能简介	设置图形线条的宽度大小
	命令名称	—		命令名称	—
	章节内容	第 2.1.4 节		章节内容	第 2.1.4 节
视频名称		A13 新建图形文件方法	视频名称		A14 打开已有图形文件方法
	功能简介	建立新的 CAD 图形文件		功能简介	打开已有的 CAD 图形文件
	命令名称	NEW		命令名称	OPEN
	章节内容	第 2.2.1 节		章节内容	第 2.2.2 节
视频名称		A15 同时打开多个 CAD 图形文件方法	视频名称		A16 保存图形文件方法
	功能简介	同时打开多个不同的 CAD 图形文件		功能简介	将 CAD 图形文件保存
	命令名称	—		命令名称	SAVE
	章节内容	第 2.2.3 节		章节内容	第 2.2.4 节
视频名称		A17 关闭图形文件方法	视频名称		A18 关闭 CAD 软件方法
	功能简介	将 CAD 图形文件关闭		功能简介	将 CAD 软件关闭
	命令名称	CLOSE		命令名称	—
	章节内容	第 2.2.5 节		章节内容	第 2.2.6 节
视频名称		A19 动态输入功能使用方法	视频名称		A20 正交模式使用方法
	功能简介	启动或关闭动态输入功能		功能简介	启动或关闭正交模式功能
	命令名称	—		命令名称	—
	章节内容	第 2.3.1 节		章节内容	第 2.3.2 节
视频名称		A21 自动追踪功能使用方法(1)	视频名称		A21 自动追踪功能使用方法(2)
	功能简介	启动或关闭自动追踪功能		功能简介	启动或关闭自动追踪功能
	命令名称	—		命令名称	—
	章节内容	第 2.3.3 节		章节内容	第 2.3.3 节
视频名称		A22 栅格捕捉功能使用方法	视频名称		A23 重叠图形绘图次序调整方法
	功能简介	启动或关闭栅格捕捉功能		功能简介	修改调整重叠图形前后显示次序
	命令名称	—		命令名称	—
	章节内容	第 2.3.4 节		章节内容	第 2.3.5 节

视频名称		A24 全屏显示设置方法	视频名称		A25 视图控制方法
	功能简介	控制 CAD 绘图区域是否全屏显示		功能简介	对图形绘制显示区域进行缩放、平移
	命令名称	—		命令名称	ZOOM、PAN
	章节内容	第 2.4.1 节		章节内容	第 2.4.2 节
视频名称		A26 键盘 F1－F12 键使用方法	视频名称		A27 图形线型修改方法
	功能简介	键盘上 F1－F12 键在 CAD 绘图中的功能作用		功能简介	修改调整图形线条的线型
	命令名称	—		命令名称	—
	章节内容	第 2.4.3 节		章节内容	第 2.4.6 节
视频名称		A28 点坐标值查询方法	视频名称		A29 CAD 坐标系设置方法(1)
	功能简介	查询图形位置点的坐标数值		功能简介	关于 CAD 坐标系显示设置与功能使用
	命令名称	—		命令名称	—
	章节内容	第 2.4.7 节		章节内容	第 2.5.1 节
视频名称		A29 CAD 坐标系设置方法(2)	视频名称		A30 绘图点位置指定方法
	功能简介	关于 CAD 坐标系显示设置与功能使用		功能简介	在绘图中指定图形位置点的方法
	命令名称	—		命令名称	—
	章节内容	第 2.5.1 节		章节内容	第 2.5.2 节
视频名称		A31 绝对坐标使用方法	视频名称		A32 相对坐标使用方法
	功能简介	如何使用绝对坐标进行图形绘制		功能简介	如何使用相对坐标进行图形绘制
	命令名称	—		命令名称	—
	章节内容	第 2.5.3 节		章节内容	第 2.5.4 节
视频名称		A33 极坐标使用方法	视频名称		A34 新建图层方法
	功能简介	如何使用极坐标进行图形绘制		功能简介	建立新的图层方法
	命令名称	—		命令名称	—
	章节内容	第 5.5.5 节		章节内容	第 2.6.1 节
视频名称		A35 图层参数修改方法	视频名称		A36 冻结锁定图层方法
	功能简介	对图层的颜色、名称、线型等参数进行修改		功能简介	对图层进行冻结或锁定，使其不能进行删除等
	命令名称	—		命令名称	—
	章节内容	第 2.6.2 节		章节内容	第 2.6.3 节
视频名称		A37 点击选择图形方法	视频名称		A38 窗口选择图形方法
	功能简介	通过直接点击图形对象进行图形选择		功能简介	通过矩形方框选择图形对象
	命令名称	—		命令名称	—
	章节内容	第 2.7.1 节		章节内容	第 2.7.2 节

视频名称		A39 窗交选择图形方法	视频名称		A40 模型空间使用方法
	功能简介	通过穿越或套索方式选择图形对象		功能简介	关于绘图的模型空间
	命令名称	—		命令名称	—
	章节内容	第 2.7.3 节		章节内容	第 2.8.1 节
视频名称		A41 布局(图纸空间)使用方法(1)	视频名称		A41 布局(图纸空间)使用方法(2)
	功能简介	关于布局及布局视口的使用方法		功能简介	关于布局及布局视口的使用方法
	命令名称	—		命令名称	—
	章节内容	第 2.8.2 节		章节内容	第 2.8.2 节
视频名称		A41 布局(图纸空间)使用方法(3)			
	功能简介	关于布局及布局视口的使用方法			
	命令名称	—			
	章节内容	第 2.8.2 节			

注：使用手机扫描表中二维码，即可在手机上直接播放对应的操作讲解视频（建议横屏观看）。也可以使用手机扫描表中二维码，将视频文件转发送到电脑端播放或下载后播放（参考方法：点击视频右上角的"···"符号，再点击弹出的"复制链接"，将链接地址发送至电脑端即可）。

本章主要介绍环境工程 AutoCAD 绘图操作界面布局、相关操作功能分布区域、相关基本系统参数设置；文件新建立、已有文件打开、文件存储和关闭等各种基本操作。因目前有相当部分读者还在使用早期版本，且各个版本的主要功能基本一致。因此，本书以最新AutoCAD 2022 版本为例进行操作讲解，AutoCAD 2010～AutoCAD 2021 等各个版本除了各自新增的新功能外，绘图基本操作与此版本基本相同或类似。

若使用其他版本则可以参考此版本操作进行学习，其中 AutoCAD 2018～AutoCAD 2021等各个版本操作界面仅在本章后面小节做扼要简介。同时对 AutoCAD 2017～AutoCAD 2022各个高版本其他新增加的特别功能命令，可参见本章相关小节内容及第 1、3 章中相关小节的专门介绍。

2.1 AutoCAD 使用快速入门起步

AutoCAD 新版的操作界面风格与 Windows 系统和 Office 等软件基本一致，使用更为直观方便，比较符合人体视觉要求。熟悉其绘图环境和掌握基本操作方法，是学习使用 Auto-CAD 的基础（注：文中的箭头符号"▭▭▭▷"仅表示参考操作前后顺序，后同此）。

学习使用 CAD 进行工程绘图和文件制作，得从基本使用方法起步，心急不得，逐步深入，很快就会上手了。

2.1.1 快速启动 AutoCAD 软件方法

AutoCAD 2022 版本软件安装完成以后，系统会自动在电脑桌面创建一个对应的 AutoCAD 2022 快捷键图标。通过双击该快捷图标即可启动 AutoCAD 2022 软件，进入 AutoCAD 2022 "开始"状态操作界面，见图 2.1。

2.1.2 进入 AutoCAD 绘图状态操作界面方法

进入 AutoCAD 2022 软件后，系统显示的界面是默认的 AutoCAD 2022 "开始"状态操

图 2.1 AutoCAD 2022"开始"状态操作界面

作界面。此时的界面绘图功能命令图标或菜单是灰色的,还不能进行点击操作,见图 2.2。这是由于还没有进入 AutoCAD 2022 绘图状态操作界面,这些功能命令图标还不能使用。此时 AutoCAD 2022 仅可以进行"打开"图形文件或"新建"图形文件等一些文件操作,浏览最近使用过的图形文件等。见图 2.3。

图 2.2 功能命令图标灰色显示状态

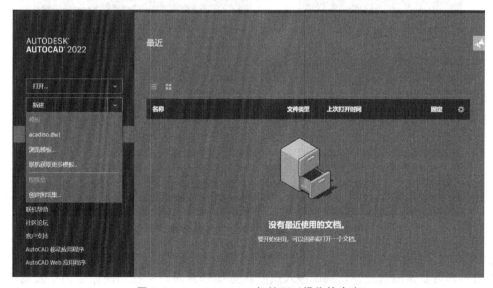

图 2.3 AutoCAD 2022 初始可以操作的内容

可以通过如下方式进入 AutoCAD 绘图状态操作界面，操作界面中所有原来灰色的功能命令图标或菜单被激活，并可以使用和进行各种绘图操作。

（1）执行"打开…"已有图形文件命令选项　单击"开始"选项卡，通过在"开始"选项卡下面左侧"AUTODESK AUTOCAD 2022"文字位置的方框内点击"打开…"命令选项右侧的图标"∨"，然后在弹出的"选择文件"对话框中选择已有图形文件，再点击对话框下方"打开"按钮，即可打开已有图形文件。此时，所有功能命令图标及菜单将变清晰，均可以点击使用和进行各种绘图操作。此种方法对已经存在的图形文件使用。见图 2.4。

图 2.4　通过"打开"已有文件激活操作界面

（2）执行"新建"图形文件命令选项　单击"开始"选项卡，通过在"开始"选项卡下面左侧"AUTODESK AUTOCAD 2022"文字位置的方框内点击"新建"命令选项右侧的图标"∨"，然后在弹出的命令选项中，点击选择"acadiso.dwt"（默认的模板），即可进入绘图状态操作界面，所有功能命令图标及菜单将变清晰，均可以点击使用和进行各种绘图操作。见图 2.5。

注意，图形文件名称旁边的星号"＊"表示需要保存该图形。关闭任何图形的快速方法是单击其选项卡上的"×"控件按钮即可。

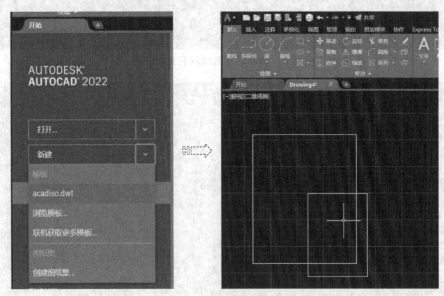

图 2.5　通过"新建"图形文件激活操作界面

（3）点击"开始"右侧的"＋"新建图形文件　直接点击"开始"选项卡右侧的"＋"（新图形）即可新建图形文件，从而进入绘图状态操作界面，所有功能命令图标及菜单将变清晰，均可以点击使用和进行各种绘图操作。见图 2.6。

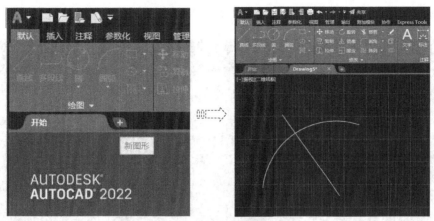

图 2.6 点击"+"新建图形文件

2.1.3 AutoCAD 绘图操作界面布局介绍

AutoCAD 绘图状态的操作界面整体布局全貌见图 2.7，主要包括如下几个部分：

① 标准选项卡（功能区）；

② 命令选项卡及命令面板（功能区）；

③ 绘图区域；

④ "命令"窗口（命令栏）；

⑤ 状态栏；

⑥ 其他功能选项栏。

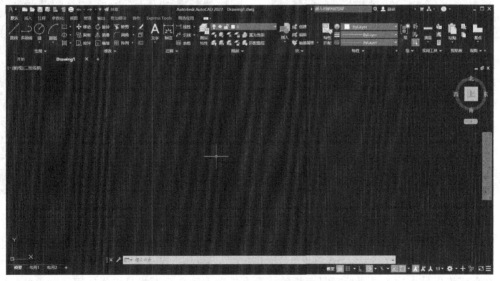

图 2.7 AUTOCAD 2022 绘图状态操作界面

（1）标准选项卡（功能区） 见图 2.8。AutoCAD 在应用程序的顶部包含标准选项卡式功能区，该功能区位于操作界面左上角，可以从"常用"选项卡访问本书中出现的几乎所有的命令。

在功能区中，点击左上角的"应用程序"按钮"A"旁边"▼"图标，显示快速访问工具栏下拉菜单，包括"新建""打开""保存""打印"和"放弃"等常用操作命令，见图 2.9。

点击功能区最右侧"▼"图标，可以自行定义显示快速访问工具栏选项内容，包括熟悉的命令，如"新建""打开""保存""打印"和"放弃"等。见图2.10。

图 2.8　AutoCAD 的功能区

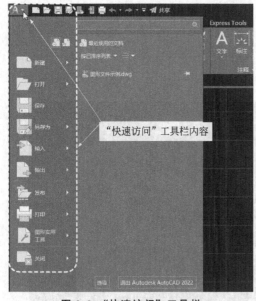

图 2.9　"快速访问"工具栏

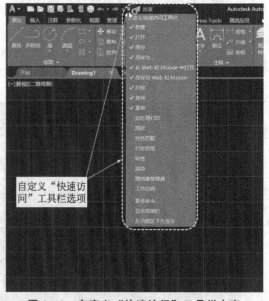

图 2.10　自定义"快速访问"工具栏内容

　　（2）命令选项卡及命令面板（功能区）　见图2.11。命令选项卡及命令面板是功能区的主要内容，也是AutoCAD核心内容之一，包括了AutoCAD的各种绘图和编辑修改命令等内容。命令面板以前也称工具栏、工具面板等。命令选项卡和命令面板是操作使用最频繁的区域。

　　（3）绘图区域　见图2.12。AutoCAD的绘图区域位于操作界面的中间位置，是进行图形绘制和编辑修改、显示图形对象内容的位置。绘图区域同时包括AutoCAD坐标系、ViewCube等相关内容显示。

　　其中，AutoCAD坐标系包括UCS（用户坐标系）、WCS（世界坐标系）；在绘图区域中显示一个图标，它表示矩形坐标系的XY轴，该坐标系称为"用户坐标系"，或UCS。世界坐标系（WCS）是永久固定的笛卡尔坐标系。图形中的所有对象均由其在世界坐标系中的

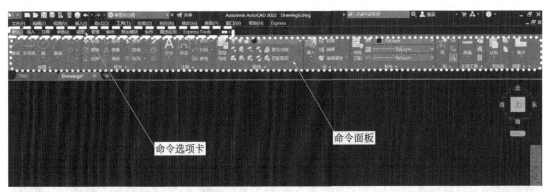

图 2.11　命令选项卡及命令面板

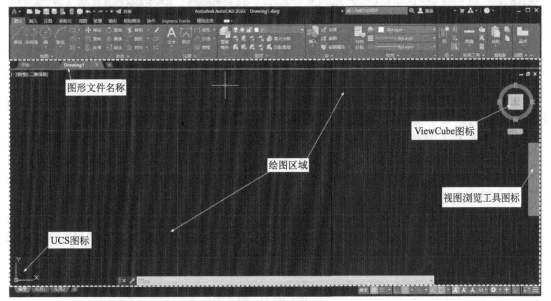

图 2.12　绘图区域

坐标定义。

ViewCube 是用户在二维模型空间或三维视觉样式中处理图形时显示的导航工具。通过 ViewCube，用户可以在标准视图和等轴测视图间切换。

（4）"命令"窗口（命令栏）　见图 2.13。AutoCAD 绘图程序的核心部分是"命令"窗口，它通常固定在应用程序窗口的底部。"命令"窗口可输入命令、显示提示、选项和消息。

图 2.13　"命令"窗口

可以直接在"命令"窗口中输入命令，而不使用功能区、工具栏和菜单。有些用户更喜欢使用此方法。请注意，开始键入命令时，AutoCAD 会自动完成命令输入及显示。当提供了多个可能的命令时（如图 2.14 例子所示），可以通过单击或使用箭头键并按 Enter 键或空格键来进行选择。见图 2.14。

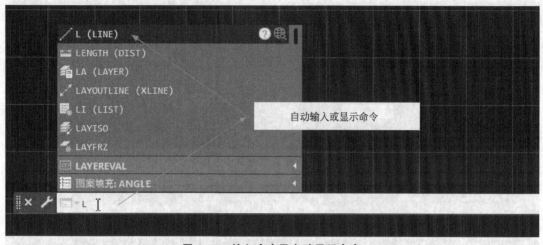

图 2.14　输入命令及自动显示命令

注意，若要重复执行上一个操作的命令，则按键盘上的"Enter"键或空格键即可。要取消正在运行的命令或者如果感觉运行不畅，可以按键盘上的"Esc"键即可取消。

（5）状态栏　见图 2.15。状态栏显示光标位置、绘图工具以及会影响绘图环境的工具。

状态栏提供对某些最常用的绘图工具的快速访问。可以切换设置（例如，夹点、捕捉、极轴追踪和对象捕捉）。也可以通过单击某些工具的下拉箭头，来访问其他设置。

默认情况下，不会显示所有工具，可以通过状态栏上最右侧的按钮，选择想要从"自定义"菜单显示的工具。状态栏上显示的工具可能会发生变化，具体取决于当前的工作空间以及当前显示的是"模型"选项卡还是布局选项卡。

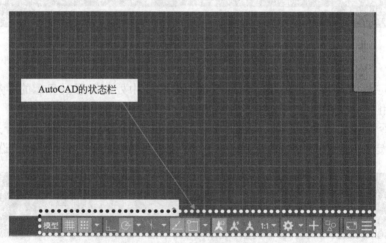

图 2.15　AutoCAD 的状态栏

（6）其他功能选项栏　见图 2.16。AutoCAD 的其他功能选项栏包括模型及布局、搜索、帮助及应用登录、文件窗口关闭及最小化等操作选项。

2.1.4　AutoCAD 绘图环境显示设置方法

（1）AutoCAD 命令菜单显示设置方法　AutoCAD 命令菜单是传统的命令菜单，也称

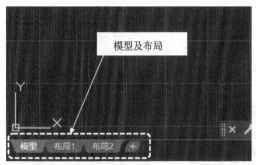
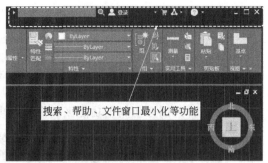

图 2.16　其他功能选项栏

经典命令菜单（简称"经典菜单"），是从最初 AutoCAD R14 版本到如今最新版本基本都有的菜单形式，见图 2.17。

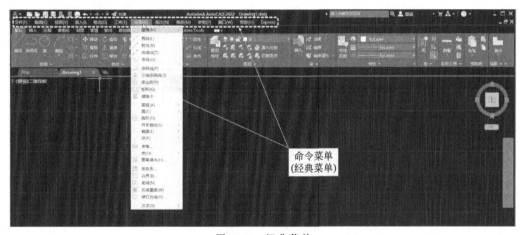

图 2.17　经典菜单

显示经典菜单的方法可以通过执行以下操作来实现：

① 在 AutoCAD 窗口的左上方功能区右侧，即左上角应用程序"A"图标及快速访问工具栏的右端，单击"▼"图标，然后弹出下拉菜单点击选择"显示菜单栏"即可显示命令菜单。见图 2.18(a)。

(a) 通过在功能区打开

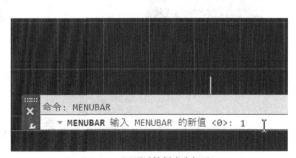

(b) 通过执行命令打开

图 2.18　打开经典菜单方法

若按上述操作再次点击一下"显示菜单栏"即可隐藏经典菜单。

② 在命令提示下，输入"MENUBAR"。输入数字"1"即可显示命令菜单栏。见图 2.18(b)。

同样，若执行 MENUBAR 系统变量命令后，输入数字"0"即可隐藏经典菜单。

（2）命令选项卡及命令面板显示设置方法

关闭或打开绘图区上侧主功能区的命令选项卡及命令面板的方法如下，见图 2.19。

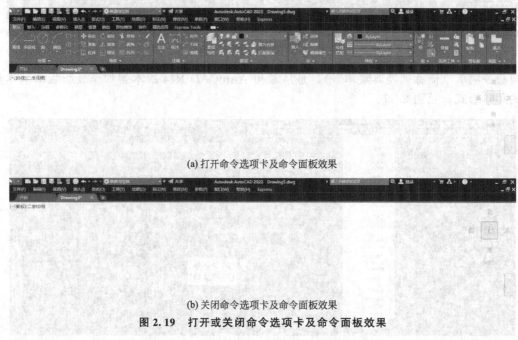

(a)打开命令选项卡及命令面板效果

(b)关闭命令选项卡及命令面板效果

图 2.19 打开或关闭命令选项卡及命令面板效果

① 按前述方法打开经典命令菜单。点击打开"工具"下拉菜单。见图 2.20。

② 在"工具"下拉菜单上移动光标至"选项板"命令选项处；

③ 在显示的子菜单上点击"功能区"命令选项，即可打开或关闭命令选项卡及命令面板。见图 2.19。

④ 若命令选项卡及命令面板是关闭状态，点击"功能区"命令选项后重新显示出来；反之则重新隐藏起来。

图 2.20 点击"功能区"命令选项

（3）AutoCAD 绘图区栅格显示设置方法

① 栅格显示或隐藏：在 AutoCAD 绘图区中栅格（网格状）显示见图 2.21，此种网格

只是作为辅助绘图参考使用，实际其并不在图形中出现。绘图区栅格显示或隐藏设置方法有如下几种方法：

a. 在状态栏上，在栅格显示"⊞"图标上单击鼠标右键并点击选择"栅格设置"即可打开或隐藏栅格。见图 2.21。

b. 状态栏位于应用程序窗口的右下角。或按键盘上的 F7 键即可打开栅格，再次按下 F7 键即可隐藏栅格。见图 2.22。

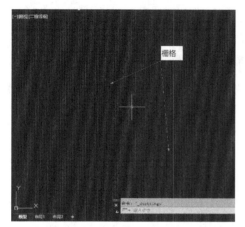

图 2.21　AutoCAD 绘图区栅格

图 2.22　通过状态栏打开栅格

c. 在"工具"下拉菜单中选择"绘图设置"命令选项，在弹出的"草图设置"对话框的"捕捉和栅格"选项卡上，单击"启用栅格"即可。见图 2.23。

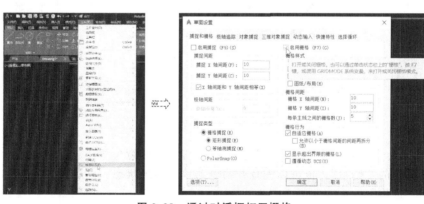

图 2.23　通过对话框打开栅格

② 栅格间距设置：可以在前述打开的"草图设置"对话框中控制栅格间距大小。见图 2.24。

③ 图形界限设置：在绘图区域中可以设置不可见的矩形边界，该边界可以限制栅格显示并限制单击或输入点位置。图形界限设置实质是指设置并控制栅格显示的界限，并非设置绘图区域边界。一般地，AutoCAD 的绘图区域是无限的，可以任意绘制图形，不受边界约束。见图 2.25。

图形界限设置方法是单击"格式"下拉菜单选择"图形界限"，或在命令窗口直接输入"LIMITS"命令。然后指定界限的左下角点和右上角点即完成设置。该图形界限具体仅是 1 个图形辅助绘图点阵显示范围。

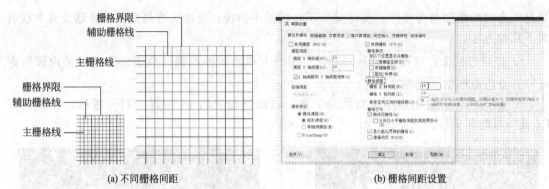

(a) 不同栅格间距   (b) 栅格间距设置

图 2.24 栅格间距设置方法

命令:LIMITS

重新设置模型空间界限:

指定左下角点或[开(ON)/关(OFF)] <0.0000,0.0000>:

指定右上角点<420.0000,297.0000>:

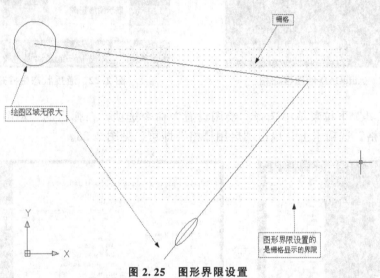

图 2.25 图形界限设置

(4) CAD 绘图区域背景颜色设置方法 在绘图区域任意位置点击鼠标右键,弹出快捷菜单,选择其中的"选项"。也可以先打开命令菜单为显示状态,再点击"工具"下拉菜单,选择其中的"选项"。

在弹出的"选项"对话框中,点击"显示"栏,再点击"颜色"按钮,弹出的"图形窗口颜色"对话框即可设置操作区域背景显示颜色,点击"应用并关闭"按钮返回前一对话框,最后点击"确定"按钮即可完成设置。见图 2.26。背景颜色根据个人绘图习惯设置,一般为白色或黑色。

(5) 创建图形备份文件及自动保存设置方法

AutoCAD 提供了图形文件自动保存和备份功能(即创建备份副本),这有助于确保图形文件数据的安全,出现问题时,用户可以恢复图形备份文件。

图形备份文件设置方法是,在绘图区域任意位置点击鼠标右键,弹出快捷菜单点击选择"选项"。也可以先打开命令菜单为显示状态,再点击"工具"下拉菜单,在"选项"对话框的"打开和保存"选项卡中,可以勾选"每次保存时均创建备份副本",即可在保存图形时创建备份文件。见图 2.27(a)。

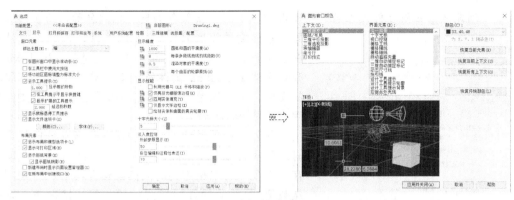

(a) "选项"对话框

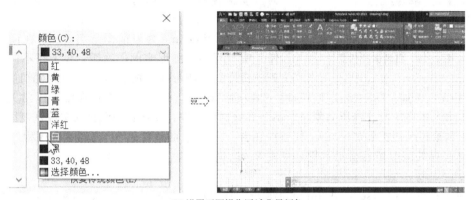

(b) 设置不同操作区域背景颜色

图 2.26 背景颜色设置方法

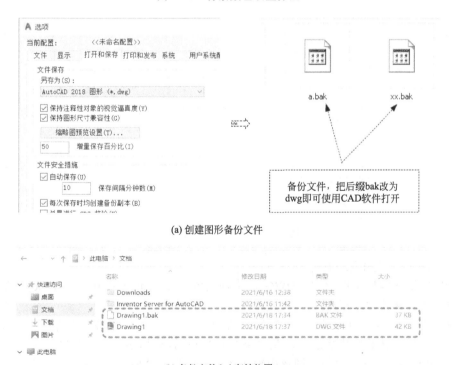

(a) 创建图形备份文件

(b) 备份文件.bak存储位置

图 2.27 设置创建图形文件备份

执行创建图形备份文件操作后，每次保存图形时，将保存为具有相同名称，但扩展名不同，备份文件扩展名为 .bak 的文件，该备份文件与图形文件位于同一个文件夹中。通过将 Windows 资源管理器中的 .bak 文件重命名为带有 .dwg 扩展名的文件，可以恢复为备份文件作为正式图形文件使用。见图 2.27(b)。

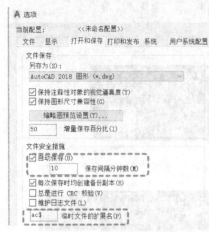

图 2.28 自动保存设置

另外，选项对话框中自动保存是指系统以指定的时间间隔自动保存当前操作图形。启用了"自动保存"选项，将以指定的时间间隔保存图形，时间间隔从数值"1"分钟开始任意设置。默认情况下，系统为自动保存的文件临时指定名称为"filename_a_b_nnnn.sv＄"文件形式。见图 2.28。

其中，filename 为当前图形名，a 为在同一工作任务中打开同一图形实例的次数，b 为在不同工作任务中打开同一图形实例的次数，nnnn 为随机数字，后缀为 *.sv＄，例如"Drawing1_1_18492_028cce48.sv＄"。这些临时文件在图形正常关闭时自动删除。出现程序故障或电压故障时，不会删除这些文件。要从自动保存的文件恢复图形的早期版本，请通过使用扩展名 *.dwg 代替扩展名 *.sv＄来重命名文件，然后再关闭程序。

自动保存的类似信息显示示例，见图 2.29。

命令：

自动保存到 C:\Users\Admininstrator\AppData\Local\Temp\Drawing1_1_18492_028cce48.sv＄...

图 2.29 临时文件保存位置

（6）CAD 图形文件保存版本选择方法

① DWG 格式类型文件含义：DWG 指一种技术环境，也指适用于 Autodesk AutoCAD 软件的原生文件格式".dwg"。

欧特克于 1982 年首次推出 AutoCAD 软件时创建了".dwg"格式文件。".dwg"文件格式是最常用的设计数据格式之一，几乎每个 CAD 设计环境中都有其身影。

DWG 文件包含用户在 CAD 图形中输入的所有信息。这些数据包括：

● 设计；

● 几何数据；

● 贴图和照片。

DWG 技术环境中包含的功能可进行铸模、渲染、绘制、注释和测量等操作。尽管通常与 AutoCAD 关联，但 DWG 技术亦已成为其他许多 CAD 产品不可或缺的一部分。

② AutoCAD 图形文件 dwg 保存不同格式类型文件：

● 选项卡中设置

在绘图区域任意位置点击鼠标右键，弹出快捷菜单点击选择"选项"。也可以先打开命令菜单为显示状态，再点击"工具"下拉菜单，在"选项"对话框的"打开和保存"选项卡中设置。例如，版本 AutoCAD 2022 保存 dwg 图形文件的格式有所增加，主要包括：

AutoCAD2018. dwg、AutoCAD 2013. dwg、AutoCAD 2010. dwg、AutoCAD 2007. dwg、AutoCAD 2004. dwg、AutoCAD 2000. dwg、AutoCAD R14. dwg 等不同版本 dwg 格式。见图 2.30(a)。

此种设置方法会将图形文件保存格式设置为默认图形文件格式。

● 另存为选择设置

点击屏幕左上角功能区图标 A 右侧小三角图标"▼"，打开"文件"下拉菜单，点击"另存为（A）"再选择"图形"命令选项，在弹出的"图形另存为"对话框中，在"文件类型"中选择 dwg 格式，包括 dwg \ dws \ dxf \ dwt 等多种格式类型，见图 2.30(b)。

(a)"打开和保存"选项卡

(b)"图形另存为"对话框

图 2.30　dwg 保存格式类型

③ dwg 格式不同版本转换：通过执行文件下拉菜单中的"另存为"命令选项，即可将不同版本格式的图形文件进行转换。这种方法只能转换当前 AutoCAD 版本支持的图形格式文件。图形文件的文件扩展名为 . dwg，除非更改保存图形文件所使用的默认文件格式，否则将使用最新的图形文件格式保存图形。例如，AutoCAD 2022 默认文件格式是"AutoCAD 2018 图形（*. dwg）"，这个格式版本较高，若使用低于 AutoCAD 2022 版本软件如 AutoCAD 2016 版本，图形文件不能打开。因此，可以将图形文件设置为稍低版本的格式，如"AutoCAD 2004 图形（*. dwg）"，这样大部分 AutoCAD 版本都可以打开图形文件使用。

另外，欧特克公司提供了不同 dwg 格式版本的免费转换软件：DWG TrueView。该软件可以存储为不同版本的 dwg 格式文件，便于用对应 AutoCAD 版本的软件打开该图形文件。也可以使用第三方提供的图形文件格式转换软件进行转换。

（7）CAD 图形单位设置方法

① 图形单位：开始绘图前，必须基于要绘制的图形确定一个图形单位代表的实际大小，创建的所有对象都是根据图形单位进行测量的。然后据此约定创建实际大小的图形。例如，一个图形单位的距离通常表示实际单位的 1mm（毫米）、1cm（厘米）、1in（英寸）或 1ft（英尺）等。

图形单位设置方法可以在窗口输入"UNITS"命令回车，或打开菜单后单击"格式"下拉菜单选择"单位"。在弹出的"图形单位"对话框即可设置长度、角度和插入比例等相关单位和精度数值。见图 2.31，其中：

a. 长度的类型一般设置为小数，长度精度数值为 0。设置测量单位的当前格式。该值包括"建筑""小数""工程""分数"和"科学"。其中，"工程"和"建筑"格式提供英尺和英寸显示并假定每个图形单位表示一英寸，其他格式可表示任何真实世界单位，如米（m）、毫米（mm）等。

b. 角度的类型一般采用十进制度数，也可以采用其他类型。十进制度数以十进制数表示，百分度附带一个小写 g 后缀，弧度附带一个小写 r 后缀。度/分/秒格式用 d 表示度，用′表示分，用″表示秒。以顺时针方向计算正的角度值，默认的正角度方向是逆时针方向。当提示用户输入角度时，可以点击所需方向或输入角度，而不必考虑"顺时针"设置。

c. 插入比例是控制插入到当前图形中的块和图形的测量单位。如果块或图形创建时使用的单位与该选项指定的单位不同，则在插入这些块或图形时，对其按比例缩放。插入比例是源块或图形使用的单位与目标图形使用的单位之比。如果插入块时不按指定单位缩放，请选择"无单位"。

d. 光源控制当前图形中光度控制光源的强度测量单位，此项不常用，可以使用默认值即可。

图 2.31　图形单位设置

e. 方向控制：主要是设置零角度的方向作为基准角度。

② 不同图形单位转换：如果按某一度量衡系统（英制或公制）创建图形，然后希望转换到另一系统，则需要使用"SCALE"功能命令按适当的转换系数缩放模型几何体，以获得准确的距离和标注。

例如，要将创建图形的单位从英寸（inch）转换为厘米（cm），可以按 2.54 的因子缩放模型几何体。要将图形单位从厘米转换为英寸，则比例因子为 1/2.54 或大约 0.3937。

③ 绘图比例设置：在进行 CAD 绘图时，绘图单位设置完成后，一般是按 1：1 进行绘制，即实际尺寸是多少，绘图绘制多少，例如，轴距为 6000mm，在绘图时绘制 6000 个单位数值，如图 2.32 所示。

所需绘图比例通过打印输出时，在打印比例设定实际需要的比例大小，详细内容参考后面打印输出相关章节。对于详图或节点大样图，可以

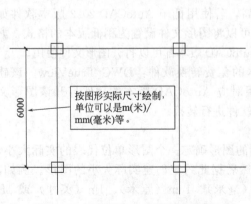

6000

按图形实际尺寸绘制，单位可以是 m（米）/mm（毫米）等。

图 2.32　可按实际尺寸单位数值绘图

先将其放大相同的倍数后再进行绘制，例如细部为 6mm，在绘图时可以放大 10 倍，绘制 60mm，然后在打印时按相应比例控制输出即可，详细内容参考后面打印输出相关章节。

（8）CAD 绘图文字样式设置方法

（注：本小节内容操作讲解视频参见第 5 章 5.1.1 节内容的讲解视频。）

在图形中输入文字时，当前的文字样式决定输入文字的字体、字号、角度、方向和其他文字特征，图形中的所有文字都具有与之相关联的文字样式。输入文字时，程序将使用当前文字样式。当前文字样式用于设置字体、字号、倾斜角度、方向和其他文字特征。如果要使用其他文字样式来创建文字，可以将其他文字样式置于当前。

文字样式设置方法是先将经典菜单打开，然后单击"格式"下拉菜单选择"文字样式"命令，在弹出"文字样式"对话框中进行设置，包括样式、字体、字高等，然后点击"置为当前"按钮，再依次点击"应用""关闭"按钮即可。如图 2.33 所示。

另外可以在命令窗口直接输入文字样式命令 style，弹出"文字样式"对话框即可进行设置。

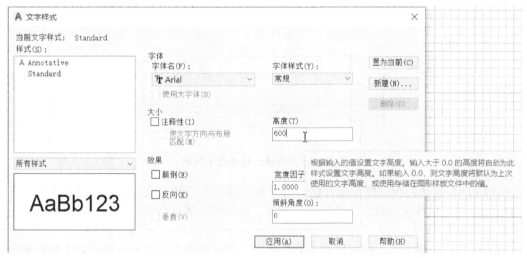

图 2.33　文字样式设置

（9）CAD 绘图标注样式设置方法

（注：本小节内容操作讲解视频参见第 5 章 5.3.1 节内容的讲解视频。）

标注样式是标注设置的命名集合，可用来控制标注的外观，如箭头样式、文字位置和尺寸公差等。可以通过更改设置控制标注的外观，同时为了便于使用、维护标注标准，可以将这些设置存储在标注样式中。在进行尺寸标注时，其标注将使用当前标注样式中的设置；如果要修改标注样式中的设置，则图形中的所有标注将自动使用更新后的样式。

标注样式设置方法是先将经典菜单打开，然后单击"格式"下拉菜单选择"标注样式"命令，在弹出的"标注样式"对话框中点击"修改"按钮弹出"修改标注样式"的对话框中进行设置，依次点击相应的栏，包括线、符号和箭头、文字、主单位等，根据图幅大小设置合适的数值，然后点击"确定"按钮返回上一窗口，再依次点击"置为当前""关闭"按钮即可。如图 2.34 所示。

另外可以在命令窗口直接输入文字样式命令 DIMSTYLE，弹出"文字样式"对话框即可进行设置。

若调整修改后标注等显示效果不合适，重复上述操作，继续修改调整其中的数据参数，直至合适为止，如图 2.35 所示。

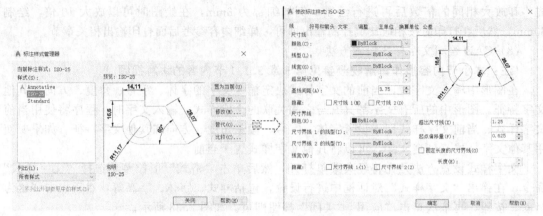

图 2.34 标注样式依次设置

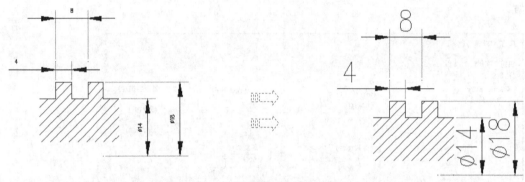

图 2.35 不同标注样式显示效果

（10）CAD 绘图捕捉功能设置方法 对象捕捉提供了一种方式，可在每次系统提示在命令内输入点时，在对象上指定精确位置。例如，使用对象捕捉可以创建从圆心或到另一条直线中点的直线。

不论何时提示输入点，都可以指定对象捕捉。默认情况下，当光标移到对象的对象捕捉位置时，将显示标记和工具提示，如图 2.36 所示。

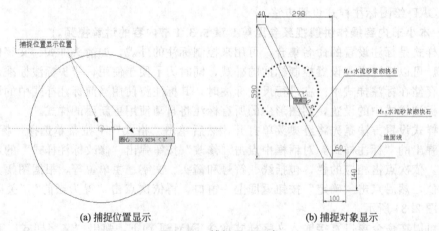

(a) 捕捉位置显示   (b) 捕捉对象显示

图 2.36 捕捉显示示意

绘图捕捉设置方法如下：

① 先打开经典菜单，然后依次单击工具（T）菜单、选择绘图设置（F）命令；在"草

图设置"对话框中的"对象捕捉"选项卡上,选择"√"要使用的对象捕捉;最后单击"确定"即可。

②也可以在屏幕右下侧状态栏中,点击"捕捉模式"图标右侧小三角形"▼"按钮,再在弹出的快捷菜单中选择"捕捉设置"。接着在弹出的"草图设置"对话框中进行设置即可。如图2.37所示。

(a)"草图设置"对话框

(b)状态栏中点击捕捉设置

图 2.37 捕捉设置

(11) CAD 图形线条线宽大小及显示设置方法

线宽是指定给图形对象、图案填充、引线和标注几何图形的特性,可产生更宽、颜色更深的线。使用线宽,可以用粗线和细线清楚地表现出各种不同线条,以及细节上的不同,也通过为不同的图层指定不同的线宽,可轻松得到不同的图形线条效果。一般情况下,需要选择状态栏上的"显示/隐藏线宽"按钮进行开启,否则在屏幕上一般不显示线宽。

线宽设置方法是:先打开经典菜单,然后单击"格式"下拉菜单选择"线宽"命令,在弹出"线宽设置"对话框中相关按钮进行设置。如图2.38(a)所示。

另外可以在"默认"命令选项卡中的"特性"命令面板上直接点击线宽旁边图标"▼"即可进行线宽设置。如图2.38(b)所示。

勾取"显示线宽"选项后,屏幕将显示线条宽度,包括各种相关线条、尺寸等。如图2.39所示。具有线宽的对象将以指定线宽值的精确宽度打印。

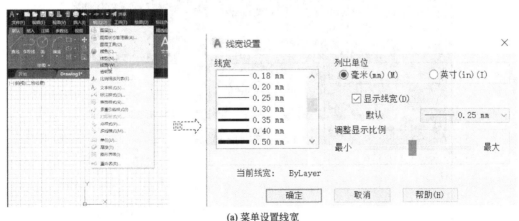

(a)菜单设置线宽

图 2.38

(b) 特性面板设置线宽

图 2.38　线宽设置

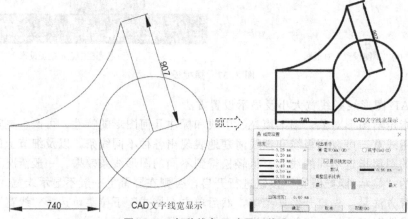

图 2.39　各种线条尺寸显示线宽

指定图层线宽的方法是：先打开经典菜单，然后依次单击"工具"下拉菜单选择"选项板"，然后选择"图层"面板，弹出"图层特性管理器"对话框，在对话框中单击与该图层关联的线宽，在"线宽"对话框的列表中选择线宽，最后单击"确定"关闭各个对话框。如图 2.40 所示。

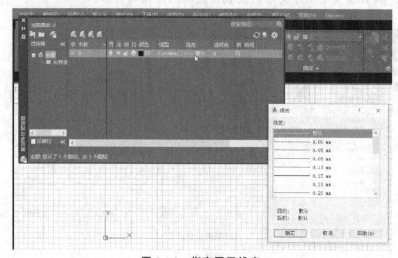

图 2.40　指定图层线宽

2.2 AutoCAD 绘图文件操作基本方法

2.2.1 新建 CAD 图形文件方法

启动 AutoCAD 后，可以通过如下几种方式创建一个新的 AutoCAD 图形文件：

■ 打开"文件"下拉菜单：选择"文件"下拉菜单的"新建"命令选项。

■ 在"命令:"命令行下输入 NEW（或 new）或 N（或 n），不需要区分大小写。

■ 在功能区中单击左上"新建"命令图标按钮。

■ 直接使用"Ctrl+N"快捷键。

■ 点击功能区左侧"A"图标右侧小三角图标"▼"，在弹出的下拉菜单中选择"新建"命令选项，然后选择"图形"选项。

执行上述操作后，将弹出的"选择样板"对话框中，可以选取"acad"文件或使用默认样板文件直接点击"打开"按钮即可。如图 2.41 所示。

图 2.41 新建图形文件

2.2.2 打开已有 CAD 图形方法

启动 AutoCAD 后，可以通过如下几种方式打开一个已有的 AutoCAD 图形文件。

■ 打开"文件"下拉菜单，选择"打开"命令选项。

■ 使用标准工具栏：单击标准工具栏中的"打开"命令图标。

■ 在"命令:"命令行下输入 OPEN 或 open。

■ 直接使用"Ctrl+O"快捷键。

■ 点击功能区左侧"A"图标右侧小三角图标"▼"，在弹出的下拉菜单中选择"打开"命令选项，然后选择"图形"选项。

执行上述操作后，在弹出的"选择文件"对话框中，在"查找范围"中点击选取文件所在位置，然后选中要打开的图形文件，最后点击"打开"按钮即可。如图 2.42 所示。

2.2.3 同时打开多个 CAD 图形文件方法

AutoCAD 支持同时打开多个图形文件。若需在不同图形文件窗口之间切换，直接点击各个图形文件的名称就可以切换，也可以打开"窗口"下拉菜单，点击选择需要打开的文件名称即可。如图 2.43 所示。

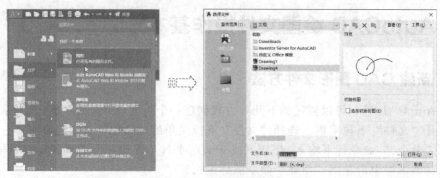

图 2.42 打开已有图形

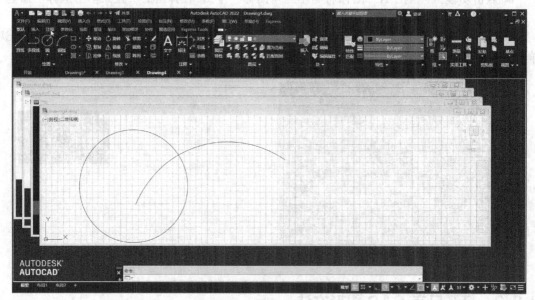

图 2.43 打开多个图形文件

2.2.4 保存 CAD 图形文件方法

启动 AutoCAD 后，可以通过如下几种方式保存绘制好的 AutoCAD 图形文件。

■ 点击"文件"下拉菜单选择其中的"保存"命令选项。

■ 使用标准工具栏：单击标准工具栏中的【保存】命令图标。

■ 在"命令:"命令行下输入 SAVE 或 save。

■ 直接使用"Ctrl＋S"快捷键。

■ 点击功能区左侧"A"图标右侧小三角图标"▼"，再在弹出的下拉菜单中选择"保存"命令选项。

执行上述操作后，第一次进行图形文件保存时将弹出"图形另存为"对话框。在对话框中，"保存于"中点击选取要保存文件位置，然后输入图形文件名称，最后点击"保存"按钮即可。如图 2.44 所示。对于非首次保存的图形，CAD 不再提示上述内容，而是直接保存图形。

若需以另外一个名字保存图形文件，可以通过点击"文件"下拉菜单的选择"另存为"命令选项。执行"另存为"命令后，AutoCAD 将弹出图形如图 2.44 所示对话框，操作与前述保存操作相同。

图 2.44　保存图形

2.2.5　关闭 CAD 图形文件方法

启动 AutoCAD 后，可以通过如下几种方式关闭图形文件。

■ 在"文件"下拉菜单选择"关闭"命令选项。

■ 在"命令:"命令行下输入 CLOSE 或 close。

■ 点击图形右上角下面的"×"图标，如图 2.45 所示。

执行"关闭"命令后，若该图形还没有保存，AutoCAD 将弹出警告"是否将改动保存到 ＊＊＊＊＊.dwg?"，提醒需不需要保存图形文件。如图 2.46 所示。

若选择"是（Y）"，将保存当前图形并关闭它。

若选择"否（N）"，将不保存图形直接关闭它。

若选择"取消（cancel）"，表示取消关闭当前图形的操作，切换回绘图状态。

图 2.45　点击"×"关闭图形

图 2.46　AutoCAD 询问提示

2.2.6　关闭或退出 AutoCAD 软件方法

可以通过如下方法实现退出 AutoCAD。

■ 从"文件"下拉菜单中选择"退出"命令选项。

■ 在"命令:"命令行下输入 EXIT 或 exit 后回车。

- 在"命令:"命令行下输入 QUIT（退出）或 quit 后回车。
- 点击图形右上角最上面的"×"，参考图 2.45。

2.3 常用 AutoCAD 绘图辅助控制功能

2.3.1 动态输入功能启用或关闭方法

"动态输入"是在绘图区域中的光标附近提供命令界面，可用于输入命令或指定选项和输入数值大小。如图 2.47 所示。

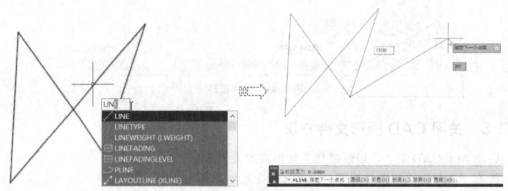

图 2.47 动态输入操作显示

打开动态输入时，工具提示将在光标旁边显示信息，该信息会随光标移动动态更新。当动态输入处于启用状态时，工具提示将在光标附近动态显示更新信息。当命令正在运行时，可以在工具提示文本框中指定选项和值。

动态输入不会取代命令窗口。可以隐藏命令窗口以增加更多绘图区域，但在有些操作中还是需要显示命令窗口。按 F2 键可根据需要隐藏和显示命令提示和错误消息。

单击软件程序窗口右下角的状态栏上的"动态输入"按钮图标可以打开/关闭动态输入。

动态输入有三个组件：光标（指针）输入、标注输入和动态提示。在"动态输入"按钮上单击鼠标右键并选择"动态输入设置"，在弹出的"草图设置"对话框中，可以设置相关各个组件形式，以控制启用"动态输入"时每个组件所显示的内容。如图 2.48 所示。

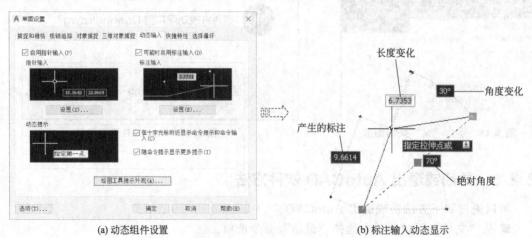

(a) 动态组件设置　　　　　　　　(b) 标注输入动态显示

图 2.48 动态输入设置使用

在某个命令处于活动状态时，按下 F12 键即可临时关闭动态输入。

2.3.2 正交模式功能启用或关闭方法

正交模式功能是指约束绘图光标只能在水平方向或垂直方向移动。在正交模式下，光标移动限制在水平或垂直方向上（相对于当前 UCS 坐标系，将平行于 UCS 的 X 轴的方向定义为水平方向，将平行于 Y 轴的方向定义为垂直方向）。如图 2.49 所示。

在绘图和编辑过程中，可以随时打开或关闭"正交"。要控制正交模式，单击底部状态栏上的"正交模式"按钮图标以启动和关闭正交模式，也可以按下"F8"键临时关闭/启动"正交模式"。

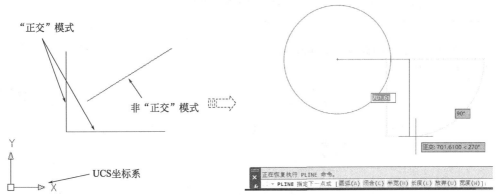

图 2.49　正交模式功能使用

2.3.3 自动追踪功能启用或关闭方法

自动追踪包括两个追踪选项：极轴追踪和对象捕捉追踪。

（1）极轴追踪　极轴追踪是指沿指定的极轴角度跟踪光标。按 F10 键或单击状态栏上的"极轴追踪"图标按钮即可启动极轴追踪功能。

使用极轴追踪，光标将按指定角度进行移动。可以使用极轴追踪沿着"90°、60°、45°、30°、22.5°、18°、15°、10°和5°"的极轴角度增量进行追踪，也可以指定其他角度。如图 2.50(a) 显示了当极轴角增量设定为 30°，光标移动 90°时显示的对齐路径。也可修改为不同增量角追踪，见图 2.50(b)。

设定极轴追踪角度的方法：

在右下角状态栏的查找图标"　"上单击鼠标右键或点击旁边的小三角图标"▼"。从显示的菜单中单击"追踪设置"，在弹出的"草图设置"对话框中选择打开"极轴追踪"选项卡进行设置，包括选择"启用极轴追踪"、在"增量角"列表中选择极轴追踪角度、要设定附加追踪角度选择"附加角"等参数，最后单击"确定"。如图 2.51 所示。最后即可在状态栏的"　"图标上单击鼠标右键，弹出的菜单中单击可用角度，按此角度进行极轴追踪。

也可以打开"工具"下拉菜单选择"绘图设置"命令选项，同样弹出"草图设置"对话框，即可按前述方法设置。

（2）对象捕捉追踪　对象捕捉追踪是指从对象捕捉点沿着垂直对齐路径和水平对齐路径追踪光标。按 F11 键或单击状态栏上的"对象捕捉追踪/显示捕捉参照线"图标按钮即可启动对象捕捉追踪功能。

对象捕捉追踪是指可以按照指定的角度或按照与其他对象的特定关系绘制对象，需要注

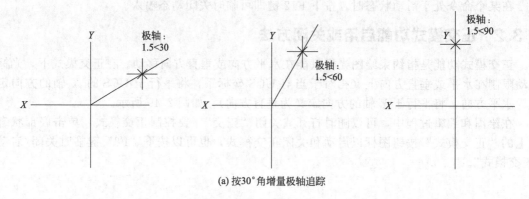

(a) 按30°角增量极轴追踪

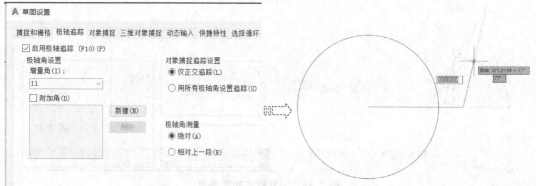

(b) 修改按11°角增量极轴追踪

图 2.50　极轴追踪示例

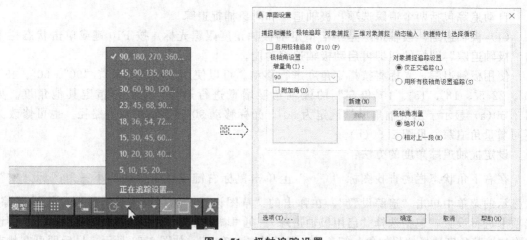

图 2.51　极轴追踪设置

意必须设置对象捕捉，才能从对象的捕捉点进行追踪。例如，分别启用了"端点"、对象捕捉功能的图形绘制示例，如图 2.52 所示。

①　单击直线的起点 a 开始绘制直线；

②　将光标移动到另一条直线的端点 b 处获取该点；

③　然后沿水平对齐路径移动光标，定位要绘制的直线的端点 c。

（3）图形对象捕捉方式选择

图形对象捕捉功能主要是指二维平面绘图时使用的对象捕捉方式。主要包括端点、中

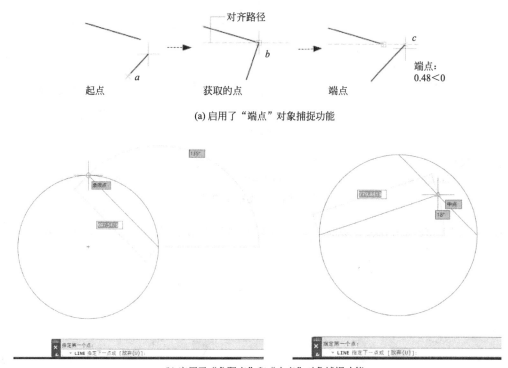

(a) 启用了"端点"对象捕捉功能

(b) 启用了"象限点"和"中点"对象捕捉功能

图 2.52 对象捕捉追踪功能

点、圆心等多种,如图 2.53 所示。在绘制图形时一定要掌握,可以精确定位绘图位置。如果启用多个执行对象捕捉,则在一个指定的位置可能有多个对象捕捉符合条件。

常用的捕捉方法如下所述。捕捉方式可以用于绘制图形时准确定位,使得所绘制图形快速定位于相应的位置点。

图 2.53 AutoCAD 对象绘图捕捉方式

① 端点捕捉是指捕捉到圆弧、椭圆弧、直线、多行、多段线线段、样条曲线、面域或射线最近的端点,或捕捉宽线、实体或三维面域的最近角点。如图 2.54(a) 所示。

② 中点捕捉是指捕捉到圆弧、椭圆、椭圆弧、直线、多行、多段线线段、面域、实体、样条曲线或参照线的中点。如图 2.54(b) 所示。

③ 几何中心捕捉是指捕捉到圆弧、圆、椭圆或椭圆弧、正方形等图形对象的几何中心点。如图 2.54(c) 所示。

④ 交点捕捉是指捕捉到圆弧、圆、椭圆、椭圆弧、直线、多行、多段线、射线、面域、样条曲线或参照线的交点。延伸捕捉是当光标经过对象的端点时,显示临时延长线或圆弧,以便用户在延长线或圆弧上指定点。"延伸交点"不能用作执行对象捕捉模式。"交点"和"延伸交点"不能和三维实体的边或角点一起使用。外观交点捕捉是指不在同一平面但在当前视图中看起来可能相交的两个对象的视觉交点。"延伸外观交点"不能用作执行对象捕捉模式。"外观交点"和"延伸外观交点"不能和三维实体的边或角点一起使用。如图 2.55 所示。

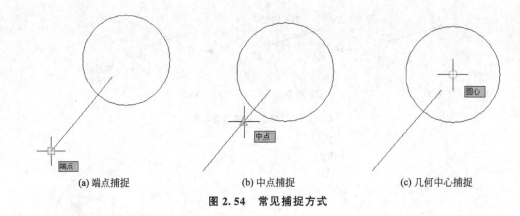

(a) 端点捕捉　　　　　　　(b) 中点捕捉　　　　　　　(c) 几何中心捕捉

图 2.54　常见捕捉方式

⑤ 象限点捕捉是指捕捉到圆弧、圆、椭圆或椭圆弧的象限点。如图 2.56 所示。

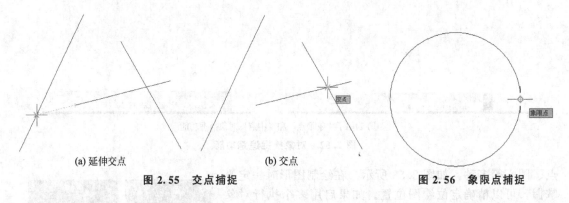

(a) 延伸交点　　　　　　　　　　(b) 交点

图 2.55　交点捕捉　　　　　　　　　　　　　　　图 2.56　象限点捕捉

⑥ 垂足捕捉是指捕捉圆弧、圆、椭圆、椭圆弧、直线、多线、多段线、射线、面域、实体、样条曲线或构造线的垂足。如图 2.57 所示。

⑦ 切点捕捉是指捕捉到圆弧、圆、椭圆、椭圆弧或样条曲线的切点。当正在绘制的对象需要捕捉多个垂足时，将自动打开"递延垂足"捕捉模式。可以使用"递延切点"来绘制与圆弧、多段线圆弧或圆相切的直线或构造线。当靶框经过"递延切点"捕捉点时，将显示标记和 AutoSnap 工具提示。当用自选项结合"切点"捕捉模式来绘制除开始于圆弧或圆的直线以外的对象时，第一个绘制的点是与在绘图区域最后选定的点相关的圆弧或圆的切点。如图 2.58 所示。

⑧ 最近点捕捉是指捕捉到圆弧、圆、椭圆、椭圆弧、直线、多行、点、多段线、射线、样条曲线或参照线距离当前光标位置的最近点。如图 2.59 所示。

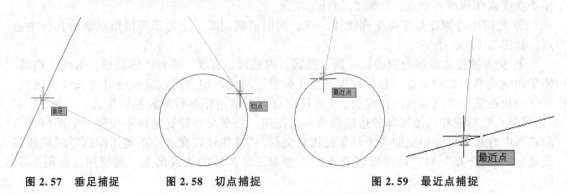

图 2.57　垂足捕捉　　　　　图 2.58　切点捕捉　　　　　图 2.59　最近点捕捉

对象捕捉方式选择设置方法，如图 2.60 所示。

● 在右下角状态栏的图标"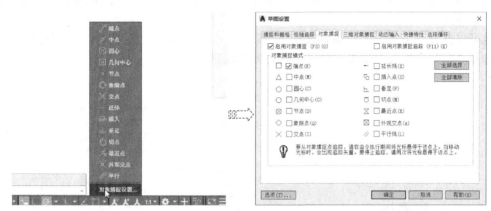"上单击鼠标右键或点击旁边的小三角图标"▼"。然后点击"对象捕捉设置"命令选项，在弹出的"草图设置"对话框中，选择"对象捕捉"选项卡，然后点击捕捉方式左侧的小方框即可启用或关闭该种捕捉方式功能。
● 也可以打开"工具"下拉菜单选择"绘图设置"命令选项，同样弹出"草图设置"对话框，即可按前述方法设置。

图 2.60　对象捕捉方式选择设置

2.3.4　栅格捕捉功能启用或关闭方法

栅格捕捉用于限制十字光标，使其按照用户定义的栅格间距移动。如果启用了"栅格捕捉"，在创建或修改对象时，光标似乎附着或"捕捉"到不可见的矩形栅格。如图 2.61 所示。

栅格和捕捉是各自独立的设置，但经常同时打开。

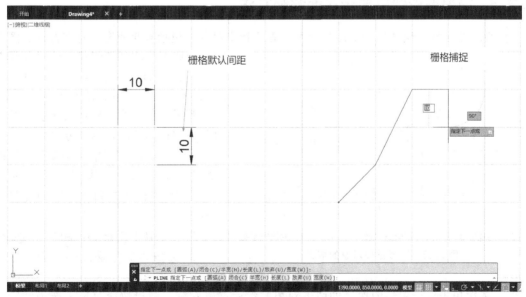

图 2.61　栅格捕捉功能

打开或关闭栅格捕捉的方法如下。

① 在右下角状态栏的"捕捉到图形栅格"图标上单击鼠标右键或点击旁边的小三角图标"▼"。然后点击选择"栅格捕捉"选项，即可启动栅格捕捉功能。如图2.62(a)所示。

② 按下F9键即可打开或关闭栅格捕捉功能。

栅格捕捉设置，可以在右下角状态栏的"捕捉到图形栅格"图标上单击鼠标右键或点击旁边的小三角图标"▼"。然后点击选择"捕捉设置"选项，在弹出的"草图设置"对话框中，选择"捕捉和栅格"选项卡，然后可以在其中设置捕捉间距、栅格间距等栅格捕捉相关参数。如图2.62(b)所示。捕捉间距和栅格间距默认均是10个单位，其间距大小均可以在对话框中调整。

也可以打开"工具"下拉菜单选择"绘图设置"命令选项，同样弹出"草图设置"对话框，选择"捕捉和栅格"选项卡即可按前述方法设置。

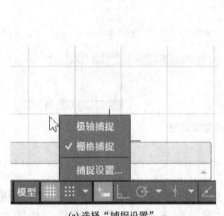
(a) 选择"捕捉设置"

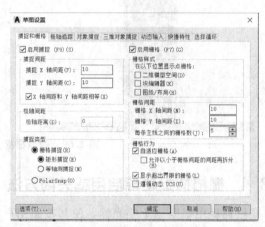
(b) 设置栅格捕捉间距等

图 2.62　栅格捕捉设置

2.3.5　重叠图形绘图显示次序调整方法

重叠图形对象的绘图显示次序是指可以更改指定对象（包括有粗线宽、宽多段线、图案填充和填充、注释和图像）的对象绘图次序（包括显示和打印次序）。例如，图2.63中这些对象的显示和打印顺序。

图形对象的绘图显示次序包括其显示顺序和打印顺序，修改方法如下：

① 先单击"默认"选项卡，找到"修改"命令面板，找到点击"前置⬚"图标右侧小三角"▼"即可打开下拉菜单；

② 然后从下拉列表中选择一个选项；

③ 选择要进行修改的对象，然后按Enter键；

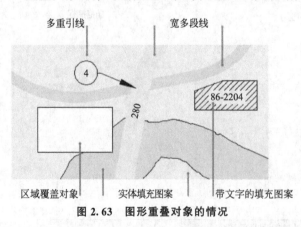
图 2.63　图形重叠对象的情况

④ 依次单击要设置绘图次序的图形对象，然后点击右键，弹出快捷菜单上选择"绘图次序"；

⑤ 然后再根据需要选择"前置""后置""置于对象之上""置于对象之下"等相应命令

选项即可，如图 2.64(a) 所示；

⑥ 对于"置于对象之上"和"置于对象之下命令"选项，先选择图形对象，然后选择参照对象，再按 Enter 键即可。如图 2.64(b) 所示。

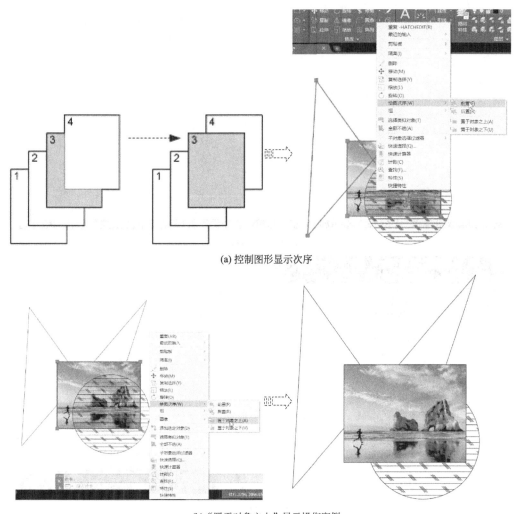

(a) 控制图形显示次序

(b)"置于对象之上"显示操作实例

图 2.64　绘图显示次序修改

2.4　AutoCAD 绘图快速操作方法

2.4.1　全屏显示方法

"全屏显示"是指屏幕上仅显示菜单栏、"模型"选项卡和布局选项卡（位于图形底部）、状态栏和命令行。如图 2.65(a) 所示。

"全屏显示"设置方法如下：

按钮位于应用程序右下角的状态栏，使用鼠标直接点击"全屏显示"按钮图标即可实现开启或关闭"全屏显示"效果。或打开"视图"下拉菜单选择"全屏显示"也可以开启或关闭"全屏显示"效果。如图 2.65(b) 所示。

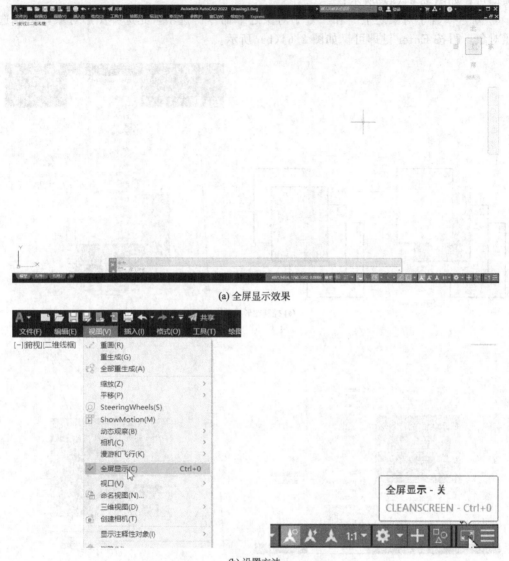

(a) 全屏显示效果

(b) 设置方法

图 2.65 全屏显示设置方法

2.4.2 视图控制方法

视图控制只是对图形在屏幕上显示的位置进行改变和控制，并不更改图形中对象的位置和大小等。在平面图形绘制操作中视图控制主要包括：视图平移、视图缩放。可以通过以下方法移动或缩放视图。

- 缩放屏幕视图图形对象：前后转动鼠标中间的轮子即可；或者不选定任何对象，在绘图区域任意位置单击鼠标右键，在弹出的快捷菜单中选择"缩放"，然后按住鼠标左键不放同时移动鼠标即可进行视图缩放。此种视图操作也称为实时视图缩放。
- 平移屏幕视图范围：按住鼠标中间的轮子不放同时移动鼠标即可平移视图。
  或者不选定任何对象，在绘图区域任意位置单击鼠标右键，在弹出的快捷菜单中选择"平移"，然后按住鼠标左键同时移动鼠标即可平移视图。
- 在"命令"行输入"ZOOM 或 Z"（缩放视图）、"PAN 或 P"（平移视图）。

■ 点击"标准"工具栏上的"实时缩放"或"实时平移"按钮，也可以点击底部状态栏上的"缩放""平移"，即图标 🖐️ 🔍 。

要随时停止平移视图或缩放视图，请按 ENTER 键或 ESC 键。也可以点击鼠标右键，弹出的快捷菜单中选择"退出"即可结束视图操作。如图 2.66 所示。

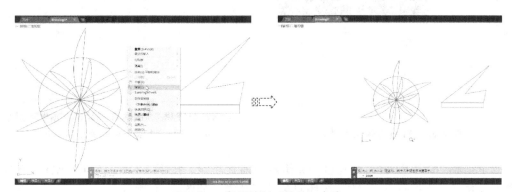

图 2.66 视图控制（缩放）方法

2.4.3 键盘 F1～F12 功能键使用方法

AutoCAD 2022 软件系统设置了一些与键盘上的 F1～F12 功能键对应的应用，其各自功能作用汇总如表 2.1，如图 2.67 所示。

图 2.67 键盘 F1～F12 功能键位置

表 2.1 F1～F12 功能键绘图辅助作用

序号	功能键名称	绘图辅助作用	序号	功能键名称	绘图辅助作用
1	F1	显示帮助	7	F7	切换网格模式
2	F2	切换文字屏幕	8	F8	切换正交模式
3	F3	切换对象捕捉模式	9	F9	切换捕捉模式
4	F4	切换三维对象捕捉	10	F10	切换极轴模式
5	F5	切换等轴测平面	11	F11	切换对象捕捉追踪
6	F6	切换动态 UCS	12	F12	切换动态输入模式

① F1 键：按下 F1 键，AutoCAD 提供帮助窗口，可以查询功能命令、操作指南等帮助说明文字。如图 2.68 所示。

② F2 键：按下 F2 键，AutoCAD 弹出显示命令文本窗口，可以查看命令窗口中操作命令历史记录过程，再按下 F2 键即可隐藏。如图 2.69 所示。

图 2.68 F1 键提供帮助功能

图 2.69 F2 键查询命令窗口中记录

③ F3 键：按下 F3 键，可开启、关闭对象捕捉功能。按下 F3 键，AutoCAD 打开绘图对象捕捉功能，再按一下 F3 键，关闭对象捕捉功能。如图 2.70 所示。

④ F4 键：按下 F4 键，即可切换开启或关闭三维对象捕捉功能。该功能一般在绘制三维图形时使用。如图 2.71 所示。

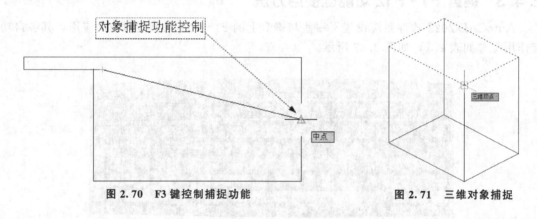
图 2.70 F3 键控制捕捉功能   图 2.71 三维对象捕捉

⑤ F5 键：按下 F5 键，AutoCAD 提供切换等轴测平面不同视图，包括等轴测平面俯视、等轴测平面右视、等轴测平面左视。该功能一般在绘制等轴测图时使用。如图 2.72 所示。

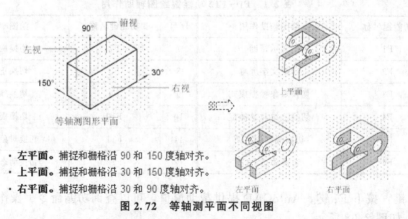

· **左平面**。捕捉和栅格沿 90 和 150 度轴对齐。
· **上平面**。捕捉和栅格沿 30 和 150 度轴对齐。
· **右平面**。捕捉和栅格沿 30 和 90 度轴对齐。

图 2.72 等轴测平面不同视图

⑥ F6 键：按下 F6 键，AutoCAD 控制开启或关闭动态 UCS 坐标系。该功能一般在绘制三维图形时使用。

⑦ F7 键：按下 F7 键，AutoCAD 控制显示或隐藏栅格。如图 2.73 所示。

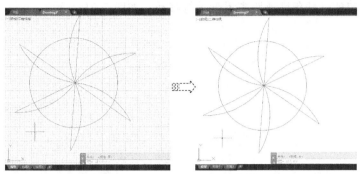

图 2.73　F7 键显示或隐藏栅格

⑧ F8 键：按下 F8 键，将"打开"或"关闭"正交模式功能，即 AutoCAD 控制绘图时可以将光标限制在水平或垂直方向上移动，以便于精确地创建和修改对象。如图 2.74 所示。

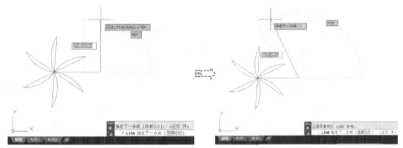

图 2.74　F8 键"打开"或"关闭"正交模式功能

⑨ F9 键：按下 F9 键，将"打开"或"关闭"栅格捕捉功能。栅格捕捉功能是指 Auto-CAD 控制绘图时通过指定栅格距离大小设置进行捕捉。与 F3 键不同，F9 控制捕捉位置时不可见矩形栅格距离位置，以限制光标仅在指定的 X 和 Y 间隔内移动。

捕捉间距大小可以通过设置确定。其设置方法是：通过打开"工具"下拉菜单"绘图设置"命令选项，在弹出"草图设置"对话框中设置。也可以点击状态栏中"捕捉模式"图标旁边小三角图标"▼"，弹出菜单栏中选择"捕捉设置"后，然后在弹出的"草图设置"对话框设置捕捉间距大小，如图 2.75 所示。其中左图为视图放大后，显示按栅格间距为 10 单位的长度进行栅格捕捉。

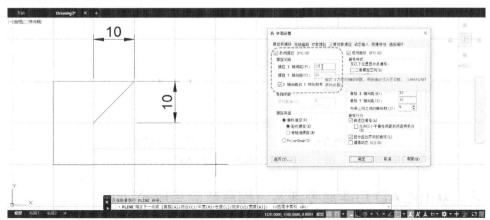

图 2.75　F9 键控制格栅捕捉

⑩ F10：按下 F10 键，将"打开"或"关闭"极轴捕捉追踪功能。AutoCAD 极轴追踪是指光标将按指定的极轴角度或距离增量进行移动，如图 2.76 所示。

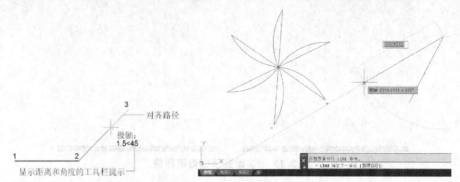

图 2.76　F10 键极轴追踪功能

⑪ F11：按下 F11 键，将"打开"或"关闭"对象捕捉追踪功能。如图 2.77 所示。

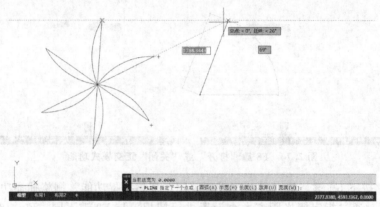

图 2.77　对象捕捉追踪功能

⑫ F12：按下 F12 键，将"打开"或"关闭"动态输入模式，如图 2.78 所示。

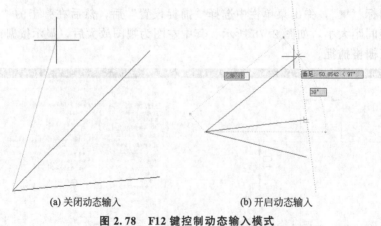

(a) 关闭动态输入　　　　　　　　(b) 开启动态输入

图 2.78　F12 键控制动态输入模式

2.4.4　AutoCAD 功能命令别名（缩写或简写形式）

AutoCAD 软件绘图的各种功能命令是使用英语单词形式，即使是 AutoCAD 中文版也是如此，不能使用中文命令进行输入操作。例如，绘制直线的功能命令是"line"，输入的命令是"line"，不能使用中文"直线"作为命令输入。

另外，AutoCAD 软件绘图的各种功能命令不区分大小写，功能相同，在输入功能命令时可以使用大写字母，也可以使用小写字母。例如，输入绘制直线的功能命令时，可以使用"LINE"，也可以使用"line"，输入形式如下：

命令：LINE

或：

命令：line

AutoCAD 软件提供多种方式启动各种功能命令。一般可以通过以下 3 种方式执行相应的功能命令。

■ 打开下拉菜单选择相应的功能命令选项。

■ 单击相应工具栏上的相应功能命令图标。

■ 在"命令："命令行提示下直接输入相应功能命令的英文字母（注：不能使用中文汉字作为命令输入）。

命令别名是在命令提示下代替整个命令名而输入的缩写或简写。例如，可以输入"c"代替"circle"来启动 CIRCLE 命令。别名与键盘快捷键不同，快捷键是多个按键的组合，例如 SAVE 的快捷键是 CTRL＋S。

具体地说，在使用 AutoCAD 软件绘图的各种功能命令时，部分绘图和编辑等功能命令可以使用其缩写形式代替，二者作用完全相同。例如，绘制直线的功能命令"line"，其缩写型式为"l"，在输入时可以使用"LINE"或"line"，也可以使用"L"或"l"，它们作用完全相同，即：

命令：LINE

或：

命令：L

AutoCAD 2022 版本软件全部绘图和编辑功能命令缩写汇总如表 2.2 所列。

表 2.2　AutoCAD 2022 版本绘图和编辑功能命令缩写汇总

序号	命令缩写	命令全称/命令功能含义
1	A	ARC/创建一段弧形
2	ADC	ADCENTER/管理和插入块、外部参照和填充图案等内容
3	AA	AREA/计算对象或定义区域的面积和周长
4	AL	ALIGN/在二维和三维空间中将对象与其他对象对齐
5	AP	APPLOAD/加载应用程序
6	AR	ARRAY/创建按阵列排列的对象的多个副本
7	ARR	ACTRECORD/启动动作录制器
8	ARM	ACTUSERMESSAGE/将用户消息插入动作宏
9	ARU	ACTUSERINPUT/在动作宏中暂停以等待用户输入
10	ARS	ACTSTOP/停止动作录制器,并提供用于将已录制的动作保存至动作宏文件的选项
11	ATI	ATTIPEDIT/更改块中属性的文本内容
12	ATT	ATTDEF/重定义块并更新关联属性
13	ATE	ATTEDIT/更改块中的属性信息

序号	命令缩写	命令全称/命令功能含义
14	B	BLOCK/从选定对象创建块定义
15	BC	BCLOSE/关闭块编辑器
16	BE	BEDIT/在块编辑器中打开块定义
17	BH	HATCH/使用填充图案、实体填充或渐变填充来填充封闭区域或选定对象
18	BO	BOUNDARY/从封闭区域创建面域或多段线
19	BR	BREAK/在两点之间打断选定的对象
20	BS	BSAVE/保存当前块定义
21	BVS	BVSTATE/创建、设置或删除动态块中的可见性状态
22	C	CIRCLE/创建圆
23	CAM	CAMERA/设置相机位置和目标位置,以创建并保存对象的三维透视视图
24	CBAR	CONSTRAINTBAR/类似于工具栏的 UI 元素,可显示对象上可用的几何约束
25	CH	PROPERTIES/控制现有对象的特性
26	CHA	CHAMFER/给对象加倒角
27	CHK	CHECKSTANDARDS/检查当前图形中是否存在标准冲突
28	CLI	COMMANDLINE/显示命令行窗口
29	COL	COLOR/设置新对象的颜色
30	CO	COPY/在指定方向上按指定距离复制对象
31	CT	CTABLESTYLE/设置当前表格样式的名称
32	CUBE	NAVVCUBE/控制 ViewCube 工具的可见性和显示特性
33	CYL	CYLINDER/创建实体三维圆柱体
34	D	DIMSTYLE/创建和修改标注样式
35	DAN	DIMANGULAR/创建角度标注
36	DAR	DIMARC/创建弧长标注
37	DBA	DIMBASELINE/从上一个标注或选定标注的基线处创建线性标注、角度标注或坐标标注
38	DBC	DBCONNECT/提供至外部数据库表的接口
39	DCE	DIMCENTER/创建圆和圆弧的圆心标记或中心线
40	DCO	DIMCONTINUE/创建从上一次所创建标注的延伸线处开始的标注
41	DCON	DIMCONSTRAINT/向选定对象或对象上的点应用标注约束
42	DDA	DIMDISASSOCIATE/删除选定标注的关联性
43	DDI	DIMDIAMETER/为圆或弧创建直径尺寸标注
44	DED	DIMEDIT/编辑标注文字和延伸线
45	DI	DIST/测量两个点之间的距离和角度
46	DIV	DIVIDE/创建沿对象的长度或周长间隔排列的点对象或块
47	DJL	DIMJOGLINE/在线性标注或对齐标注中添加或删除折弯线

序号	命令缩写	命令全称/命令功能含义
48	DJO	DIMJOGGED/创建圆和圆弧的折弯标注
49	DL	DATALINK/显示"数据链接"对话框
50	DLU	DATALINKUPDATE/将数据更新至已建立的外部数据链接,或从已建立的外部数据链接更新数据
51	DO	DONUT/创建实心圆或较宽的环
52	DOR	DIMORDINATE/创建坐标标注
53	DOV	DIMOVERRIDE/控制在选定标注中使用的系统变量的替代值
54	DR	DRAWORDER/更改图像和其他对象的绘制顺序
55	DRA	DIMRADIUS/为某个圆或圆弧创建半径标注
56	DRE	DIMREASSOCIATE/将选定的标注关联或重新关联到对象或对象上的点
57	DRM	DRAWINGRECOVERY/显示可以在程序或系统故障后修复的图形文件的列表
58	DS	DSETTINGS/设置栅格和捕捉、极轴和对象捕捉追踪、对象捕捉模式、动态输入和快捷特性
59	DT	TEXT/创建单行文字对象
60	DV	DVIEW/使用相机和目标来定义平行投影或透视视图
61	DX	DATAEXTRACTION/从外部源提取图形数据,并将数据合并至数据提取表或外部文件
62	E	ERASE/从图形中删除对象
63	ED	DDEDIT/编辑单行文字、标注文字、属性定义和特征控制框
64	EL	ELLIPSE/创建椭圆或椭圆弧
65	EPDF	EXPORTPDF/将图形输出为 PDF
66	ER	EXTERNALREFERENCES/打开"外部参照"选项板
67	EX	EXTEND/扩展对象以与其他对象的边相接
68	EXIT	QUIT/退出程序
69	EXP	EXPORT/将图形中的对象保存为其他文件格式
70	EXT	EXTRUDE/将二维对象或三维面的标注拉伸为三维空间
71	F	FILLET/给对象加圆角
72	FI	FILTER/创建一个要求列表,对象必须符合这些要求才能包含在选择集之中
73	FS	FSMODE/创建将接触选定对象的所有对象的选择集
74	FSHOT	FLATSHOT/基于当前视图创建所有三维对象的二维表示形式
75	G	GROUP/创建和管理已保存的对象集(称为编组)
76	GCON	GEOCONSTRAINT/应用对象之间或对象上的点之间的几何关系或使其永久保持
77	GD	GRADIENT/用渐变填充封闭区域或选定对象
78	GEO	GEOGRAPHICLOCATION/指定图形文件的地理位置信息

序号	命令缩写	命令全称/命令功能含义
79	H	HATCH/使用填充图案、实体填充或渐变填充来填充封闭区域或选定对象
80	HE	HATCHEDIT/修改现有的图案填充或填充
81	HI	HIDE/重生成不显示隐藏线的三维线框模型
82	I	INSERT/将块或图形插入当前图形中
83	IAD	IMAGEADJUST/控制图像的亮度、对比度和淡入度
84	IAT	IMAGEATTACH/将参照插入到图像文件中
85	ICL	IMAGECLIP/根据指定边界修剪选定图像的显示
86	ID	ID/显示指定位置的 UCS 坐标值
87	IM	IMAGE/显示"外部参照"选项板
88	IMP	IMPORT/将不同格式的文件输入到当前图形中
89	IN	INTERSECT/通过重叠实体、曲面或面域创建三维实体、曲面或二维面域
90	INF	INTERFERE/通过两组选定三维实体之间的干涉创建临时三维实体
91	IO	INSERTOBJ/插入链接或嵌入对象
92	J	JOIN/合并相似对象以形成一个完整的对象
93	JOG	DIMJOGGED/创建圆和圆弧的折弯标注
94	L	LINE/创建直线段
95	LA	LAYER/管理图层和图层特性
96	LAS	LAYERSTATE/保存、恢复和管理命名的图层状态
97	LE	QLEADER/创建引线和引线注释
98	LEN	LENGTHEN/修改对象的长度和圆弧的包含角
99	LESS	MESHSMOOTHLESS/将网格对象的平滑度降低一个级别
100	LI	LIST/显示选定对象的特性数据
101	LO	LAYOUT/创建和修改图形的布局选项卡
102	LT	LINETYPE/加载、设置和修改线型
103	LTS	LTSCALE/使用 LTSCALE 命令以更改用于图形中所有对象的线型比例因子
104	LW	LWEIGHT/设置当前线宽、线宽显示选项和线宽单位
105	M	MOVE/在指定方向上按指定距离移动对象
106	MA	MATCHPROP/将选定对象的特性应用于其他对象
107	ME	MEASURE/合并多个相似对象以形成一个完整对象
108	MEA	MEASUREGEOM/测量选定对象或点序列的距离、半径、角度、面积和体积
109	MI	MIRROR/创建选定对象的镜像副本
110	ML	MLINE/创建多条平行线
111	MLA	MLEADERALIGN/对齐并间隔排列选定的多重引线对象
112	MLC	MLEADERCOLLECT/将包含块的选定多重引线整理到行或列中，并通过单引线显示结果

序号	命令缩写	命令全称/命令功能含义
113	MLD	MLEADER/创建多重引线对象
114	MLE	MLEADEREDIT/将引线添加至多重引线对象,或从多重引线对象中删除引线
115	MLS	MLEADERSTYLE/创建和修改多重引线样式
116	MO	PROPERTIES/控制现有对象的特性
117	MORE	MESHSMOOTHMORE/将网格对象的平滑度提高一级
118	MS	MSPACE/从图纸空间切换到模型空间视口
119	MSM	MARKUP/打开标记集管理器
120	MT	MTEXT/创建多行文字对象
121	MV	MVIEW/创建和控制布局视口
122	NORTH	GEOGRAPHICLOCATION/指定图形文件的地理位置信息
123	NSHOT	NEWSHOT/创建其中包含运动的命名视图,该视图将在使用 ShowMotion 进行查看时回放
124	NVIEW	NEWVIEW/创建不包含运动的命名视图
125	O	OFFSET/创建同心圆、平行线和等距曲线
126	OFFSETSRF	SURFOFFSET/通过设定曲面的偏移距离创建平行曲面或实体
127	OP	OPTIONS/自定义程序设置
128	ORBIT/3DO	3DORBIT/在三维空间中旋转视图,但仅限于在水平和垂直方向上进行动态观察
129	OS	OSNAP/设置执行对象捕捉模式
130	P	PAN/向动态块定义中添加带有夹点的参数
131	PA	PASTESPEC/将剪贴板中的对象粘贴到当前图形中,并控制数据的格式
132	PAR	PARAMETERS/控制图形中使用的关联参数
133	PARAM	BPARAMETER/向动态块定义中添加带有夹点的参数
134	PATCH	SURFPATCH/通过在形成闭环的曲面边上拟合一个封口来创建新曲面
135	PCATTACH	POINTCLOUDATTACH/将带索引的点云文件插入当前图形
136	PE	PEDIT/编辑多段线和三维多边形网格
137	PL	PLINE/创建二维多段线
138	PO	POINT/创建点对象
139	POFF	HIDEPALETTES/隐藏当前显示的选项板(包括命令行)
140	POL	POLYGON/创建等边闭合多段线
141	PON	SHOWPALETTES/恢复隐藏选项板的显示
142	PR	PROPERTIES/显示"特性"选项板
143	PRE	PREVIEW/显示图形在打印时的外观
144	PRINT	PLOT/将图形打印到绘图仪、打印机或文件
145	PS	PSPACE/从模型空间视口切换到图纸空间
146	PSOLID	POLYSOLID/创建三维墙状多段体

序号	命令缩写	命令全称/命令功能含义
147	PU	PURGE/删除图形中未使用的项目,例如块定义和图层
148	PYR	PYRAMID/创建三维实体棱锥体
149	QC	QUICKCALC/打开"快速计算器"
150	QCUI	QUICKCUI/以收拢状态显示自定义用户界面编辑器
151	QP	QUICKPROPERTIES/在预览图像中显示打开的图形和图形中的布局
152	Q	QSAVE/保存当前图形
153	QVD	QVDRAWING/使用预览图像显示打开的图形和图形中的布局
154	QVDC	QVDRAWINGCLOSE/关闭打开图形和图形中布局的预览图像
155	QVL	QVLAYOUT/显示图形中模型空间和布局的预览图像
156	QVLC	QVLAYOUTCLOSE/关闭模型空间和当前图形中布局的预览图像
157	R	REDRAW/刷新当前视口中的显示
158	RA	REDRAWALL/刷新所有视口中的显示
159	RC	RENDERCROP/渲染视口内指定的矩形区域(称为修剪窗口)
160	RE	REGEN/从当前视口重生成整个图形
161	REA	REGENALL/重生成图形并刷新所有视口
162	REC	RECTANG/创建矩形多段线
163	REG	REGION/将包含封闭区域的对象转换为面域对象
164	REN	RENAME/更改指定给项目(例如图层和标注样式)的名称
165	REV	REVOLVE/通过绕轴扫掠二维对象来创建三维实体或曲面
166	RO	ROTATE/围绕基点旋转对象
167	RP	RENDERPRESETS/指定渲染预设和可重复使用的渲染参数,以便渲染图像
168	RR	RENDER/创建三维实体或表面模型的真实照片级或真实着色图像
169	RW	RENDERWIN/显示"渲染"窗口而不启动渲染操作
170	S	STRETCH/拉伸与选择窗口或多边形交叉的对象
171	SC	SCALE/放大或缩小选定的对象,保持该对象在缩放之后的比例不变
172	SCR	SCRIPT/执行源自脚本文件的一系列命令
173	SEC	SECTION/用平面和实体的截面、曲面或网格创建面域
174	SET	SETVAR/列出系统变量或修改变量值
175	SHA	SHADEMODE/启动 VSCURRENT 命令
176	SL	SLICE/通过剖切或分割现有对象,创建新的三维实体和曲面
177	SN	SNAP/限制光标按指定的间距移动
178	SO	SOLID/创建实心三角形和四边形
179	SP	SPELL/检查图形中的拼写
180	SPE	SPLINEDIT/编辑样条曲线或样条曲线拟合多段线
181	SPL	SPLINE/创建通过或接近指定点的平滑曲线

序号	命令缩写	命令全称/命令功能含义
182	SPLANE	SECTIONPLANE/创建一个用作三维对象的剪切平面的截面对象
183	SPLAY	SEQUENCEPLAY/播放一种类别中的指定视图
184	SPLIT	MESHSPLIT/将一个网格面分割为两个面
185	SSM	SHEETSET/打开图纸集管理器
186	ST	STYLE/创建、修改或指定文字样式
187	STA	STANDARDS/管理标准文件与图形之间的关联性
188	SU	SUBTRACT/用差集合并选定的三维实体、曲面或二维面域
189	T	MTEXT/创建多行文字对象
190	TA	TEXTALIGN/垂直、水平或倾斜对齐多个文字对象
191	TB	TABLE/创建空的表格对象
192	TED	TEXTEDIT/编辑标注约束、标注或文字对象
193	TH	THICKNESS/在创建二维几何对象时,设置默认的三维厚度特性
194	TI	TILEMODE/控制是否可以访问图纸空间
195	TOL	TOLERANCE/创建包含在特征控制框中的形位公差
196	TOR	TORUS/创建圆环形三维实体
197	TP	TOOLPALETTES/打开"工具选项板"窗口
198	TR	TRIM/修剪对象以与其他对象的边相接
199	TS	TABLESTYLE/创建、修改或指定表格样式
200	UC	UCSMAN/管理已定义的用户坐标系
201	UN	UNITS/控制坐标和角度的显示格式和精度
202	UNHIDE/UNISOLATE	UNISOLATEOBJECTS/显示之前已通过 ISOLATEOBJECTS 或 HIDEOB-JECTS 命令隐藏的对象
203	UNI	UNION/合并两个实体或两个面域对象
204	V	VIEW/保存和恢复命名视图、相机视图、布局视图和预设视图
205	VGO	VIEWGO/恢复命名视图
206	VP	VPOINT/设置三维观察方向
207	VPLAY	VIEWPLAY/播放与命名视图关联的动画
208	VS	VSCURRENT/设置当前视口中的视觉样式
209	VSM	VISUALSTYLES/创建和修改视觉样式,并将视觉样式应用于视口
210	W	WBLOCK/将对象或块写入新图形文件
211	WE	WEDGE/创建三维实体楔体
212	WHEEL	NAVSWHEEL/显示包含一系列视图导航工具的控制盘
213	X	EXPLODE/将复合对象分解为其组件对象
214	XA	XATTACH/插入 DWG 文件作为外部参照(xref)
215	XB	XBIND/将 xref 中命名对象的一个或多个定义绑定到当前图形
216	XC	XCLIP/根据指定边界修剪选定外部参照或块参照的显示

序号	命令缩写	命令全称/命令功能含义
217	XL	XLINE/创建无限长的直线
218	XR	XREF/启动 EXTERNALREFERENCES 命令
219	Z	ZOOM/增大或减小当前视口中视图的比例
220	ZEBRA	ANALYSISZEBRA/将条纹投影到三维模型上,以便分析曲面连续性
221	ZIP	ETRANSMIT/创建自解压或压缩传递包的步骤

注:本表命令内容摘自 AutoDESK 公司网站。

2.4.5 AutoCAD 组合功能快捷键介绍

AutoCAD 2022 相关组合功能快捷键的组合形式及其功能参见表 2.3,例如,"Ctrl+G"表示同时按下 Ctrl 和 G 键,可以关闭或打开网格,其他组合功能键与此类似。键盘可参见图 2.67。

表 2.3 AutoCAD 2022 组合功能快捷键的组合形式及其功能汇总

序号	组合功能键组成名称	组合功能键作用	序号	组合功能键组成名称	组合功能键作用
1	Ctrl+G	切换网格(关闭或打开网格)	21	Ctrl+Tab	切换到下一个
2	Ctrl+E	循环等轴测平面	22	Ctrl+Shift+Tab	切换到上一个图形
3	Ctrl+F	切换执行对象捕捉	23	Ctrl+Page Up	切换到当前图形中的上一个选项卡
4	Ctrl+H	切换拾取样式			
5	Ctrl+Shift+H	切换隐藏托盘	24	Ctrl+Page Down	切换到当前图形中的下一个选项卡
6	Ctrl+I	切换坐标			
7	Ctrl+Shift+I	切换推断约束	25	Ctrl+Q	Exit
8	Ctrl+0(0 是数字)	全屏显示	26	Ctrl+Shift+S	图形另存为
9	Ctrl+1	"特性"选项板	27	Ctrl+A	选择所有对象
10	Ctrl+2	"设计中心"选项板	28	Ctrl+C	复制对象
11	Ctrl+3	"工具"选项板	29	Ctrl+K	插入超链接
12	Ctrl+4	"图纸集"选项板	30	Ctrl+X	剪切对象
13	Ctrl+6	数据库连接管理器	31	Ctrl+V	粘贴对象
14	Ctrl+7	"标记集管理器"选项板	32	Ctrl+Shift+C	带基点复制到剪贴板
15	Ctrl+8	快速计算器	33	Ctrl+Shift+V	将数据粘贴为块
16	Ctrl+9	命令行	34	Ctrl+Z	撤消上次操作
17	Ctrl+N	新建图形	35	Ctrl+Y	恢复上次操作
18	Ctrl+S	保存图形	36	Ctrl+[	取消当前命令(或 Ctrl+\)
19	Ctrl+O(字母 O)	打开图形	37	ESC	取消前命令
20	Ctrl+P	"打印"对话框			

2.4.6 图形线条线型修改方法

AutoCAD 图形线型有多种形式,包括实线、虚线、点划线等。在默认情况下,AutoCAD 绘制的图形线条的线型是连续的实线,如图 2.79 所示。可以通过修改将其设置为需要的线型，修改方法如下。

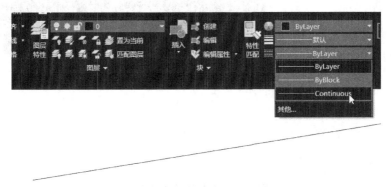

图 2.79　默认的实线线型

(1) 加载图形线条线型　需要修改图形线条的线型，先要加载线型 AutoCAD 后才能进行线型修改。加载图形线条线型的方法如下，如图 2.80 所示。

- 打开"格式"下拉菜单，选择"线型"命令选项，然后在弹出的"线型管理器"对话框中进行加载。
- 在"默认"选项卡中，再在"特性"命令面板上线型方框中选择"其他"命令选项，然后在弹出的"线型管理器"对话框中进行加载。
- 在"线型管理器"对话框中，点击"加载"按钮后弹出"加载或重载线型"对话框，即可选择要加载线型的类型，最后点击"确定"按钮即可完成加载。

图 2.80　加载线型

(2) 修改图形线条线型　加载线型后，即可进行图形线条线型修改。修改图形线条线型的方法如下，如图 2.81 所示。

- 先点击选中图形对象；在"默认"选项卡中，找到"特性"命令面板，在该面板上点击"线型"方框右侧的小三角图标"▼"。
- 在弹出的下拉菜单中选择线型即可。

(3) 修改图形线条线型显示比例　图形线条的线型修改后，若显示的线型修改没有变化，或显示的线型间距过大或过小，此时可以通过线型比例因子命令"LTSCALE"进行设置，得到显示效果符合要求的线型。默认情况下，线型比例因子设定为 1.0。线型比例因子数值越小，每个线型的绘图单位中生成的重复图案数越多，如图 2.82 为不同线型比例因子情况下，线型为点划线的圆形的不同显示效果。不同的绘图环境情况会有不同的线型显示效果。

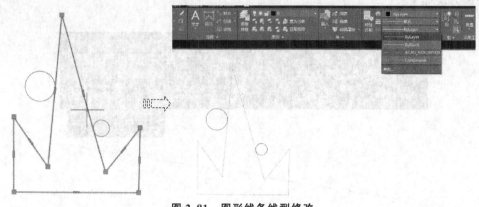

图 2.81　图形线条线型修改

图 2.82　不同线型比例因子显示效果

根据不同绘图需要来设置合适的线型比例因子数值大小，在命令窗口输入"LTSCALE"或"LTS"命令即可进行设置。例如，前述绘制的线型比例因子修改后的图形显示如图 2.83 所示。

图 2.83　修改前述图形线型比例因子

2.4.7　图形位置点坐标值查询方法

指定图形位置点的坐标值（X、Y 和 Z 值）可以通过坐标查询功能命令"ID"来查询。启动坐标查询功能命令"ID"有 2 种方法。

● 在命令窗口输入"ID"命令后按回车键即可。

● 在"默认"选项卡中，找到"实用工具"命令面板，点击"实用工具"底部小三角图标"▼"。在打开的下拉菜单中选择"点坐标"即可。如图 2.84 所示。

启动坐标查询功能命令"ID"点击点的位置即可显示坐标数值。如图 2.85 所示。

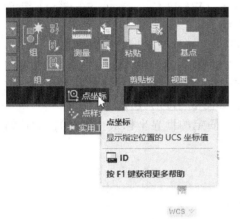

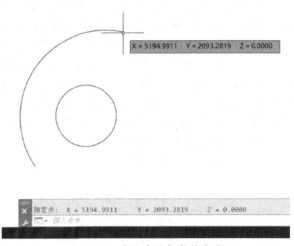

图 2.84　启动坐标查询功能命令　　　　图 2.85　查询点坐标数值大小

2.5　AutoCAD 图形坐标系

AutoCAD 图形的位置是由坐标系来确定的，AutoCAD 环境下使用 2 个坐标系，即世界坐标系（WCS）、用户坐标系（UCS）。其中，WCS 就是永久固定的笛卡尔坐标系；用户坐标系（UCS）就是用户建立可移动的笛卡尔坐标系的位置和方向。

图形中的所有对象均由其在世界坐标系（WCS）中的坐标定义。默认情况下，UCS 图标显示在当前模型视口的绘图区域的左下角，UCS 最初与新图形中的 WCS 重合，见图 2.86(a)。每个图纸空间布局中的 UCS 显示为三角形。见图 2.86(b)。每个图标的左下角中的方块表示 UCS 图标当前与 WCS 重合。

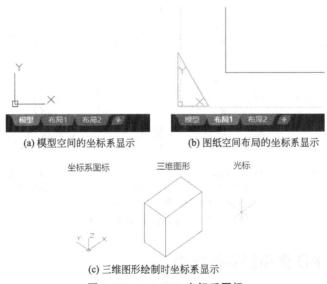

(a) 模型空间的坐标系显示　　　　(b) 图纸空间布局的坐标系显示

(c) 三维图形绘制时坐标系显示

图 2.86　AutoCAD 坐标系图标

在进行 AutoCAD 三维图形绘制时，坐标系显示形式为三维图标，光标也以三维图标形式显示，见图 2.86(c)。

一般地，AutoCAD 以屏幕的左下角为坐标原点 O (0，0，0)，X 轴为水平轴，向右为正；Y 轴为垂直轴，向上为正；Z 轴则根据右手规则确定，垂直于 XOY 平面，指向使用者，如图 2.87(a) 所示。这样的坐标系称为世界坐标系（World Coordinate System），简称 WCS，有时又称通用坐标系，世界坐标系是固定不变的。

AutoCAD 允许根据绘图时的不同需要，建立自己专用的坐标系，即用户坐标系（User Coordinate System），简称 UCS，用户坐标系主要在三维绘图时使用。AutoCAD 的 UCS 图标在确定正轴方向和旋转方向时同样遵循传统的右手定则。通过指定原点和一个或多个绕 X，Y 或 Z 轴进行旋转，可以定义任意的 UCS 坐标，如图 2.87(b) 所示。

坐标通常参照可移动的用户坐标系（UCS）而不是固定的世界坐标系（WCS）。默认情况下，UCS 和 WCS 是重合的。

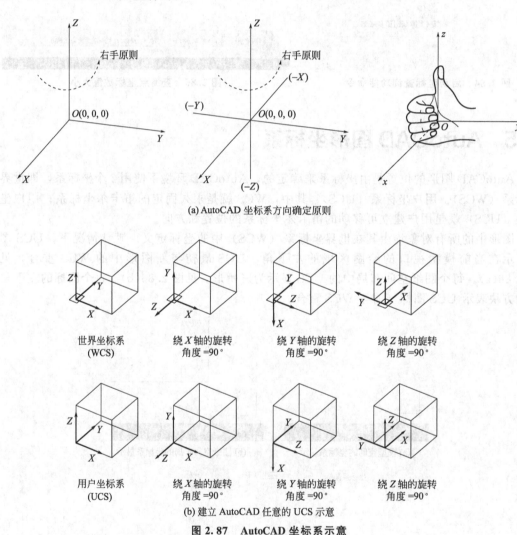

(a) AutoCAD 坐标系方向确定原则

世界坐标系
(WCS)　　绕 X 轴的旋转　绕 Y 轴的旋转　绕 Z 轴的旋转
　　　　　角度 =90°　　　角度 =90°　　　角度 =90°

用户坐标系
(UCS)　　绕 X 轴的旋转　绕 Y 轴的旋转　绕 Z 轴的旋转
　　　　　角度 =90°　　　角度 =90°　　　角度 =90°

(b) 建立 AutoCAD 任意的 UCS 示意

图 2.87　AutoCAD 坐标系示意

2.5.1　AutoCAD 坐标系设置方法

（1）UCS 坐标系图标显示或隐藏设置方法　屏幕左下角中的 UCS 图标可以显示或关闭

不显示。坐标系一般在三维绘图或轴测图绘制中设置使用比较多。打开或关闭 UCS 图标（即用户坐标系图标）显示的方法，如图 2.88 所示。

- 先打开命令菜单，然后依次单击视图（V）➤ 显示（L）➤ UCS 图标（U）➤ 开（O）即可。
- 或在命令窗口处输入"UCSICON"回车，再输入"ON"或"off"即可。

UCS 坐标系一般将在 UCS 原点或当前视口的左下角显示 UCS 图标，要在这两者之间位置进行切换，可以通过先打开经典菜单，然后依次单击"视图➤ 显示 UCS 坐标➤ 原点"即可切换。

命令：UCSICON

输入选项［开（ON）/关（OFF）/全部（A）/非原点（N）/原点（OR）/可选（S）/特性（P）］＜开＞：off

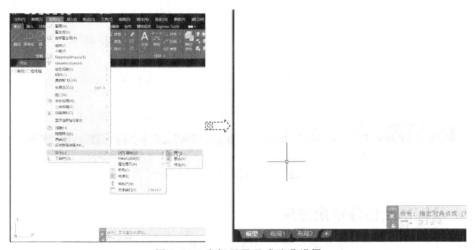

图 2.88　坐标系显示或隐藏设置

（2）UCS 坐标系图标外观及颜色设置　UCS 坐标系图标外观大小、颜色等可以进行调整、修改。修改方法如下。

打开"视图"下拉菜单，选择"显示"命令选项后，再依次点击菜单中的"UCS 图标""特性"命令选项，即可在弹出的"UCS 图标"对话框中进行设置，包括颜色、大小等，如图 2.89（a）所示。例如，修改颜色、大小后的二维、三维坐标系显示效果如图 2.89（b）所示。

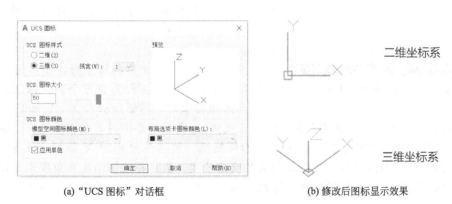

(a) "UCS 图标"对话框　　　　　　　(b) 修改后图标显示效果

图 2.89　坐标系图标修改

（3）在状态栏中显示坐标　默认情况下，坐标不显示在状态栏上。单击屏幕右下角的状态栏上的"自定义"图标，然后选择"坐标"来显示。例如，当前光标位置在状态栏上显示为坐标"x，y，z"，二维绘图时 z 坐标均为 0，显示为 0.0000。如图 2.90（a）所示。

有三种类型的坐标显示：静态显示、动态显示以及距离和角度显示。

① 静态显示：仅当指定点时才更新。

② 动态显示：随着光标移动而更新。

③ 距离和角度显示：随着光标移动而更新相对距离（距离＜角度），如图 2.90（b）所示。此选项只有在绘制需要输入多个点的直线或其他对象时才可用。

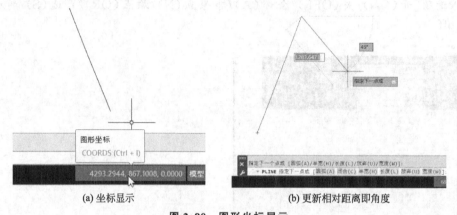

(a) 坐标显示　　　　　　　　　(b) 更新相对距离即角度

图 2.90　图形坐标显示

2.5.2　绘图的点位置指定方法

在进行绘图时，图形对象点的位置指定方法有两种。

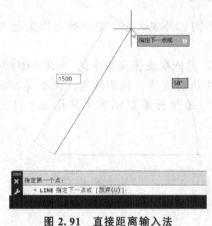

图 2.91　直接距离输入法

（1）直接距离输入法　图形绘制时，指定点的位置其中一种方法是确定起点位置后，通过移动光标指示点位置方向，然后输入距离即可确定图形端点位置。此方法称为直接距离输入。如图 2.91 所示。

（2）坐标指定法　图形绘制时，在命令提示用户输入点时，可以使用键盘输入坐标。打开动态输入时，可以在光标旁边的工具提示中输入坐标值。坐标指定点的方法有绝对坐标、相对坐标及极坐标，各自详细操作方法参见后面第 2.5.3～2.5.5 小节的内容。

坐标包括笛卡尔坐标和极坐标，坐标输入方法参考后面小节。笛卡尔坐标系有三个轴，即 X，Y 和 Z 轴。输入坐标值时，需要指示沿 X，Y 和 Z 轴相对于坐标系原点（0，0，0）的距离及其方向（正或负）。在二维绘图时，在 XY 平面（也称为工作平面）上指定点。工作平面类似于平铺的网格纸。笛卡尔坐标的 X 值指定水平距离，Y 值指定垂直距离。原点（0，0）表示两轴相交的位置。极坐标使用距离和角度来定位点。使用笛卡尔坐标和极坐标，均可以基于原点（0，0）输入绝对坐标，或基于上一指定点输入相对坐标。

2.5.3 绝对坐标使用方法

创建图形对象时，可以使用绝对坐标或相对笛卡尔（矩形）坐标定位点，分别简称"绝对坐标"和"相对坐标"。

AutoCAD通过直接输入坐标值（X，Y，Z）在屏幕上确定唯一的点位置，该坐标（X，Y，Z）是相对于坐标系原点（0，0，0）的，称为绝对直角坐标。在二维平面条件下，只需考虑X、Y的坐标值即可，Z的值恒为0，即（X，Y）。

AutoCAD绝对坐标的输入方法为：

① 在命令窗口处通过键盘直接以"X，Y"形式输入，若坐标数值为负，则直线的方向与正值相反。在命令行而不是工具提示中输入坐标，坐标数值可以不使用"♯"前缀。例如，绘制直线AB，若A、B点的坐标数值分别为"6，8"和"12，28"，则通过绝对坐标输入绘制方法如下，如图2.92(a)所示。

命令：LINE(在窗口处输入绘制直线AB命令)

指定第一点：<u>6,8</u>(在命令窗口处输入直线起点A的坐标值)

指定下一点或[放弃(U)]：<u>12,28</u>(在命令窗口处输入直线终点B的坐标值)

指定下一点或[放弃(U)]：(回车结束)

② 若启用动态输入，需要使用"♯"前缀来指定绝对坐标。例如输入"♯3，4"指定一点，此点在X轴方向距离UCS原点3个单位，在Y轴方向距离UCS原点4个单位。

绘制前述直线AB时分别动态输入"♯6、♯8"、"♯12，♯28"或"♯6、8"、"♯12，28"数值均可，如图2.92(b)所示。

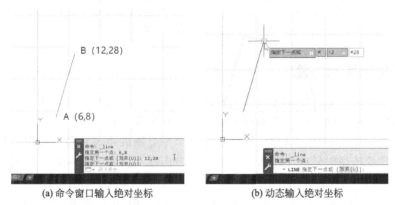

(a) 命令窗口输入绝对坐标　　　　　(b) 动态输入绝对坐标

图2.92　绝对坐标输入方法

2.5.4 相对坐标使用方法

相对坐标是基于上一输入点的。如果知道某点与前一点的位置距离关系，可以使用相对X，Y坐标。

除了绝对直角坐标，AutoCAD还可以利用"@X，Y，Z"方法精确地设定点的位置。"@X，Y，Z"表示相对于上一个点分别在X，Y，Z方向的距离。这样的坐标称为相对直角坐标。在二维平面环境（XOY平面）下绘制图形对象，可以不考虑Z坐标，AutoCAD将Z坐标保持为0不变，也即以"@X，Y"形式来表示。例如，输入@3，4指定一点，此点沿X轴方向有3个单位，沿Y轴方向距离上一指定点有4个单位。

AutoCAD相对坐标的输入方法如下。

① 在命令窗口处通过键盘直接以"@X，Y"形式输入。若坐标数值为负，则直线的方

向与正值相反。例如输入@3，4指定一点，此点沿 X 轴方向有 3 个单位，沿 Y 轴方向距离上一指定点有 4 个单位。

例如，绘制直线 ab，点击直线端 a 点位置后，在命令窗口处输入相对坐标数据"@20，18"即可得到直线端点 b。如图 2.93(a) 所示。

命令：LINE

指定第一个点：

指定下一点或[放弃(U)]：@20,18

指定下一点或[放弃(U)]：

② 采用动态输入时，系统默认相对坐标输入方式，直接输入相对坐标数据即可。例如，绘制直线 ab，点击直线端 a 点位置后，动态输入相对坐标数据"20，18"即可得到直线端点 b。如图 2.93(b) 所示。

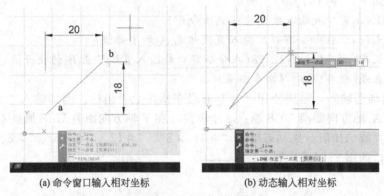

(a) 命令窗口输入相对坐标　　　　　(b) 动态输入相对坐标

图 2.93　相对坐标输入方法

2.5.5　极坐标使用方法

极坐标是指相对于某一个固定位置点的距离和角度而确定新的位置所使用的坐标。创建对象时，可以使用绝对极坐标或相对极坐标（距离和角度）定位点。

要使用极坐标指定一点，请输入以角括号"<"分隔的距离和角度，即"长度<角度"。默认情况下，角度按逆时针方向增大，按顺时针方向减小。要指定顺时针方向，请为角度输入负值"一"。例如：

极坐标分别按输入"18<315"和"18<－45"都代表相同的点位置。如图 2.94 所示。

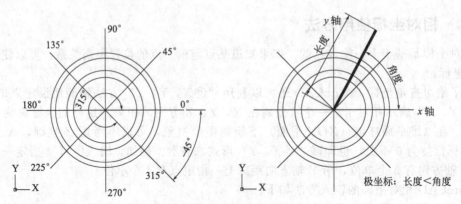

图 2.94　极坐标示意

（1）绝对极坐标　绝对极坐标从 UCS 原点（0，0）开始测量，此原点是 X 轴和 Y 轴的交点。例如图 2.94 中的直线 ab，其起点 a 的位置为坐标原点（0，0）位置，b 的绝对极坐标为"69＜73"，表示与原点半径距离 69，与 X 轴方向的角度为 73°。

① 使用动态输入绝对极坐标时，需使用"♯"前缀指定绝对极坐标，即"♯长度＜角度"。例如，输入"♯69＜73"指定一点 b，此点距离原点（0，0）有 69 个单位，并且与 X 轴成 73°角。如图 2.95(a) 所示。

② 在命令行而不是工具提示下输入绝对极坐标，不需要使用♯前缀。例如，输入"69＜73"指定一点 b，则此点距离原点（0，0）有 69 个单位，并且与 X 轴成 73°角。如图 2.95(b)所示。

命令：LINE

指定第一个点：0,0(使用原点 0 作为 a 点)

指定下一点或[放弃(U)]：69＜73

指定下一点或[放弃(U)]：

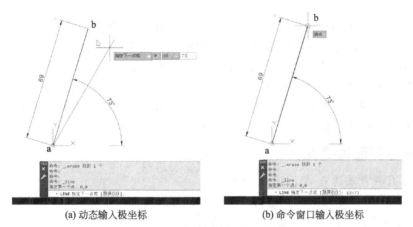

(a) 动态输入极坐标　　　　　(b) 命令窗口输入极坐标

图 2.95　绝对极坐标输入方法

对起点位置不是坐标原点（0，0）的直线，其绘制方法是一样的。例如图 2.96 中的直线 AB，其中 A 点的绝对极坐标是"34＜81"，B 点的绝对极坐标是"32＜15"，通过输入前述 A、B 点的绝对极坐标输入即可绘制 AB 直线。

命令：LINE

指定第一个点：34＜81

指定下一点或[放弃(U)]：32＜15

指定下一点或[放弃(U)]：

（2）相对极坐标　相对极坐标是基于上一输入点的。如果知道某点与前一点的位置关系，可以使用相对 X，Y 极坐标。要指定相对极坐标，请在极坐标前面添加一个"@"符号，即"@长度＜角度"数值形式，例如"@16＜66"表示此点距离上一指定点 16 个单位，并且与 X 轴成 66°角。

例如，使用相对极坐标绘制直线 AB，动态输入或命令窗口输入"@36＜60"指定端点 B 位置，表示此点 B 距离上一指定点 A 36 个单位，并且与 X 轴成 60°角，如图 2.97 所示。

命令：LINE

指定第一个点：(指定 a 点位置)

指定下一点或[放弃(U)]：@36＜60

指定下一点或[放弃(U)]：

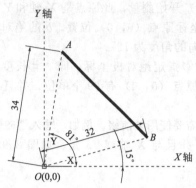

图 2.96 使用绝对极坐标绘制 AB 直线

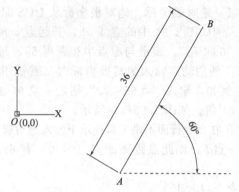

图 2.97 使用相对极坐标重新绘制 AB

2.6 AutoCAD 图层操作方法

为便于对图形中不同元素对象进行控制，AutoCAD 提供了图层（Layer）功能，即不同的透明存储层可以存储图形中不同元素对象。图层可以比作是一张透明的纸张，每张纸可以绘制不同的图纸，多张透明纸叠合起来即是整个文件内容。

每个图层都有一些相关联的属性，包括图层名、颜色、线型、线宽和打印样式等。图层是绘制图形时最为有效的图形对象管理手段和方式，极大地方便了图形的操作。此外，图层的建立、编辑和修改也简洁明了，操作极为便利。

2.6.1 建立新图层方法

通过如下几种方式建立 AutoCAD 新图层。

- 在"命令："命令行提示下输入"LAYER"命令。
- 打开【格式】下拉菜单，选择【图层】命令。
- 在"默认"命令选项卡中，单击"图层"命令面板上的"图层特性"图标。

执行上述操作后，系统将弹出"图层特性管理器"对话框。单击其中的"新建图层"按钮，在当前图层选项区域下将以"图层 1，图层 2，…"的名称建立相应的图层，即为新的图层，该图层的各项参数采用系统默认值。然后单击"图层特性管理器"对话框右上角按钮关闭或自动隐藏。每一个图形都有 1 个 0 层，其名称不可更改，且不能删除该图层。其他所建立的图层各项参数是可以修改的，包括名称、颜色、线型、线宽等属性参数。如图 2.98 所示。

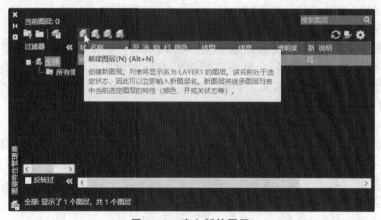

图 2.98 建立新的图层

2.6.2 图层相关参数的修改方法

可以对 AutoCAD 图层如下的属性参数进行编辑与修改。

(1) 图层名称修改　图层的取名原则应简单易记，与图层中的图形对象紧密关联。图层名称的修改很简单，按前述方法打开"图层特性管理器"对话框，双击要修改图层名称后，该图层的名称出现一个矩形框，变为可修改，可以进行修改。

也可以移动光标至要修改图层名称处，然后点击右键，在弹出的菜单中选择"重命名图层"即可修改。AutoCAD 系统对图层名称有一定的限制条件，不能采用"<、\、?、=、*、:"等符号作为图层名，其长度约 255 个字符。如图 2.99 所示。

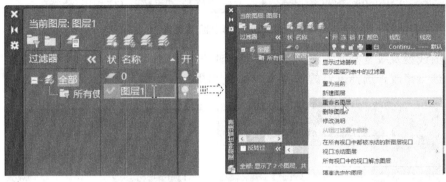

图 2.99　修改图层名称

(2) 设置为当前图层　当前图层是指正在进行图形绘制的图层，即当前工作层，所绘制的图线将存放在当前图层中。因此，要绘制某类图形对象元素时，最好先将该类图形对象元素所在的图层设置为当前图层。

按前述方法打开"图层特性管理器"对话框，单击要设置为当前图层的图层，再单击"置为当前"图标，该图层即为当前工作图层。也可以移动光标至要修改图层的名称处，然后点击右键，在弹出的菜单中选择"置为当前"即可。如图 2.100 所示。

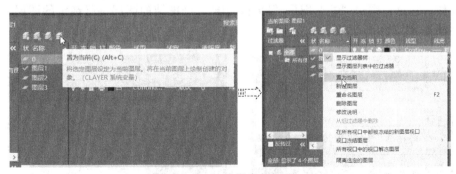

图 2.100　设置当前图层

(3) 图层颜色、线形及线宽修改　AutoCAD 系统默认图层的颜色为白色或黑色，也可以根据绘图的需要修改图层的颜色。先按前面所述的方法启动"图层特性管理器"对话框，然后单击颜色栏下要改变颜色的图层所对应的颜色图标。系统将弹出"选择颜色"对话框，在该对话框中用光标拾取颜色，最后单击"确定"按钮。该图层上的图形元素对象颜色即以此作为其色彩。也可以移动光标至要修改图层颜色的图标处，然后点击右键，在弹出的菜单中选择"选择颜色"命令选项即可。如图 2.101 所示。

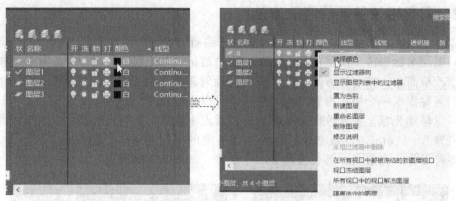

图 2.101　修改图层颜色

图层的线型及线宽修改方法与图层颜色修改方法类似，打开"图层特性管理器"后即可在对应栏进行修改，选择需要的线型、线宽。如图 2.102 所示。

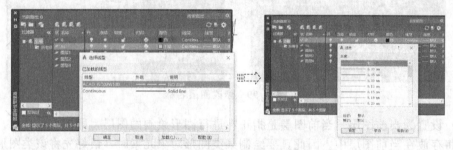

图 2.102　图层的线型及线宽修改

（4）删除图层　先按前面所述的方法启动"图层特性管理器"对话框，然后在弹出的"图层特性管理器"对话框中，单击要删除的图层，再单击"删除"按钮，最后单击按钮确定，该图层即被删除。只有图层为空图层时，即图层中无任何图形对象元素时，才能对其进行删除操作。注意，图层"0"、图层"Defpoints"、已冻结的图层、已锁定的图层、当前图层等不能被删除。如图 2.103 所示。

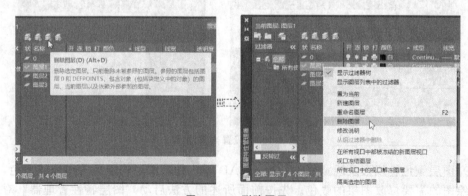

图 2.103　删除图层

2.6.3　隐藏、冻结及锁定图层图形对象方法

隐藏图层操作是指将该图层上的所有图形对象隐藏起来，即不在屏幕中显示出来，但图

形对象仍然保存在图形文件中，取消隐藏图层后会重新显示出来。

冻结图层是指将该图层所有的图形对象设置为既不在屏幕上显示，也不能对该图层所有的图形对象进行删除、移动、复制等编辑修改操作的状态。锁定图层与冻结图层不同之处在于该锁定后的图层仍然在屏幕上显示，也不能对该图层所有的图形对象进行删除、移动、复制等编辑修改操作。注意当前图层不能进行冻结操作，但可以进行锁定。如图 2.104 所示。

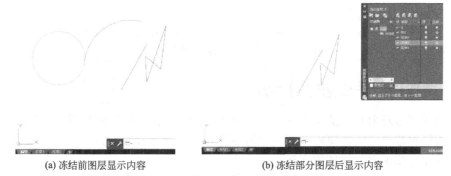

(a) 冻结前图层显示内容   (b) 冻结部分图层后显示内容

图 2.104　冻结图层

隐藏、冻结及锁定图层图形对象的操作方法是类似的。打开"图层特性管理器"对话框，然后单击"开""冻结""锁定"文字栏下对应图层的图标即可。要重新显示、解冻、解锁该图层图形对象，只需再次单击对应图标，使图标发生改变即可。如图 2.105 所示。

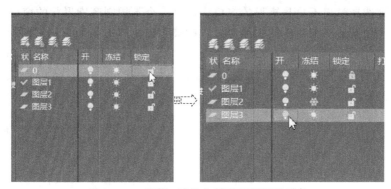

图 2.105　隐藏、冻结与锁定图层图形对象

2.7　AutoCAD 图形常用选择方法

在进行绘图时，需要经常选择图形对象进行操作。AutoCAD 提供了多种图形选择方法，其中最为常用的方法如下所述。

2.7.1　使用光标点击选择图形方法

移动拾取框光标放在要选择图形对象的位置时，对应图形对象的颜色显示发生改变。此时单击鼠标左键即可选择该图形对象。通过不断点击即可选中点击的图形对象。如图 2.106 (a) 所示。

若按住"Shift"键并再次点击已选中的图形对象，则可以将其从当前已选中的图形中移除，即不再选中该图形。如图 2.106(b) 所示。

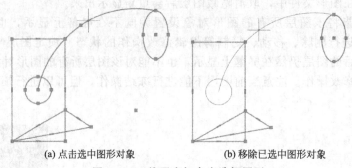

(a) 点击选中图形对象   (b) 移除已选中图形对象

图 2.106 使用光标点击选择图形

2.7.2 使用窗口选择图形对象方法

窗框选择图形对象是指从一点向对角点移动光标，再点击鼠标确定第二点位置形成的窗框来选择图形对象的方法。窗框选择包括窗口选择、窗交选择两种方式。

本小节先介绍窗口选择使用方法。

窗口选择是先点击一个点的位置后从左向右移动光标，再点击第二个点的位置，即可选中全部内容位于矩形窗口内的图形对象。注意，使用这种方法选择图形对象，只要图形对象部分位于矩形窗口内也不能选中。如图 2.107(a) 所示。

窗口选择除矩形窗口外，还有另外一种窗口轮廓线形状即套索窗口选择。套索窗口选择就是在移动光标时（注：刚开始光标移动方向也是从左向右移动），同时按住鼠标左键不放再移动光标，则选择窗口不再是矩形的窗口，而是一个不规则套索形状的窗口。同样也是只有全部内容位于套索形状窗口内的图形对象才能被选中。如图 2.107(b) 所示。

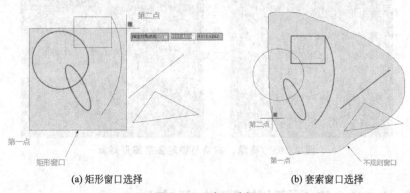

(a) 矩形窗口选择   (b) 套索窗口选择

图 2.107 窗口选择

2.7.3 使用窗交选择图形对象方法

窗交选择是先点击一个点的位置后从右向左移动光标，再点击第二个点的位置，即可选中矩形窗框接触到的图形对象，此时的选择窗框轮廓线是虚线的。注意，使用这种方法选择图形对象，只要图形对象部分接触到矩形窗框，该图形对象即被选中。如图 2.108(a) 所示。

窗交选择除矩形窗框外，还有另外一种不规则形状窗框轮廓线形状即套索窗交选择。套索窗交选择就是在移动光标时（注：刚开始光标移动方向也是从右向左移动），同时按住鼠标左键不放再移动光标，则选择窗框不再是矩形的窗框，而是一个不规则套索形状的窗框。

同样注意，使用这种方法选择图形对象，只要图形对象部分接触到套索轮廓线窗框，该图形对象即被选中。如图 2.108(b) 所示。

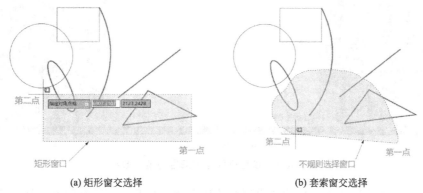

(a) 矩形窗交选择　　　　　　　　(b) 套索窗交选择

图 2.108　窗交选择

2.8　关于 AutoCAD 模型空间及布局空间

AutoCAD 绘图中，有两种不同的绘图工作环境：
● 一种称为"模型空间"，"模型空间"在屏幕显示为"模型"；
● 一种称为"图纸空间"，即"图纸布局"，"图纸空间"在屏幕显示为"布局 1、2"。
前述两种不同的绘图工作环境均可在其中使用图形对象。如图 2.109 所示。

默认情况下，"模型"选项卡和多个命名布局选项卡（布局 1，布局 2，……）将显示在绘图区域的左下角。如图 2.110 所示。

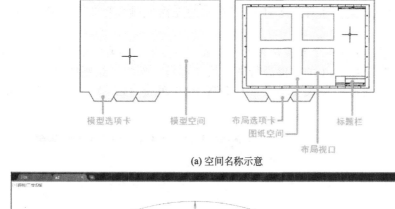

(a) 空间名称示意

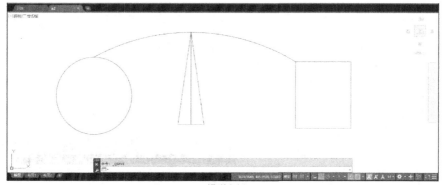

(b) 模型空间

图 2.109

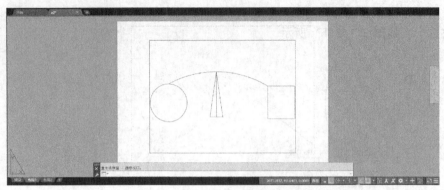
(c) 图纸空间(布局)

图 2.109 模型空间与图纸空间显示效果

模型空间可以从屏幕左下角的"模型"选项卡访问打开，图纸空间也是从屏幕左下角的布局选项卡访问打开。直接点击屏幕左下角的"模型"或"布局 1、2"图标，即可在"模型"选项卡和不同"布局"选项卡之间进行切换。

图 2.110 模型空间与图纸空间位置

2.8.1 关于模型空间使用方法

默认情况下，CAD 绘图工作开始于模型空间的无限三维绘图区域，该区域犹如绘图图纸。

首先要确定用于绘图的一个单位是表示一毫米、一分米、一英寸、一英尺，还是表示某个最方便的单位。然后以 1∶1 的比例进行图形绘制即可。例如，绘制如图 2.110 所示的三角形，单位为 mm，图形线条长度按 1∶1 绘制 1000 单位（mm）、950 单位（mm）。如图 2.111 所示。

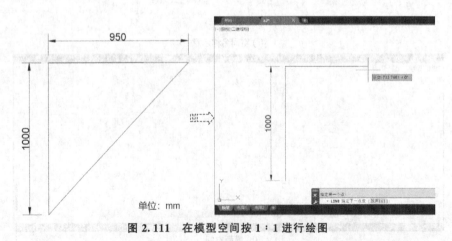

图 2.111 在模型空间按 1∶1 进行绘图

模型空间是最常用的绘图环境，在模型空间中可以进行各种图形绘制、图形编辑修改、文件保存、打印输出等各种操作。

2.8.2 关于图纸空间（布局）使用方法

AutoCAD 的布局是用于创建图纸的二维工作环境。布局内的区域称为图纸空间，可以在其中添加标题栏，显示布局视口内模型空间的缩放视图，并为图形创建表格、明细表、说明和标注。

（1）激活布局视口方法　要在布局中对布局视口中的图形进行浏览缩放视图、绘制和编辑修改等相关操作，需要先对布局的图纸空间进行激活。激活方法如下，如图 2.112 所示。
- 移动光标至布局的图纸空间上细实线矩形方框内任何位置；
- 双击鼠标左键，细实线矩形方框将显示为粗实线矩形方框，表示布局的图纸空间已被激活；
- 粗实线矩形方框激活后，在粗实线矩形方框中即可进行图形的各种操作，包括浏览、绘制、编辑修改等。

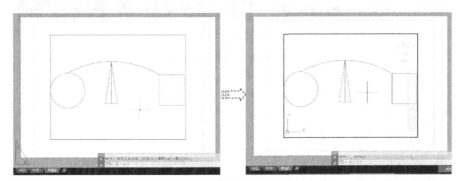

图 2.112　激活图纸空间方法

要退出布局图纸空间的激活状态，只需要移动光标到粗实线矩形方框外侧任何位置，然后双击鼠标左键即可，粗实线矩形方框将重新显示为细实线矩形方框。

需注意的是，布局中粗实线矩形方框或细实线矩形方框的轮廓线不只是一个辅助线，在打印图形时时也是要打印出来的。

另外，在激活布局视口后，与模型空间下绘图操作一样，可以在布局视口内进行图形绘制、图形编辑修改、视图缩放平移等各种操作，例如删除、复制、移动等操作。

（2）新建布局方法　可通过从位于绘图区域左下角处的选项卡到"模型"选项卡右侧，访问一个或多个布局。单击绘图区域左下角处的加号（＋）图标，可以添加更多布局选项卡，新建布局的名称 CAD 软件系统自动按数字顺序默认为"布局 1，2，3，……"如图 2.113 所示。

若要修改布局名称，移动光标至绘图区域左下角处的选项卡布局名称图标处"布局 1，2，……"然后单击鼠标右键，在弹出的快捷菜单上选择"重命名"选项，然后就可以在布局名称处进行修改了。如图 2.113 所示。

可以使用多个布局选项卡，按多个比例和不同的图纸大小显示各种模型组件的详细信息。

（3）删除布局方法　若要删除布局，移动光标至绘图区域左下角处的选项卡布局名称图标处"布局 1，2，……"然后单击鼠标右键，在弹出的快捷菜单上选择"删除"选项。接着 CAD 软件系统弹出提示，单击"确定"按钮即可，该布局将被删除。如图 2.114 所示。

(a) 新建布局

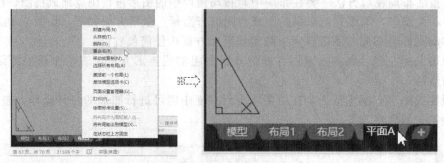

(b) 修改布局名称方法

图 2.113　新建布局方法

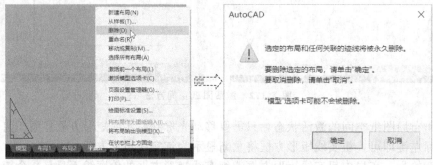

图 2.114　删除布局方法

　　(4) 创建布局视口方法　布局视口是显示模型空间视图的对象，在布局的图纸空间中创建、缩放并放置布局视口。如图 2.115 所示。在每个布局上，可以创建一个或多个布局视口。每个布局视口类似于一个按某一比例和所指定方向来显示模型视图的闭路电视监视器。

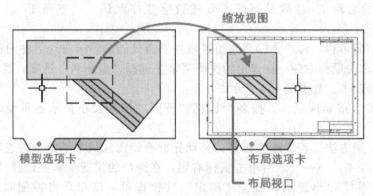

图 2.115　布局视口示意

创建布局视口的功能命令是 MVIEW 或 MV。启动创建布局视口功能命令 MVIEW 的方法如下。

■ 在命令窗口处直接输入功能命令 MVIEW 或 MV 后回车。

注意，启动布局视口功能命令 MVIEW 必须在"布局"图纸空间状态下才能执行该命令，该命令不允许在模型选项卡中使用。在模型空间状态下，需点击布局选项卡切换到"布局"图纸空间状态。

启动创建布局视口功能命令 MVIEW 后，按如下命令提示进行命令选项选择创建布局视口方法。

命令:MV

MVIEW

指定视口的角点或[开(ON)/关(OFF)/布满(F)/着色打印(S)/锁定(L)/新建(NE)/命名(NA)/对象(O)/多边形(P)/恢复(R)/图层(LA)/2/3/4]<布满>:

指定对角点:

正在重生成模型。

在上述 MVIEW 命令提示选项中，对常用的创建布局视口命令选项"指定视口的角点""新建（NE）"和"锁定（L）"等使用方法介绍如下。其他的命令选项操作方法类似，限于篇幅，在此不做详细阐述。

① 指定视口的角点

命令:MV

MVIEW

指定视口的角点或[开(ON)/关(OFF)/布满(F)/着色打印(S)/锁定(L)/新建(NE)/命名(NA)/对象(O)/多边形(P)/恢复(R)/图层(LA)/2/3/4]<布满>:(直接点击第一点 a 位置)

指定对角点:(直接点击第二点 b 位置)

正在重生成模型。

"指定视口的角点"是通过点击确定矩形区域的 2 个对角点形成布局视口范围，模型空间的范围将自动在视口中显示。例如，在布局 1 中的图纸空间中指定矩形的 2 个对角点 a、b 位置，即可完成视口创建，模型空间中的图形自动在该矩形内显示。其中矩形 2 个对角点 a、b 位置根据需要在布局的图纸空间中任意指定。如图 2.116 所示。

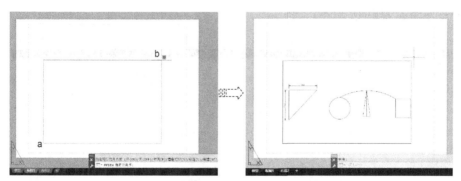

图 2.116 "指定视口的角点"创建布局视口

使用"指定视口的角点"命令选项可以在相同的 1 个布局图纸空间上创建多个布局视口。按前述方法点击不同位置创建不同矩形轮廓即可得到，同样，模型空间的图形在新建的不同布局视口中显示。如图 2.117 所示。

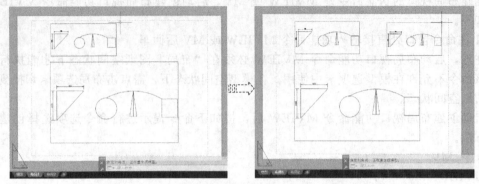

图 2.117　1 个布局图纸空间上创建多个布局视口

② 新建（NE）

命令：MV

MVIEW

指定视口的角点或[开（ON）/关（OFF）/布满（F）/着色打印（S）/锁定（L）/新建（NE）/命名（NA）/对象（O）/多边形（P）/恢复（R）/图层（LA）/2/3/4]＜布满＞：NE

正在重生成模型。

正在重生成布局。

重生成模型-缓存视口。

指定第一个角点：

指定对角点：

指定第一个角点(或按 ENTER 键以接受)：

正在重生成布局。

重生成模型-缓存视口。

指定视图的位置或＜单击鼠标右键以更改比例＞：

正在重生成模型。

"新建（NE）"是指通过切换到模型空间中，在绘图区域图形中指定矩形范围作为新建布局视口的范围。例如点击 *A*、*B* 点作为矩形范围，如图 2.118(a) 所示。新建布局视口内仅显示矩形范围内的图形，例如新建布局视口仅显示由 *A*、*B* 两点对角组成矩形轮廓内的图形内容，如图 2.118(d) 所示。

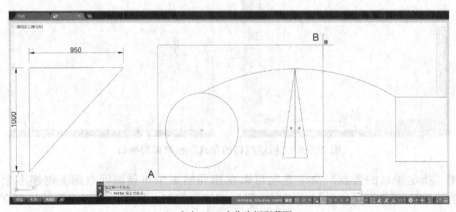

(a)点击 *A*、*B* 点作为矩形范围

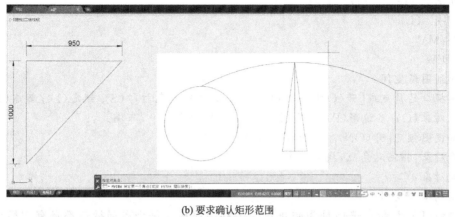

(b) 要求确认矩形范围

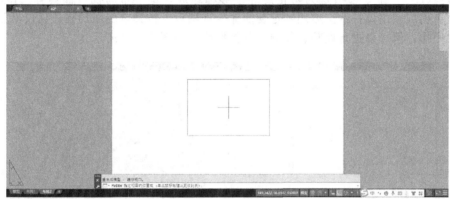

(c) 点击指定视口位置

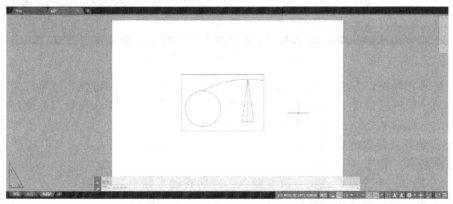

(d) 新建布局视口显示的内容

图 2.118 "新建（NE）"命令选项使用方法

执行 MVIEW 功能命令后其操作方法如下：

a. 命令提示后输入 NE 选择"新建（NE）"命令选项，然后按回车；

b. 指定矩形 2 个对角点位置，例如 A、B 点，如图 2.118(a) 所示。

c. CAD 软件系统将由对角点 A、B 组成的矩形轮廓范围亮色显示，要求按回车键确认该范围。如图 2.118(b) 所示。

d. 回车确认范围后，切换到布局图纸空间中，要求在图纸空间中指定布局视口的位置。根据需要在图纸空间中点击确定其位置即可。如图 2.118(c) 所示。

e. 新建视口创建完成，其显示的图形内容仅为由对角点 A、B 组成的矩形轮廓范围的图形。如图 2.118(d) 所示。

③ 锁定（L）

命令：MV

MVIEW

切换到图纸空间。

指定视口的角点或[开(ON)/关(OFF)/布满(F)/着色打印(S)/锁定(L)/新建(NE)/命名(NA)/对象(O)/多边形(P)/恢复(R)/图层(LA)/2/3/4]＜布满＞:1

视口视图锁定[开(ON)/关(OFF)]:ON

选择对象:指定对角点:找到 1 个

选择对象:

切换到模型空间。

"锁定（L）"命令选项是为防止意外平移和缩放，每个布局视口都具有"显示锁定"特性，可启用或禁用该特性。启用锁定功能命令选项后，被锁定的布局视口仅仅不能进行平移和缩放操作，但可以进行删除、复制等其他操作。如图 2.119 所示。

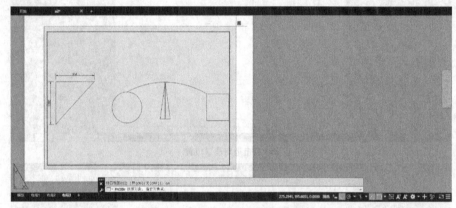

图 2.119 "锁定"命令选项使用方法

（5）修改布局视口方法　创建布局视口后，可以更改其大小和特性，还可按需对其进行缩放和移动。要进行最常见的如视口范围更改，可以通过选择一个布局视口并使用其夹点进行快速修改，如图 2.120(a) 所示。其操作方法如下。

a. 点击选择要修改的布局视口。在布局视口的矩形轮廓线上点击，点击后进行轮廓线显示小方框夹点。如图 2.120(b) 所示。

b. 点击其中一个夹点，该夹点改变颜色，然后移动光标至新位置。

c. 点击确定得到新的布局视口范围。如图 2.120(c) 所示。

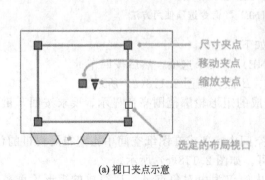

(a) 视口夹点示意

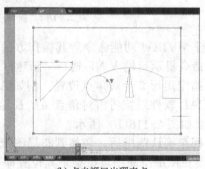

(b) 点击视口出现夹点

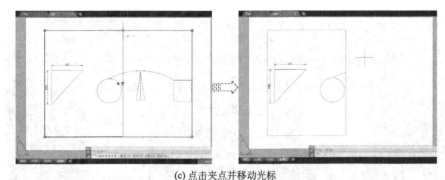

(c) 点击夹点并移动光标

图 2.120　使用夹点修改视口范围

此外，因为布局也是图形对象，所以也可以在布局视口上使用诸如 COPY、MOVE 和 ERASE 等编辑命令，对布局视口进行复制、移动、删除等操作。对布局视口进行修改时，布局视口内的图形显示同时也随着布局视口改变而改变。这些操作比较简单，按命令提示即可。如图 2.121 所示。

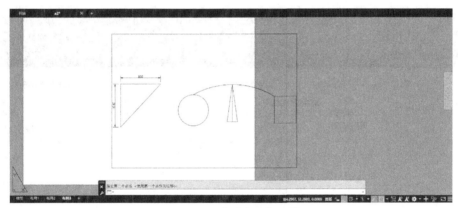

图 2.121　移动布局视口等

2.9　AutoCAD 2018~2021各个版本绘图操作界面简介

本节对高版本 AutoCAD 2018～2021 的绘图操作界面做简要介绍，仅仅作为一个 CAD 版本发展历程的基本知识了解即可，了解的功能命令在低版本中是不具有的，就不结合视频讲解了。

2.9.1　AutoCAD 2018 版本操作界面简介

单击 AutoCAD 2018 桌面快捷方式图标"AutoCAD 2018-简体中文（Simplified Chinese）"启动 AutoCAD 2018 软件，弹出初始界面后，点击中间区域左上的"开始绘制"图框，进入 CAD 界面（图 2.122）。

点击"开始绘制"后即可进入 CAD 绘图操作界面（图 2.123）。注意操作界面默认的颜色为黑色，为便于阅读，已将操作界面的背景颜色修改为白色，其颜色修改方法参考第 2 章 2.1.4 节相关讲述。

自 AutoCAD 2015 版本开始，绘图界面默认模式做了改变，不再是经典模式。通过以下

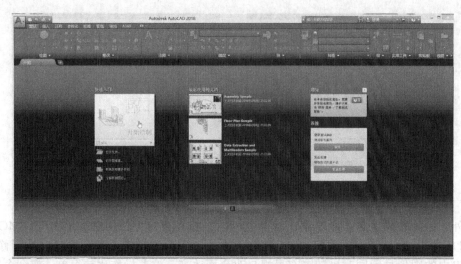

图 2.122　AutoCAD 2018 后操作界面

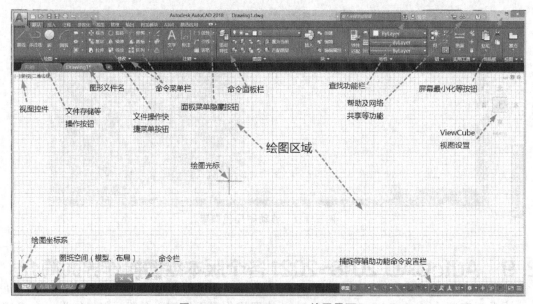

图 2.123　AutoCAD 2018 绘图界面

步骤，很快就能创建经典工作界面：

① 对 AutoCAD 2017 版本操作界面，切换为 AutoCAD 经典菜单模式的方法是点击左上角的"草图与注释/工作空间"右侧三角下拉按钮，选择"显示菜单栏/隐藏菜单栏"即可得到熟悉的传统操作界面——AutoCAD 经典。其他功能面板的显示控制，可以在区域任意位置点击右键，选择勾取进行关闭或打开显示，即可得到类似"AutoCAD 经典"模式操作界面。

② 对 AutoCAD 2018 版本操作界面，切换为 AutoCAD 经典菜单模式的方法如下。

a. 在 AutoCAD 2018 操作界面左上角单击快速启动栏的按钮 ，在下拉菜单中单击【显示菜单栏】命令，如图 2.124 所示。再次单击快速启动栏的按钮 ，在下拉菜单中单击【隐藏菜单栏】命令可隐藏菜单栏。

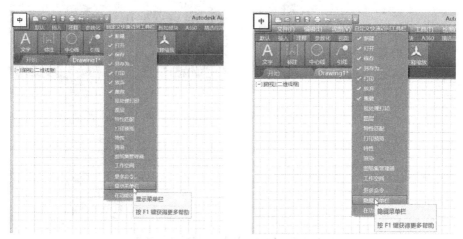

图 2.124　显示/隐藏菜单栏

b. 经过上一步操作后，系统显示经典菜单栏，包含"文件、编辑、视图、插入、格式、工具、绘图、标注、修改、参数、窗口、帮助"，如图 2.125 所示。

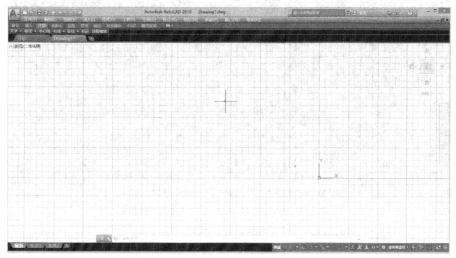

图 2.125　操作界面显示经典菜单栏

点击 AutoCAD 2018 左上角的大图标"A"，为 AutoCAD 2018 图形文件基本操作菜单，包括打开文件、保存文件、输入输出文件、发布打印文件等功能命令以及最近使用图形文件历史记录。A 图标右侧最上面一栏为自定义快速访问工具栏，与前述文件菜单功能基本一致。如图 2.126 所示。

2.9.2　AutoCAD 2019 版本操作界面简介

AutoCAD 2019 版本绘图界面与 AutoCAD 2018 版本类似，包括坐标系、命令栏、菜单、绘图区域、面板栏、文件操作等功能与设置，可参考前面小节 AutoCAD 2018 版本的内容。

对 AutoCAD 2019 版本操作界面，如图 2.127 所示，切换为 AutoCAD 经典菜单模式的方法如下。

a. 在 AutoCAD 2019 操作界面左上角单击快速启动栏的按钮 ；在下拉菜单中单击【显示菜单栏】命令，如图 2.128 所示。

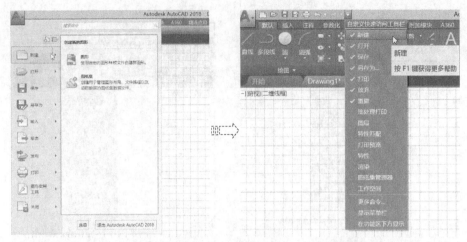

图 2.126　AutoCAD 2018 快捷文件操作

图 2.127　AutoCAD 2019 版本绘图操作界面

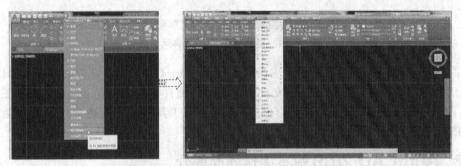

图 2.128　切换为 AutoCAD 经典菜单模式

　　b. 再次单击快速启动栏的按钮 ，在下拉菜单中单击【隐藏菜单栏】命令可隐藏菜单栏。

　　AutoCAD 2019 版本操作界面，切换为 AutoCAD 全屏绘图模式的方法如下。

　　a. 在 AutoCAD 2019 操作屏幕右下方，点击"全屏显示"图标即可。如图 2.129 所示。

　　b. 在命令栏输入"CLEANSCREENON"或"CLEANSCREENOFF"即可切换。

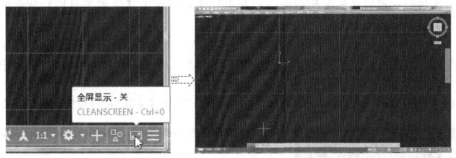

图 2.129　切换为 AutoCAD 全屏绘图模式

2.9.3　AutoCAD 2020~2021 版本操作界面简介

AutoCAD 2020～2021 版本绘图界面与 AutoCAD 2018～2019 版本类似，包括坐标系、命令栏、菜单、绘图区域、面板栏、文件操作等功能与设置，可参考前面小节 AutoCAD 2018 版本的内容，如图 2.130 所示。

图 2.130　AutoCAD 2021 版本绘图操作界面

AutoCAD 2020～2021 版本操作界面，切换为 AutoCAD 经典菜单模式的方法如下：

a. 在 AutoCAD 2020～2021 操作界面左上角单击快速启动栏的按钮 ；在下拉菜单中单击【显示菜单栏】命令，如图 2.131 所示。

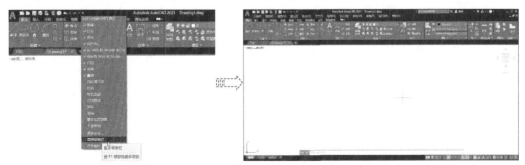

图 2.131　切换为 AutoCAD 经典菜单模式

b. 再次单击快速启动栏的按钮 ，在下拉菜单中单击【隐藏菜单栏】命令可隐藏菜单栏。

AutoCAD 2020～2021 版本操作界面，切换为 AutoCAD 全屏绘图模式的方法如下。

a. 在 AutoCAD 2020～2021 操作屏幕右下方，点击"全屏显示"图标即可。如图 2.132 所示。

b. 在命令栏输入"CLEANSCREENON"或"CLEANSCREENOFF"即可切换。

图 2.132　切换为 AutoCAD 全屏绘图模式

2.9.4　AutoCAD 2022 版本操作界面简介

AutoCAD 2022 版本操作界面介绍参见本章第 2.1.3 节内容，在此不重复介绍。

第3章

环境工程
CAD基本图形绘制方法

3.0 本章操作讲解视频清单

本章各节相关功能命令操作讲解视频清单及其下载地址如表3.0所列。各个视频下载地址可以通过手机微信扫描表中相应二维码获取，获取下载地址后即可通过网络免费下载。

学习CAD绘图功能命令相关内容时，建议观看相应的操作讲解视频后再进行操作练习，对尽快掌握相关知识及操作技能有帮助。

表3.0 本章各个讲解视频清单及其播放或下载地址

视频名称		B1 点的绘制方法	视频名称		B2 直线绘制方法
	功能简介	绘制点		功能简介	绘制直线
	命令名称	POINT		命令名称	LINE
	章节内容	第3.1.1节		章节内容	第3.1.2节
视频名称		B3 多段线绘制方法(1)	视频名称		B3 多段线绘制方法(2)
	功能简介	绘制多段线		功能简介	绘制多段线
	命令名称	PLINE		命令名称	PLINE
	章节内容	第3.1.2节		章节内容	第3.1.2节
视频名称		B4 圆弧线绘制方法(1)	视频名称		B4 圆弧线绘制方法(2)
	功能简介	绘制圆弧线		功能简介	绘制圆弧线
	命令名称	ARC		命令名称	ARC
	章节内容	第3.1.3节		章节内容	第3.1.3节
视频名称		B5 椭圆弧线绘制方法	视频名称		B6 样条曲线绘制方法
	功能简介	绘制椭圆弧线		功能简介	绘制样条曲线
	命令名称	ELLIPSE		命令名称	SPLINE
	章节内容	第3.1.3节		章节内容	第3.1.4节
视频名称		B7 多线绘制方法(1)	视频名称		B7 多线绘制方法(2)
	功能简介	绘制多线		功能简介	绘制多线
	命令名称	MLINE		命令名称	MLINE
	章节内容	第3.1.4节		章节内容	第3.1.4节

视频名称	B8 射线绘制方法		视频名称	B9 构造线绘制方法	
	功能简介	绘制射线		功能简介	绘制构造线
	命令名称	RAY		命令名称	XLINE
	章节内容	第 3.1.5 节		章节内容	第 3.1.5 节
视频名称	B10 云线绘制方法		视频名称	B11 宽度线绘制方法(1)	
	功能简介	绘制云线		功能简介	绘制有宽度的直线
	命令名称	REVCLOUD		命令名称	PLINE
	章节内容	第 3.1.6 节		章节内容	第 3.1.7 节
视频名称	B11 宽度线绘制方法(2)		视频名称	B12 带箭头的线条绘制方法(1)	
	功能简介	绘制有宽度的直线		功能简介	绘制带箭头的线条
	命令名称	PLINE		命令名称	LEADER/PLINE
	章节内容	第 3.1.7 节		章节内容	第 3.1.8 节
视频名称	B12 带箭头的线条绘制方法(2)		视频名称	B13 圆形绘制方法	
	功能简介	绘制带箭头的线条		功能简介	绘制圆形
	命令名称	LEADER/PLINE		命令名称	CIRCLE
	章节内容	第 3.1.8 节		章节内容	第 3.2.1 节
视频名称	B14 椭圆形绘制方法		视频名称	B15 矩形绘制方法	
	功能简介	绘制椭圆形		功能简介	绘制长方形
	命令名称	ELLIPSE		命令名称	RECTANG
	章节内容	第 3.2.1 节		章节内容	第 3.2.2 节
视频名称	B16 正方形绘制方法		视频名称	B17 圆环绘制方法	
	功能简介	绘制正方形		功能简介	绘制圆环
	命令名称	POLYGON/RECTANG		命令名称	DONUT
	章节内容	第 3.2.2 节		章节内容	第 3.2.3 节
视频名称	B18 螺旋线绘制方法		视频名称	B19 正多边形绘制方法	
	功能简介	绘制螺旋线		功能简介	绘制正多边形
	命令名称	HELIX		命令名称	POLYGON
	章节内容	第 3.2.3 节		章节内容	第 3.2.4 节
视频名称	B20 区域覆盖绘制方法		视频名称	B21 表格绘制方法(1)	
	功能简介	创建一个区域覆盖图形对象		功能简介	绘制表格
	命令名称	WIPEOUT		命令名称	TABLE LINE/OFFSET 等
	章节内容	第 3.2.5 节		章节内容	第 3.3.1—3.3.2 节
视频名称	B21 表格绘制方法(2)		视频名称	B22 复杂图形绘制方法	
	功能简介	绘制表格		功能简介	绘制不规则的复杂图形
	命令名称	TABLE LINE/OFFSET 等		命令名称	—
	章节内容	第 3.3.1—3.3.2 节		章节内容	第 3.4 节

视频名称		B23 定距离等分方法	视频名称		B24 定数量等分方法
	功能简介	按指定长度距离等分线段		功能简介	按指定数量等分线段
	命令名称	MEASURE		命令名称	DIVIDE
	章节内容	第 3.5.1 节		章节内容	第 3.5.2 节
视频名称		B25 创建边界方法			
	功能简介	将闭合区域的轮廓直线转换为多段线边界线			—
	命令名称	BOUNDARY			
	章节内容	第 3.5.3 节			

注：使用手机扫描表中二维码，即可在手机上直接播放相应的操作讲解视频（建议横屏观看）。也可以使用手机扫描表中二维码，将视频文件转发到电脑端播放或下载后播放（参考方法：点击视频右上角的"…"符号，再点击弹出的"复制链接"，将链接地址发送至电脑端即可）。

本章主要介绍使用 AutoCAD 进行环境工程绘图中基本图形绘制的方法和技巧，包括：直线、折线和弧线和曲线等各种线条的绘制；圆形和矩形、多边形、表格等各种规则和不规则图形的绘制；较为复杂图形的绘制思路和方法。AutoCAD 的绘图功能十分强大，使用方便，用途广泛，能够应对各种图形的绘制，是环境工程绘图及文件制作的有力助手。

需要说明一点，CAD 绘图时，在"命令："栏输入相关命令后，按下回车键即按"Enter"键即可执行该命令进行操作。**AutoCAD 操作命令不区分字母大小写，大小写均相同**。例如：

命令：LINE（输入 LINE、L、l 或 line 或 Line、LiNE、linE、LIne 等后，按回车"Enter"键均可执行绘制直线的操作功能命令）

3.1 环境工程基本线条图形 CAD 绘制方法

AutoCAD 中的点、线（包括直线、曲线）等是最基本的图形元素。图线的绘制主要包括：直线与多段线、射线与构造线、圆弧线与椭圆弧线、样条曲线与多线、云线等各种形式的线条。

3.1.1 点的绘制方法

在点、线、面三种类型图形对象中，点无疑是 AutoCAD 中最基本的组成单位元素。点可以作为捕捉对象的节点。点的 AutoCAD 功能命令为 POINT（简写形式为 PO）。其绘制方法是在提示输入点的位置时，直接输入点的坐标或者使用鼠标选择点的位置即可。

启动 POINT 命令可以通过以下几种方式：

■ 打开【绘图】下拉菜单选择命令【点】选项中的【单点】或【多点】命令。
■ 在"默认"选项卡中，单击"绘图"命令面板（或工具栏）上的【点】或【多点】命令图标。
■ 在"命令"窗口处直接输入 POINT 或 PO 命令（不能使用"点"作为命令输入）。

执行点的 AutoCAD 功能命令 POINT 后，点击鼠标左键即可得到点。这时点的样式是默认的小圆点，默认其大小是 0，所以不易看到，需要修改其样式才能看清楚。如图 3.1 所示。

命令：point
当前点模式：PDMODE=0 PDSIZE=0.0000

点的样式修改方法是打开【格式】下拉菜单选择【点样式】命令选项，就可以选择点的图案形式和图标的大小。如图 3.2 所示。

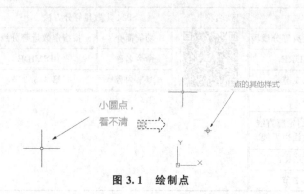

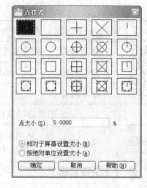

图 3.1　绘制点　　　　　　　　图 3.2　设置点样式

点的功能一般不单独使用，常常在进行线段等分时作为等分点标记使用，如图 3.3 所示。最好先选择点的样式，要显示其等分位置最好不使用"."的样式，因为该样式不易看到。

命令：DIVIDE(打开【绘图】下拉菜单选择【点】命令选项，再选择"定数等分或定距等分")

选择要定数等分的对象：

输入线段数目或[块(B)]：6

点的形状和大小也可以由系统变量 PDMODE 和 PDSIZE 控制，其中变量 PDMODE 用于设置点的显示图案形式，变量 PDSIZE 则用来控制图标的大小。PDMODE 参数与对应的点样式关系如图 3.4 所示，其中数值"1"指定不显示任何图形。这两个变量参数一般是对 CAD 比较熟悉的人员才建议使用，对入门学习人员了解一下即可。

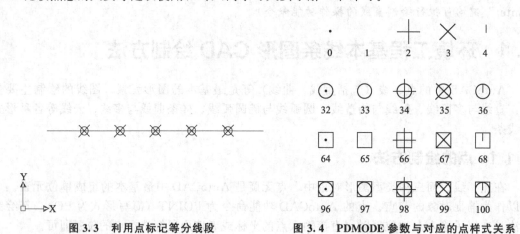

图 3.3　利用点标记等分线段　　　　图 3.4　PDMODE 参数与对应的点样式关系

3.1.2　直线与多段线绘制方法

(1) 绘制直线　直线的 AutoCAD 功能命令为 LINE (简写形式为 L)，绘制直线可通过直接输入端点坐标 (X，Y) 或直接在屏幕上使用鼠标点取。可以绘制一系列连续的直线段，但每条直线段都是一个独立的对象，按"Enter (即回车，后面论述同此)"键结束命令。

启动 LINE 命令可以通过以下几种方式。

■ 打开【绘图】下拉菜单选择【直线】命令选项。

■ 在"默认"选项卡中，单击"绘图"命令面板上的【直线】命令图标。

■ 在"命令"窗口处直接输入 LINE 或 L 命令 (不能使用"直线"作为命令输入)。

要绘制斜线、水平和垂直的直线，可以结合使用 F8 按键。反复按下 F8 键即可在斜线与水平或垂直方向之间切换。以在“命令”窗口处直接输入LINE或L命令为例，说明直线的绘制方法，如图3.5所示。特说明，在绘制图形时，图形的端点定位一般采用在屏幕上捕捉直接点取其位置，或输入相对坐标数值进行定位，通常不使用直接输入其坐标数值（x，y）或（x，y，z），因为使用坐标数值比较繁琐。后面讲述同此。

命令:LINE(输入绘制直线命令)

指定第一个点:(指定直线起点A或输入端点坐标数值)

指定下一点或[放弃(U)]:(指定直线终点B或输入端点坐标数值)

指定下一点或[放弃(U)]:(回车)

(2) 绘制多段线　多段线的AutoCAD功能命令为PLINE（PLINE为Polyline的简写形式，简写形式为PL），绘制多段线同样可通过直接输入端点坐标（X，Y）或直接在屏幕上使用鼠标点取。对于多段线，可以指定线型图案在整条多段线中是位于每条线段的中央，还是连续跨越顶点，如图3.6所示。可以通过设置PLINEGEN系统变量来执行此设置。

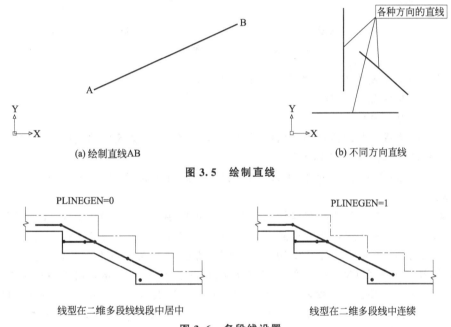

(a) 绘制直线AB　　(b) 不同方向直线

图3.5　绘制直线

线型在二维多段线线段中居中　　线型在二维多段线中连续

图3.6　多段线设置

启动PLINE命令可以通过以下几种方式：

■ 打开【绘图】下拉菜单选择【多段线】命令选项。

■ 在“默认”选项卡中，单击“绘图”命令面板上的【多段线】命令图标。

■ 在“命令”窗口处直接输入PLINE或PL命令（不能使用“多段线”作为命令输入)。

绘制时要在斜线、水平和垂直之间进行切换，可以使用F8按键。以在“命令”窗口处直接输入PLINE或PL命令为例，说明多段线的绘制方法。

① 使用PLINE绘制由直线构成的多段线，如图3.7(a) 所示。

命令:PLINE(绘制由直线构成的多段线)

指定起点:(确定起点A位置)

当前线宽为0.0000

指定下一个点或[圆弧(A)/半宽(H)/长度(L)/放弃(U)/宽度(W)]:(依次输入多段线端点B的坐标或直接在屏幕上使用鼠标点取)

指定下一点或[圆弧(A)/闭合(C)/半宽(H)/长度(L)/放弃(U)/宽度(W)]:(点击确定

下一点 C)

  指定下一点或[圆弧(A)/闭合(C)/半宽(H)/长度(L)/放弃(U)/宽度(W)]:(下一点 D)

  指定下一点或[圆弧(A)/闭合(C)/半宽(H)/长度(L)/放弃(U)/宽度(W)]:(下一点 E)

  ……

  指定下一点或[圆弧(A)/闭合(C)/半宽(H)/长度(L)/放弃(U)/宽度(W)]:(回车结束操作)

  ② 使用 PLINE 绘制由直线与弧线构成的多段线,如图 3.7(b) 示意。

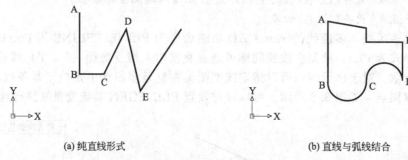

(a) 纯直线形式   (b) 直线与弧线结合

图 3.7 绘制多段线

  命令:PLINE(绘制由直线与弧线构成的多段线)

  指定起点:(确定起点 A 位置)

  当前线宽为 0.0000

  指定下一个点或[圆弧(A)/半宽(H)/长度(L)/放弃(U)/宽度(W)]:(输入多段线端点 B 的坐标或直接在屏幕上使用鼠标点取)

  指定下一点或[圆弧(A)/闭合(C)/半宽(H)/长度(L)/放弃(U)/宽度(W)]:A(输入 A 绘制圆弧段造型)

  指定圆弧的端点(按住 Ctrl 键以切换方向)或[角度(A)/圆心(CE)/闭合(CL)/方向(D)/半宽(H)/直线(L)/半径(R)/第二个点(S)/放弃(U)/宽度(W)]:(指定圆弧的第 1 个端点 C)

  指定圆弧的端点(按住 Ctrl 键以切换方向)或[角度(A)/圆心(CE)/闭合(CL)/方向(D)/半宽(H)/直线(L)/半径(R)/第二个点(S)/放弃(U)/宽度(W)]:(指定圆弧的第 2 个端点 D)

  指定圆弧的端点(按住 Ctrl 键以切换方向)或[角度(A)/圆心(CE)/闭合(CL)/方向(D)/半宽(H)/直线(L)/半径(R)/第二个点(S)/放弃(U)/宽度(W)]:L(输入 L 切换回绘制直线段造型)

  指定下一点或[圆弧(A)/闭合(C)/半宽(H)/长度(L)/放弃(U)/宽度(W)]:(下一点 E)

  指定下一点或[圆弧(A)/闭合(C)/半宽(H)/长度(L)/放弃(U)/宽度(W)]:

  指定下一点或[圆弧(A)/闭合(C)/半宽(H)/长度(L)/放弃(U)/宽度(W)]:(下一点)

  ……

  指定下一点或[圆弧(A)/闭合(C)/半宽(H)/长度(L)/放弃(U)/宽度(W)]:C(闭合多段线)

3.1.3 圆弧线与椭圆弧线绘制方法

  (1) 绘制圆弧线 圆弧线可以通过输入端点坐标进行绘制,也可以直接在屏幕上使用鼠标点取。其 AutoCAD 功能命令为 ARC (简写形式为 A)。在进行绘制时,如果未指定点就按 Enter 键,AutoCAD 将把最后绘制的直线或圆弧的端点作为起点,并立即提示指定新圆弧的端点。这将创建一条与最后绘制的直线、圆弧或多段线相切的圆弧。

  启动 ARC 命令可以通过以下几种方式。

  ■ 打开【绘图】下拉菜单选择【圆弧】命令选项。

  ■ 在"默认"选项卡中,单击"绘图"命令面板上的【圆弧】命令图标。

■ 在"命令"窗口处直接输入 ARC 或 A 命令（不能使用"圆弧"作为命令输入）。

以在"命令"窗口处直接输入 ARC 命令为例，说明弧线的绘制方法，如图 3.8 所示。

命令:ARC(绘制弧线)

指定圆弧的起点或[圆心(C)]:(指定起始点位置 A)

指定圆弧的第二个点或[圆心(C)/端点(E)]:(指定中间点位置 B)

指定圆弧的端点:(指定起终点位置 C)

（2）绘制椭圆弧线　椭圆弧线的 AutoCAD 功能命令为 ELLIPSE（简写形式为 EL），与椭圆是一致的，只是在执行 ELLIPSE 命令后再输入 A 进行椭圆弧线绘制。一般根据两个端点定义椭圆弧的第 1 条轴，第 1 条轴的角度确定了整个椭圆的角度。第 1 条轴既可定义椭圆的长轴也可定义短轴。

启动 ELLIPSE 命令可以通过以下几种方式。

■ 打开【绘图】下拉菜单选择【椭圆】命令选项，再执子命令选项【圆弧】。

■ 在"默认"选项卡中，单击"绘图"命令面板上的【椭圆弧】命令图标。

■ 在"命令"窗口处直接输入 ELLIPSE 或 EL 命令后再输入 A（不能使用"椭圆弧"作为命令输入）。

以在"命令"窗口处直接输入 ELLIPSE 命令为例，说明椭圆弧线的绘制方法，如图 3.9 所示。

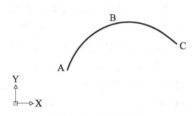

图 3.8　绘制弧线

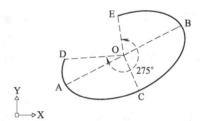

图 3.9　绘制椭圆曲线

命令:ELLIPSE(绘制椭圆曲线)

指定椭圆的轴端点或[圆弧(A)/中心点(C)]:A(输入 A 绘制椭圆曲线)

指定椭圆弧的轴端点或[中心点(C)]:(指定椭圆轴线端点 A)

指定轴的另一个端点:(指定另外一个椭圆轴线端点 B)

指定另一条半轴长度或[旋转(R)]:(指定与另外一个椭圆轴线距离 OC)

指定起点角度或[参数(P)]:(指定起始角度位置 D)

指定端点角度或[参数(P)/夹角(I)]:(指定终点角度位置 E)

3.1.4　样条曲线与多线绘制方法

（1）绘制样条曲线　样条曲线是一种拟合不同位置点的曲线，其 AutoCAD 功能命令为 SPLINE（简写形式为 SPL）。样条曲线与使用 ARC 命令连续绘制的多段曲线图形的不同之处是，样条曲线是一体的，且曲线光滑流畅，而使用 ARC 命令连续绘制的多段曲线图形则是由几段组成的。SPLINE 在指定的允差范围内把光滑的曲线拟合成一系列的点。AutoCAD 使用 NURBS（非均匀有理 B 样条曲线）数学方法，其中存储和定义了一类曲线和曲面数据。

启动 SPLINE 命令可以通过以下几种方式。

■ 打开【绘图】下拉菜单选择【样条曲线】命令选项。

■ 在"默认"选项卡中，单击"绘图"命令面板上的【样条曲线】命令图标。

■ 在"命令"窗口处直接输入 SPLINE 或 SPL 命令（不能使用"样条曲线"作为命令输入）。

以在"命令"窗口处直接输入 SPLINE 命令为例，说明样条曲线的绘制方法，如图 3.10 所示。

命令:SPLINE(输入绘制样条曲线命令)

当前设置:方式＝拟合　节点＝弦

指定第一个点或[方式(M)/节点(K)/对象(O)]:(铺面上点击指定样条曲线的第 1 点 A 的位置)

输入下一个点或[起点切向(T)/公差(L)]:(指定下一点 B 的位置)

输入下一个点或[端点相切(T)/公差(L)/放弃(U)]:(指定下一点 C 的位置)

输入下一个点或[端点相切(T)/公差(L)/放弃(U)/闭合(C)]:(指定下一点 D 的位置)

输入下一个点或[端点相切(T)/公差(L)/放弃(U)/闭合(C)]:(指定下一点 E 的位置)

……

输入下一个点或[端点相切(T)/公差(L)/放弃(U)/闭合(C)]:(回车)

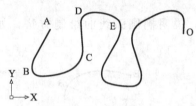

图 3.10　绘制样条曲线

（2）绘制多线　多线也称多重平行线，指由两条相互平行的直线构成的线型。其 AutoCAD 绘制命令为 MLINE（简写形式为 ML）。

启动 MLINE 命令可以通过以下几种方式。

■ 打开【绘图】下拉菜单选择【多线】命令选项。

■ 单击绘图工具栏上的"多线"功能命令图标。

■ 在"命令"窗口处直接输入 MLINE 或 ML 命令（不能使用"多线"作为命令输入）。

多线的两条平行线的间距可以通过"设置"中的比例因子参数"比例 S"大小来控制，S 的数值就是多线的两条平行线的间距大小。当其比例设置为"0"时，多线的两条平行线将重合，也就是一条直线了。如图 3.11 所示。

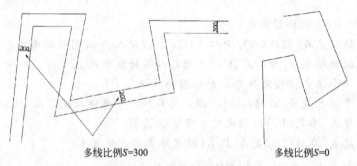

多线比例S=300　　　　　　　　多线比例S=0

图 3.11　多线比例 S 的含义

设置或创建新的多线样式，可以打开【绘图】下拉菜单，选择命令【多线样式】选项进行设置或创建。在弹出的对话框中就可以新建多线形式、修改名称、设置特性和加载新的多行线的样式等，如图 3.12 所示。

以在"命令"窗口处直接输入 MLINE 命令为例，说明多线的绘制方法，如图 3.13 所示。

命令:MLINE(绘制多线)

当前设置:对正＝上,比例＝20.00,样式＝STANDARD

指定起点或[对正(J)/比例(S)/样式(ST)]:S(输入 S 设置多线宽度)

输入多线比例 <20.00>: 120(输入多线宽度)

当前设置:对正＝上,比例＝120.00,样式＝STANDARD

指定起点或[对正(J)/比例(S)/样式(ST)]:(指定多线起点 A 位置)

指定下一点:(指定多线下一点 B 位置)

指定下一点或[放弃(U)]:(指定多线下一点 C 位置)

指定下一点或[闭合(C)/放弃(U)]:(指定多线下一点 D 位置)

指定下一点或[闭合(C)/放弃(U)]:(指定多线下一点 E 位置)

······

指定下一点或[闭合(C)/放弃(U)]:C(回车)

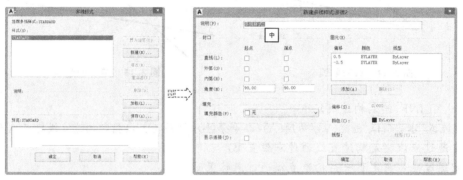

图 3.12　设置或新建多线样式

3.1.5　射线与构造线绘制方法

（1）绘制射线　射线指沿着一个方向无限延伸的直线,是主要用来定位的辅助绘图线。射线具有一个确定的起点并单向无限延伸。其 AutoCAD 功能命令为 RAY,直接在屏幕上使用鼠标点取。

启动 RAY 命令可以通过以下几种方式。

■ 打开【绘图】下拉菜单选择【射线】命令选项。

■ 在"命令"窗口处直接输入 RAY 命令（不能使用"射线"作为命令输入）。

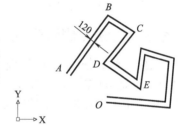

图 3.13　绘制多线

AutoCAD 绘制一条射线并继续提示输入通过点以便创建多条射线。起点和通过点定义了射线延伸的方向,射线在此方向上延伸到显示区域的边界。按 Enter 键结束命令。以在命令窗口处直接输入 RAY 命令为例,说明射线的绘制方法,如图 3.14 所示。

命令:RAY(输入绘射线命令)

指定起点:(指定射线起点 A 的位置)

指定通过点:(指定射线所通过点的位置 B)

指定通过点:(指定射线所通过点的位置 C)

······

指定通过点:(回车)

（2）绘制构造线　构造线指 2 端方向是无限长的直线,主要用来定位的辅助绘图线,即用来定位对齐边角点的辅助绘图线。其 AutoCAD 功能命令为 XLINE（简写形式为 XL）,可直接在屏幕上使用鼠标点取。

启动 XLINE 命令可以通过以下几种方式。

■ 打开【绘图】下拉菜单选择【构造线】命令选项。

■ 在"默认"选项卡中，单击"绘图"命令面板上的【构造线】命令图标。

■ 在"命令"窗口处直接输入 XLINE 或 XL 命令（不能使用"构造线"作为命令输入）。

可使用两个通过点指定构造线（无限长线）的位置。以在"命令"窗口处直接输入 XLINE 命令为例，说明构造线的绘制方法，如图 3.15 所示。

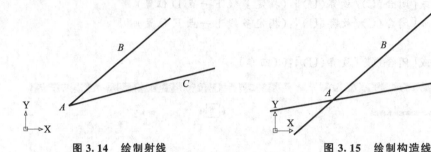

图 3.14　绘制射线　　　　　　　　　　　图 3.15　绘制构造线

命令：XLINE(绘制构造线)

指定点或[水平(H)/垂直(V)/角度(A)/二等分(B)/偏移(O)]：(指定构造直线起点 A 位置)

指定通过点：(指定构造直线通过点位置 B)

指定通过点：(指定下一条构造直线通过点位置 C)

指定通过点：(指定下一条构造直线通过点位置)

……

指定通过点：(回车)

3.1.6　云线（修订云线）绘制方法

云线（修订云线）是指由连续圆弧组成的云彩状线条造型。云线（修订云线）的 Auto-CAD 命令是 REVCLOUD，REVCLOUD 在系统注册表中存储上一次使用的圆弧长度，当程序和使用不同比例因子的图形一起使用时，用 DIMSCALE 乘以此值以保持统一。绘制云线时设置的云线弧度长度数值是近似的，可能不是准确的输入数值。

启动云线命令可以通过以下几种方式。

■ 打开【绘图】下拉菜单选择【修订云线】命令选项。

■ 在"默认"选项卡中，单击"绘图"命令面板上的【修订云线】命令图标。

■ 在"命令"窗口处直接输入"REV-CLOUD"命令。

其绘制方法如下所述，如图 3.16 所示。

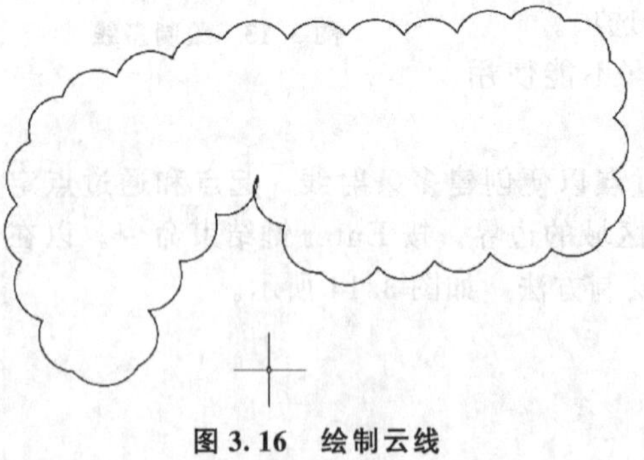

图 3.16　绘制云线

命令：REVCLOUD(绘制云线)

最小弧长：800　最大弧长：1600　样式：普通　类型：徒手画

指定第一个点或[弧长(A)/对象(O)/矩形(R)/多边形(P)/徒手画(F)/样式(S)/修改(M)]<对象>：A(输入 A 设置云线弧长的大小)

指定圆弧的大约长度<1200>：1200(输入弧长数值大小)

指定第一个点或[弧长(A)/对象(O)/矩形(R)/多边形(P)/徒手画(F)/样式(S)/修改(M)]<对象>：(点击鼠标左键指定云线起点位置)

沿云线路径引导十字光标……(拖动鼠标进行云线绘制)

修订云线完成。

通过设置云线命令中的样式"手绘"，可以得到一种带镰刀状弧线构成的云线，如图 3.17 所示。

命令：REVCLOUD

最小弧长：666.6667   最大弧长：1333.3333   样式：手绘   类型：徒手画

指定第一个点或［弧长（A）/对象（O）/矩形（R）/多边形（P）/徒手画（F）/样式（S）/修改（M）］＜对象＞：F

指定第一个点或［弧长（A）/对象（O）/矩形（R）/多边形（P）/徒手画（F）/样式（S）/修改（M）］＜对象＞：S

选择圆弧样式［普通（N）/手绘（C）］＜手绘＞：C

手绘

指定第一个点或［弧长（A）/对象（O）/矩形（R）/多边形（P）/徒手画（F）/样式（S）/修改（M）］＜对象＞：

沿云线路径引导十字光标…

修订云线完成。

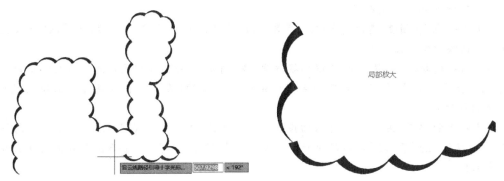

图 3.17　手绘样式云线

3.1.7　宽度线绘制方法

在一般情况下，AutoCAD 系统默认各种图形线条为细实线，也即默认其线条宽度为"0"。如图 3.18 所示。在实际绘图中常常用到一些不同粗细的线条，也即线条宽度大于 0 的图形。这种称为有宽度的线条。AutoCAD 提供了绘制具有不同宽度线条的方法。下面详细介绍绘制等宽度和不等宽度线条的方法。

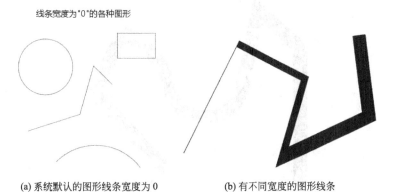

(a) 系统默认的图形线条宽度为 0　　　　　(b) 有不同宽度的图形线条

图 3.18　图形的线条宽度

（1）等宽线的绘制　绘制等宽度（线条的宽度均相同）的线条，可以使用多段线功能命令 PLINE 来实现，以图 3.19 的图形为例，其具体绘制功能命令操作方法如下所述，其他宽度大小的线条按相同方法绘制：

命令：PLINE(使用 PLINE 命令绘制等宽度的线条)

指定起点：(指定等宽度的线条起点 A)

当前线宽为 0.0000

指定下一个点或[圆弧(A)/半宽(H)/长度(L)/放弃(U)/宽度(W)]：w(输入 W 设置线条宽度)

指定起点宽度<0.0000>：60(输入线条起点宽度)

指定端点宽度<60.0000>：60(输入线条端点宽度)

指定下一个点或[圆弧(A)/半宽(H)/长度(L)/放弃(U)/宽度(W)]：　<正交开>(依次输入多段线端点 B 坐标或直接在屏幕上使用鼠标点取 B 点的位置)

指定下一点或[圆弧(A)/闭合(C)/半宽(H)/长度(L)/放弃(U)/宽度(W)]：　<正交关>(直接在屏幕上使用鼠标点取 C 点的位置)

指定下一点或[圆弧(A)/闭合(C)/半宽(H)/长度(L)/放弃(U)/宽度(W)]：(直接在屏幕上使用鼠标点取 D 点的位置)

指定下一点或[圆弧(A)/闭合(C)/半宽(H)/长度(L)/放弃(U)/宽度(W)]：a(输入 A 将直线线条切换为绘制弧线线条)

指定圆弧的端点(按住 Ctrl 键以切换方向)或[角度(A)/圆心(CE)/闭合(CL)/方向(D)/半宽(H)/直线(L)/半径(R)/第二个点(S)/放弃(U)/宽度(W)]：(直接在屏幕上使用鼠标点取 E 点的位置)

指定圆弧的端点(按住 Ctrl 键以切换方向)或[角度(A)/圆心(CE)/闭合(CL)/方向(D)/半宽(H)/直线(L)/半径(R)/第二个点(S)/放弃(U)/宽度(W)]：(直接在屏幕上使用鼠标点取 F 点的位置)

指定圆弧的端点(按住 Ctrl 键以切换方向)或[角度(A)/圆心(CE)/闭合(CL)/方向(D)/半宽(H)/直线(L)/半径(R)/第二个点(S)/放弃(U)/宽度(W)]：L(输入 L 将弧线线条切换为绘制直线线条)

指定下一点或[圆弧(A)/闭合(C)/半宽(H)/长度(L)/放弃(U)/宽度(W)]：(直接在屏幕上使用鼠标点取 G 点的位置)

指定下一点或[圆弧(A)/闭合(C)/半宽(H)/长度(L)/放弃(U)/宽度(W)]：(直接在屏幕上使用鼠标点取 H 点的位置)

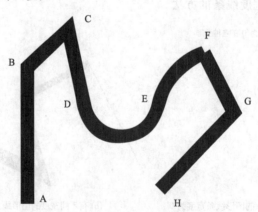

图 3.19　绘制有宽度大小的等宽度线

指下一点或[圆弧(A)/闭合(C)/半宽(H)/长度(L)/放弃(U)/宽度(W)]:(回车结束绘制)

(2) 不等宽线的绘制　绘制不等宽度的线条,同样可以使用 PLINE 命令来实现,具体绘制方法如下所述,其他形式的不等宽线条按相同方法绘制,如图 3.20 所示。

命令:PLINE(使用 PLINE 命令绘制不等宽度的线条)

指定起点:(指定等宽度的线条起点 A)

当前线宽为 0.0000

指定下一个点或[圆弧(A)/半宽(H)/长度(L)/放弃(U)/宽度(W)]:W(输入 W 设置 AB 段线条宽度)

指定起点宽度<0.0000>:15(输入起点宽度)

指定端点宽度<15.0000>:6(输入的线条宽度与前面不一样)

指定下一个点或[圆弧(A)/半宽(H)/长度(L)/放弃(U)/宽度(W)]:(依次输入多段线端点坐标或直接在屏幕上使用鼠标点取 B 点的位置)

指定下一点或[圆弧(A)/闭合(C)/半宽(H)/长度(L)/放弃(U)/宽度(W)]:w(再次输入 W 设置 BC 段线条宽度)

指定起点宽度<6.0000>:6

指定端点宽度<6.0000>:3

指定下一点或[圆弧(A)/闭合(C)/半宽(H)/长度(L)/放弃(U)/宽度(W)]:(指定下一点位置 C)

指定下一点或[圆弧(A)/闭合(C)/半宽(H)/长度(L)/放弃(U)/宽度(W)]:(回车结束操作)

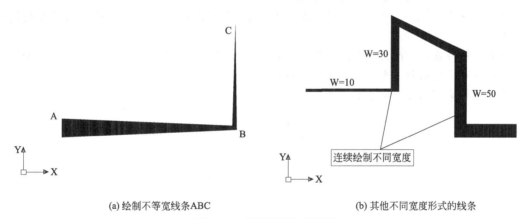

(a) 绘制不等宽线条ABC　　　　　　　(b) 其他不同宽度形式的线条

图 3.20　绘制不等宽度线条

3.1.8　带箭头的线条绘制方法

(1) 箭头造型线绘制　箭头造型可以使用多段线功能命令 PLINE 来绘制得到,下面以图 3.21 的箭头造型为例,介绍其快速绘制方法。箭头造型也可以看作不等宽度线条的特例。

命令:PLINE(执行多段线功能命令)

指定起点:(屏幕上指定箭头造型起点 A 位置)

当前线宽为 0.0000

指定下一个点或[圆弧(A)/半宽(H)/长度(L)/放弃(U)/宽度(W)]:(屏幕上指定箭头造型直线段点 B 位置)

指定下一点或[圆弧(A)/闭合(C)/半宽(H)/长度(L)/放弃(U)/宽度(W)]:W(输入 W 设置线条宽度绘制箭头造型)

指定起点宽度<0.0000>:20(输入箭头粗端大小)

指定端点宽度<20.0000>:0(输入0)

指定下一点或[圆弧(A)/闭合(C)/半宽(H)/长度(L)/放弃(U)/宽度(W)]:(屏幕上指定箭头造型箭头点C位置)

指定下一点或[圆弧(A)/闭合(C)/半宽(H)/长度(L)/放弃(U)/宽度(W)]:(回车结束)

图3.21 箭头造型绘制

(2) 注释引线绘制（带文字注释的箭头） 注释引线绘制（带文字注释的箭头），可以使用 LEADER 命令快速实现。也可以使用 QLEADER 或 MLEADER 这2个命令来绘制，各个功能命令操作基本类似，不一一介绍了。下面以功能命令 LEADER 为例介绍其具体绘制方法。

① 引线为直线的注释引线绘制，如图3.22(a)所示。

命令:LEADER(执行命令)

指定引线起点:(点击确定直线段起点)

指定下一点:(继续点击确定第二段直线段)

指定下一点或[注释(A)/格式(F)/放弃(U)]<注释>:(继续点击确定第二段直线段端点位置)

指定下一点或[注释(A)/格式(F)/放弃(U)]<注释>:A(输入A进行注释文字标注)

输入注释文字的第一行或<选项>:ABC

输入注释文字的下一行:(回车)

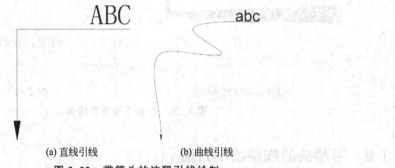

(a) 直线引线   (b) 曲线引线

图3.22 带箭头的注释引线绘制

② 引线为曲线的注释引线绘制，如图3.22(b)所示。

命令:LEADER

指定引线起点:

指定下一点:

指定下一点或[注释(A)/格式(F)/放弃(U)]<注释>:F(输入F)

输入引线格式选项[样条曲线(S)/直线(ST)/箭头(A)/无(N)]<退出>:S(输入S设置曲线样式)

指定下一点或[注释(A)/格式(F)/放弃(U)]<注释>:

指定下一点或[注释(A)/格式(F)/放弃(U)]<注释>：

指定下一点或[注释(A)/格式(F)/放弃(U)]<注释>： <正交 关>

指定下一点或[注释(A)/格式(F)/放弃(U)]<注释>：

指定下一点或[注释(A)/格式(F)/放弃(U)]<注释>：

输入注释文字的第一行或<选项>：abc(输入文字 abc)

输入注释文字的下一行：(回车结束)

3.2 环境工程基本平面图形 CAD 绘制方法

AutoCAD 提供了一些可以直接绘制得到的基本平面图形，包括圆形、矩形、椭圆形和正多边形等。

3.2.1 圆形和椭圆形绘制方法

(1) 绘制圆形　常常使用到的 AutoCAD 基本图形是圆形，其 AutoCAD 绘制命令是 CIRCLE(简写形式为 C)。启动 CIRCLE 命令可以通过以下几种方式。

■ 打开【绘图】下拉菜单选择【圆形】命令选项。

■ 在"默认"选项卡中，单击"绘图"命令面板上的【圆形】命令图标。

■ 在"命令"窗口处直接输入 CIRCLE 或 C 命令。

可以通过中心点或圆周上三点中的一点创建圆，还可以选择与圆相切的对象。以在命令窗口处直接输入 CIRCLE 命令为例，说明圆形的绘制方法，如图 3.23 所示。

命令：CIRCLE(绘制圆形)

指定圆的圆心或[三点(3P)/两点(2P)/相切、相切、半径(T)]：(指定圆心点位置 O)

指定圆的半径或[直径(D)]<20.000>：50(输入圆形半径或在屏幕上直接点取)

(2) 绘制椭圆形　椭圆形的 AutoCAD 绘制命令与椭圆曲线是一致的，均是 ELLIPSE (简写形式为 EL)命令。

启动 ELLIPSE 命令可以通过以下几种方式。

■ 打开【绘图】下拉菜单选择【椭圆】命令选项。

■ 在"默认"选项卡中，单击"绘图"命令面板上的【椭圆】命令图标。

■ 在"命令"窗口处直接输入 ELLIPSE 或 EL 命令。

以在命令窗口处直接输入 ELLIPSE 命令为例，说明椭圆形的绘制方法，如图 3.24 所示。

图 3.23　绘制圆形

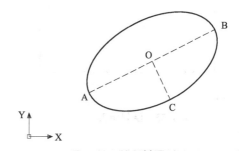

图 3.24　绘制椭圆形

命令：ELLIPSE(绘制椭圆形)

指定椭圆的轴端点或[圆弧(A)/中心点(C)]：(指定一个椭圆形轴线端点 A)

指定轴的另一个端点：(指定该椭圆形轴线另外一个端点 B)

指定另一条半轴长度或[旋转(R)]：(指定与另外一个椭圆轴线长度距离 OC)

3.2.2 矩形和正方形绘制方法

(1) 绘制矩形（长方形）　矩形（长方形）是最为常见的基本图形，其 AutoCAD 绘制命令是 RECTANG（简写形式为 REC）。当使用指定的点作为对角点创建矩形时，矩形的边与当前 UCS 的 X 或 Y 轴平行。

启动 RECTANG 命令可以通过以下几种方式。

■ 打开【绘图】下拉菜单选择【矩形】命令选项。

■ 在"默认"选项卡中，单击"绘图"命令面板上的【矩形】命令图标。

■ 在"命令"窗口处直接输入 RECTANG 或 REC 命令。

使用长和宽创建矩形时，第 2 个指定点将矩形定位在与第一角点相关的四个位置之一内。以在"命令"窗口处直接输入 RECTANG 命令为例，说明矩形的绘制方法，如图 3.25 所示。

命令：RECTANG(绘制矩形)

指定第一个角点或[倒角(C)/标高(E)/圆角(F)/厚度(T)/宽度(W)]：(点击指定第一个角点)

指定另一个角点或[面积(A)/尺寸(D)/旋转(R)]：D(输入 D 指定尺寸)

指定矩形的长度＜0.0000＞：1500(输入矩形的长度)

指定矩形的宽度＜0.0000＞：1000(输入矩形的宽度)

指定另一个角点或[面积(A)/尺寸(D)/旋转(R)]：(移动光标以显示矩形可能的四个位置之一并单击需要的一个位置)

(2) 绘制正方形　绘制正方形可以使用 AutoCAD 的绘制正多边形命令 POLYGON 或绘制矩形命令 RECTANG。启动命令可以通过以下几种方式。

■ 打开【绘图】下拉菜单选择【多边形】或【矩形】命令选项。

■ 在"默认"选项卡中，单击"绘图"命令面板上的【多边形】或【矩形】命令图标。

■ 在"命令"窗口处直接输入 POLYGON 或 RECTANG 命令。

以在命令窗口处直接输入 POLYGON 或 RECTANG 命令为例，说明正方形的绘制方法。绘制时可结合"F8"功能键进行位置控制。如图 3.26 所示。

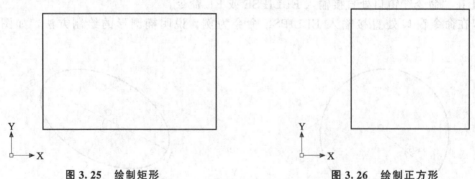

图 3.25　绘制矩形　　　　　　　　图 3.26　绘制正方形

① 命令：RECTANG(绘制正方形)

指定第一个角点或[倒角(C)/标高(E)/圆角(F)/厚度(T)/宽度(W)]：

指定另一个角点或[面积(A)/尺寸(D)/旋转(R)]：D(输入 D 指定尺寸)

指定矩形的长度 ＜0.0000＞：1000(输入正方形的长度)

指定矩形的宽度 <0.0000>:1000(输入正方形的宽度)

指定另一个角点或[面积(A)/尺寸(D)/旋转(R)]:(移动光标以显示矩形可能的四个位置之一并单击需要的一个位置)

② 命令:POLYGON(绘制正方形)

输入边的数目 <4>:4(输入正方形边数)

指定正多边形的中心点或[边(E)]:E(输入 E 绘制正方形)

指定边的第一个端点:(在屏幕上指定边的第一个端点位置)

指定边的第二个端点:50(输入正方形边长长度,若输入"-50",是负值其位置相反)

3.2.3　圆环和螺旋线绘制方法

(1) 绘制圆环　圆环是由宽弧线段组成的闭合多段线构成的。圆环是具有内径和外径的图形,可以认为是圆形的一种特例,如果指定内径为零,则圆环成为填充圆,其 AutoCAD 功能命令是 DONUT。圆环内的填充图案取决于 FILL 命令的当前设置。

启动命令可以通过以下几种方式。

■ 打开【绘图】下拉菜单选择【圆环】命令选项。

■ 在"默认"选项卡中,单击"绘图"命令面板上的【矩形】命令图标。

■ 在"命令"窗口处直接输入 DONUT 命令。

AutoCAD 根据中心点来设置圆环的位置。指定内径和外径之后,AutoCAD 提示用户输入绘制圆环的位置。以在"命令"窗口处直接输入 DONUT 命令为例,说明圆环的绘制方法,如图 3.27 所示。

命令:DONUT(绘制圆环)

指定圆环的内径 <0.5000>:20(输入圆环内半径)

指定圆环的外径 <1.0000>:50(输入圆环外半径)

指定圆环的中心点或<退出>:(在屏幕上点取圆环的中心点位置 O)

指定圆环的中心点或<退出>:(指定下一个圆环的中心点位置)

……

指定圆环的中心点或<退出>:(回车)

若将先将填充(FILL)功能命令参数关闭,再绘制圆环,则圆环以线框显示,如图 3.28 所示。

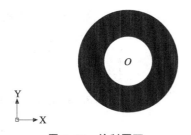

图 3.27　绘制圆环

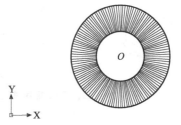

图 3.28　圆环以线框显示

① 关闭填充命令

命令:FILL(填充控制命令)

输入模式[开(ON)/关(OFF)]<开>:OFF(输入 OFF 关闭填充)

② 绘制圆环

命令:DONUT(绘制圆环)

指定圆环的内径 ＜10.5000＞:50(输入圆环内半径)

指定圆环的外径 ＜15.0000＞:150(输入圆环外半径)

指定圆环的中心点或＜退出＞:(在屏幕上点取圆环的中心点位置 O)

指定圆环的中心点或＜退出＞:(指定下一个圆环的中心点位置)

……

指定圆环的中心点或＜退出＞:(回车)

（2）绘制螺旋　此处螺旋是指像蚊香盘形状的图形线条，在 AutoCAD 中螺旋的功能命令其实主要是用来绘制三维立体螺旋图形的，如图 3.29 所示。当将其高度设置为 0 时就可以绘制平面螺旋图形。螺旋 AutoCAD 功能命令是 HELIX。

启动螺旋命令可以通过以下几种方式。

■ 打开【绘图】下拉菜单选择【螺旋】命令选项。

■ 在"命令"窗口处直接输入 HELIX 命令。

以在"命令"窗口处直接输入 HELIX 命令为例，说明二维螺旋的绘制方法，如图 3.30 所示。

命令:HELIX(绘制螺旋)

圈数＝3.0000　　扭曲＝CCW

指定底面的中心点:

指定底面半径或[直径(D)]＜1.0000＞:200

指定顶面半径或[直径(D)]＜200.0000＞:20

指定螺旋高度或[轴端点(A)/圈数(T)/圈高(H)/扭曲(W)]＜1.0000＞:T(输入 T 设置螺旋圈数)

输入圈数 ＜3.0000＞:6

指定螺旋高度或[轴端点(A)/圈数(T)/圈高(H)/扭曲(W)]＜1.0000＞:0(指定螺旋的高度值为 0,则将创建平面的螺旋图形)

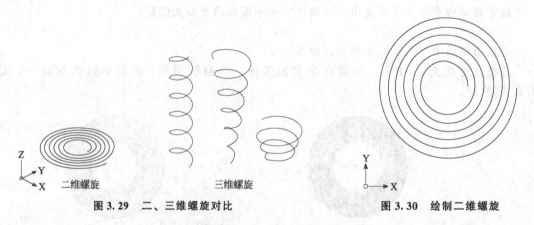

图 3.29　二、三维螺旋对比　　　　　　　　　图 3.30　绘制二维螺旋

3.2.4　正多边形绘制方法

正多边形也称等边多边形，其在 AutoCAD 中的命令选项也简称多边形。其 AutoCAD 绘制命令是 POLYGON，可以绘制包括正方形、等六边形等图形。当正多边形边数无限大时，其形状逼近圆形。正多边形是一种多段线对象，AutoCAD 以零宽度绘制多段线，并且没有切线信息。可以使用 PEDIT 命令修改这些值。

启动命令可以通过以下几种方式。

■ 打开【绘图】下拉菜单选择【多边形】命令选项。

■ 在"默认"选项卡中，单击"绘图"命令面板上的【多边形】命令图标。

■ 在"命令"窗口处直接输入 POLYGON 命令。

以在"命令"窗口处直接输入 POLYGON 命令为例，说明等边多边形的绘制方法。

① 以内接圆确定等边多边形，如图 3.31 所示。内接于圆是指定外接圆的半径，正多边形的所有顶点都在此圆周上。

命令:POLYGON(绘制等边多边形)

输入边的数目 ＜4＞:6(输入等边多边形的边数)

指定正多边形的中心点或[边(E)]:(指定等边多边形中心点位置 O)

输入选项 [内接于圆(I)/外切于圆(C)] ＜I＞:I(输入 I 以内接圆确定等边多边形)

指定圆的半径:50(指定内接圆半径)

② 以外切圆确定等边多边形，如图 3.32 所示。外切于圆是指定从正多边形中心点到各边中点的距离。

命令:POLYGON(绘制等边多边形)

输入边的数目 ＜4＞:6(输入等边多边形的边数)

指定正多边形的中心点或[边(E)]:(指定等边多边形中心点位置 O)

输入选项 [内接于圆(I)/外切于圆(C)] ＜I＞:C(输入 C 以外切圆确定等边多边形)

指定圆的半径:50(指定外切圆半径)

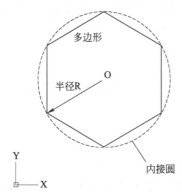

图 3.31　使用内接圆确定正多边形

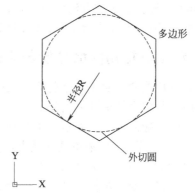

图 3.32　使用外切圆确定正多边形

3.2.5　创建区域覆盖图形方法

使用区域覆盖对象可以在现有对象上生成一个空白区域，用于添加注释或详细的屏蔽信息，就像用一张任意形状的纸覆盖一样。区域覆盖对象是一块多边形区域，它可以使用当前背景色屏蔽底层的对象。注意被屏蔽的图形对象没有删除。区域覆盖线框可以关闭不显示其轮廓线，可以打开此区域进行编辑，也可以关闭此区域进行打印。通过使用一系列点来指定多边形的区域可以创建区域覆盖对象，也可以将闭合多段线转换成区域覆盖对象。如图 3.33 所示。

创建多边形区域的 AutoCAD 命令是 WIPEOUT。启动命令可以通过以下几种方式，其绘制方法如下所述，如图 3.34 所示。

■ 打开【绘图】下拉菜单选择【区域覆盖】命令选项。

■ 在命令窗口处或"输入命令"提示栏直接输入 WIPEOUT 命令。

命令:WIPEOUT(创建区域覆盖轮廓)

指定第一点或[边框(F)/多段线(P)]＜多段线＞:(指定起点 A 位置)
指定下一点:(指定下一点 B 位置)
指定下一点或[放弃(U)]:(指定下一点 C 位置)
指定下一点或[闭合(C)/放弃(U)]:(指定下一点 D 位置)
……
指定下一点或[闭合(C)/放弃(U)]:(回车结束)

图 3.33 区域覆盖效果   图 3.34 绘制区域覆盖轮廓

3.3 常见环境工程 CAD 表格图形绘制方法

AutoCAD 提供了多种方法绘制表格。一般可以通过如下两种方法完成表格绘制，即：①表格（TABLE）功能命令；②LINE 等功能命令组合方法。

3.3.1 利用表格功能命令绘制表格

利用表格功能命令绘制表格的方法是使用 TABLE 等 CAD 功能命令进行绘制，这个方法一般适用一些较为简单的表格绘制。

启动表格功能命令可以通过以下几种方式。

■ 打开【绘图】下拉菜单选择【表格】命令选项。

■ 在命令窗口处或"输入命令"提示栏直接输入 TABLE 命令。

以在命令窗口处直接输入 TABLE 命令为例，说明表格的绘制方法。下面绘制一个 8 行 3 列的简单表格：

① 执行 TABLE 功能命令后，弹出"插入表格"对话框，设置相关的数值，包括表格的列数、列宽、数据行数、行高、单元样式等各种参数。

② 单击"确定"后要求在屏幕上指定表格位置，点击位置后要求输入表格标题栏文字内容，然后单击"确定"得到表格。

③ 点击表格任意单元格，该单元格显示黄色，再快速双击可以输入文字内容，如图 3.35 所示。

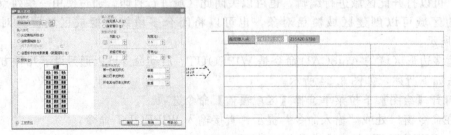

(a) 创建表格线

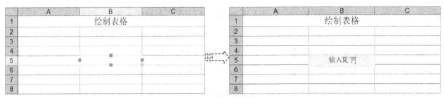

(b) 标注表格文字

图 3.35 绘制表格

④ 按前述方法进行表格的文字输入和编辑修改。最后在表格外侧点击一下鼠标左键即可完成表格绘制。如图 3.36 所示。

绘制表格练习		
张三		
李武		
王六		
	输入文字	
		合计

图 3.36 完成表格绘制

表格样式的修改，可以在弹出的"插入表格"对话框中进行修改。或通过执行"格式"下拉菜单中的"表格样式"命令选项进行修改。如图 3.37 所示。由于 AutoCAD 提供的表格样式仅"standard"一种，所以一般是不需进行修改，其他表格样式一般使用后面小节介绍的组合功能命令方法进行绘制。

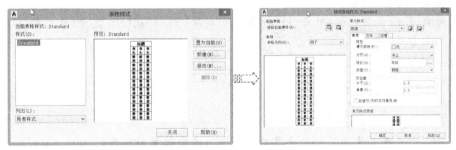

图 3.37 表格样式修改

3.3.2 利用组合功能命令绘制表格

利用组合功能命令绘制表格的方法是使用 LINE（或 PLINE）、OFFSET、TRIM 及 MOVE、TEXT、MTEXT、SCALE 等 CAD 功能命令进行绘制（注：其中 OFFSET、MTEXT 等其他编辑命令的使用方法参见后面章节介绍，在这里先直接使用）。

① 先使用 LINE 命令绘制水平和竖直方向的表格定位线。再按表格宽度、高度要求使用 OFFSET \ TRIM 等进行偏移或修剪等。如图 3.38 所示。

● 命令:LINE(回车)

指定第一点:

指定下一点或[放弃(U)]:

指定下一点或[放弃(U)]:(回车)

● 命令:OFFSET(回车)

当前设置：删除源＝否　　图层＝源　　OFFSETGAPTYPE＝0

指定偏移距离或[通过(T)/删除(E)/图层(L)]＜通过＞：200

选择要偏移的对象，或[退出(E)/放弃(U)]＜退出＞：

指定要偏移的那一侧上的点，或[退出(E)/多个(M)/放弃(U)]＜退出＞：

选择要偏移的对象，或[退出(E)/放弃(U)]＜退出＞：(回车)

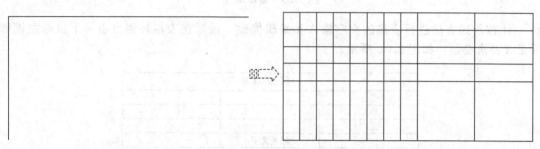

图 3.38　绘制表格线条

② 使用 MTEXT 或 TEXT 功能命令标注文字内容即可。文字的大小可以使用 SCALE 进行调整，文字的位置可以使用 MOVE 功能命令调整。如图 3.39 所示。

● 命令：MTEXT(回车)

当前文字样式："Standard"　文字高度：50　注释性：否

指定第一角点：

指定对角点或[高度(H)/对正(J)/行距(L)/旋转(R)/样式(S)/宽度(W)/栏(C)]：H

指定高度 ＜50＞：150

指定对角点或[高度(H)/对正(J)/行距(L)/旋转(R)/样式(S)/宽度(W)/栏(C)]：(在对话框中输入文字等)

● 命令：MOVE(回车)

选择对象：找到 1 个

选择对象：(回车)

指定基点或[位移(D)]＜位移＞：

指定第二个点或＜使用第一个点作为位移＞：(点取位置后回车)

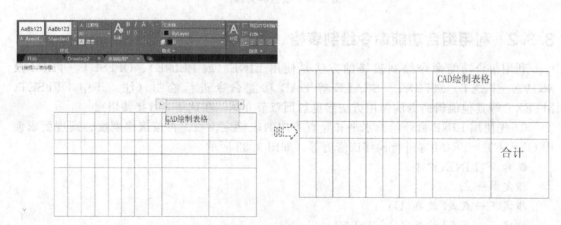

图 3.39　绘制表格中文字

3.4 环境工程复杂平面图形 CAD 绘制方法

复杂平面图形是指不能直接使用 AutoCAD 提供的基本命令一次生成的图形，但可以通过使用多个命令得到的组合图形。复杂是与前面较少的矩形、圆形等简单图形比较而言的。如图 3.40 所示的复杂平面图形，由等多边形、圆形和弧线等构成。下面以此图为例介绍复杂平面图形的绘制方法。其他类型的复杂图形，同样可以按此方法进行绘制（注：其中使用到的部分编辑修改命令，在后面章节将详细讲述）。

① 先使用 CIRCLE 绘制 2 个小同心圆，如图 3.41 所示。

● 命令：CIRCLE(绘制 1 个小圆形)

指定圆的圆心或[三点(3P)/两点(2P)/相切、相切、半径(T)]:(指定圆心点位置)

指定圆的半径或[直径(D)]<0.000>:250(输入圆形半径或在屏幕上直接点取)

● 命令：OFFSET(偏移得到同心圆)

当前设置:删除源=否　图层=源　OFFSETGAPTYPE=0

指定偏移距离或[通过(T)/删除(E)/图层(L)]<0.0000>:　50

选择要偏移的对象，或[退出(E)/放弃(U)]<退出>:(回车)

指定要偏移的那一侧上的点，或[退出(E)/多个(M)/放弃(U)]<退出>:(指定要偏移的那一侧上的点)

选择要偏移的对象，或[退出(E)/放弃(U)]<退出>:(回车)

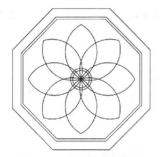

图 3.40　复杂平面图形

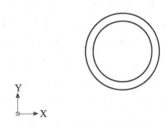

图 3.41　绘制 2 个同心圆

② 绘制 2 条弧线构成一个梭形状，如图 3.42 所示。

● 命令：ARC(绘制弧线)

指定圆弧的起点或[圆心(C)]:(指定起始点位置)

指定圆弧的第二个点或[圆心(C)/端点(E)]:(指定中间点位置)

指定圆弧的端点:(指定起终点位置)

● 命令：MIRROR(生成对成弧线)

找到 1 个(选择弧线)

指定镜像线的第一点:

指定镜像线的第二点:

要删除源对象吗？[是(Y)/否(N)]<N>:N(输入 N)

③ 利用 CAD 阵列（ARRAY）功能，将梭形弧线造型进行环形阵列（使用 ARRAYPOLAR 功能命令），生成全部梭形图形，得到里面的花瓣造型。如图 3.43 所示。

命令：ARRAYPOLAR

选择对象:指定对角点:找到 2 个

选择对象:(回车)

类型＝极轴　关联＝是

指定阵列的中心点或[基点(B)/旋转轴(A)]：

输入项目数或[项目间角度(A)/表达式(E)]＜4＞:8

指定填充角度(＋＝逆时针,－＝顺时针)或[表达式(EX)]＜360＞:360

按 Enter 键接受或[关联(AS)/基点(B)/项目(I)/项目间角度(A)/填充角度(F)/行(ROW)/层(L)/旋转项目(ROT)/退出(X)]＜退出＞:(回车)

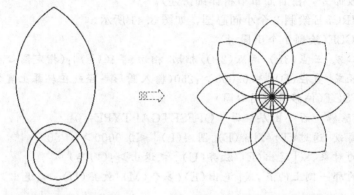

图 3.42　绘制 2 条弧线　　　　　　图 3.43　阵列生成花瓣造型

④ 使用 POLYGON 等命令建立 2 个等八边形,其中心点位于圆心位置,如图 3.44 所示。

● 命令:POLYGON(绘制等边多边形)

输入侧面数 ＜4＞:8(输入等边多边形的边数)

指定正多边形的中心点或[边(E)]:(指定等边多边形中心点位置)

输入选项 [内接于圆(I)/外切于圆(C)] ＜I＞:I(输入 I 以内接圆确定等边多边形)

指定圆的半径:1500(输入内接圆半径)

● 命令:OFFSET(偏移得到同心等八边形)

当前设置:删除源＝否　图层＝源　OFFSETGAPTYPE＝0

指定偏移距离或[通过(T)/删除(E)/图层(L)]＜通过＞: 50(回车)

选择要偏移的对象,或[退出(E)/放弃(U)]＜退出＞:

指定要偏移的那一侧上的点,或[退出(E)/多个(M)/放弃(U)]＜退出＞:(指定要偏移的那一侧上的点)

选择要偏移的对象,或[退出(E)/放弃(U)]＜退出＞:(回车)

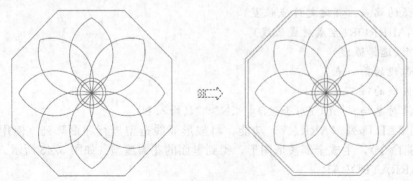

图 3.44　绘制等边 8 边形

⑤ 最后完成该复杂平面图形绘制，如图 3.44 所示。按上述相同方法，可使用 ARC、TRIM、MOVE、ARRAY 等命令，绘制其他各种形式的图形。

3.5 其他辅助绘图功能命令使用方法

3.5.1 定距离等分线条

定距离等分线条简称定距等分，是指沿直线或弧线图形对象长度或周长按指定间隔创建点对象或块。其 AutoCAD 功能命令是 MEASURE。启动 MEASURE 命令可以通过以下几种方式，其绘制方法如下所述：

■ 打开【绘图】下拉菜单选择【定距等分】命令选项。

■ 在命令窗口处直接输入定距等分 MEASURE 命令。

■ 点击"默认"菜单下的"绘图"栏倒三角▼，选择"点"命令选项中的"定距等分"图标即可。

命令：MEASURE

选择要定距等分的对象：

指定线段长度或[块(B)]：7.85

执行"定距等分"命令前，可先打开"格式"下拉菜单中"点样式"设置点的样式、或使用 DDPTYPE、PTYPE 命令设置点的样式及大小，从而可更为直观地观察等分效果，如图 3.45 所示。

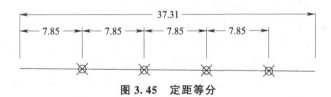

图 3.45 定距等分

注意，对一个任意长度的图形进行定距等分后，若不是整除数，最后一段可能不是该定距数值，是一个剩余部分的数值，如图 3.46 所示 2688 长度的直线按 500 长度定距等分后，余一段 188 长度的部分与其他段长度数值不一样。

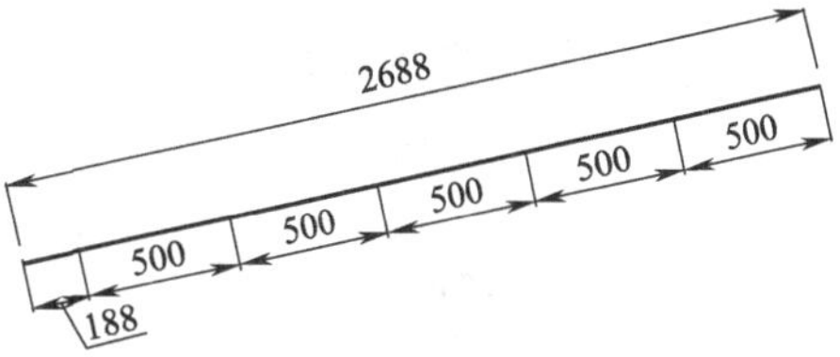

图 3.46 图形定距等分后有剩余段情况

3.5.2 定数量等分线条

定数量等分线条简称定数等分，是将图形对象按指定的数目进行等分，创建的点个数比指定的线段数少 1 个。其 AutoCAD 功能命令是 DIVIDE。启动 DIVIDE 命令可以通过以下几种方式，其绘制方法如下。

■ 打开【绘图】下拉菜单选择【定数等分】命令选项。

■ 在命令窗口处直接输入定距等分命令"DIVIDE"。

■ 点击"默认"选项卡的"绘图"命令面板，点击"绘图"右侧倒三角"▼"，选择"点"命令选项中的"定数等分"图标即可。

命令：DIVIDE

选择要定数等分的对象：(选择图形对象)

输入线段数目或[块(B)]： 6

执行"定数等分"命令前，可先打开"格式"下拉菜单中"点样式"设置点的样式，或可以先使用 DDPTYPE、PTYPE 命令设置点的样式及大小，从而可更为直观地观察等分效果，如图 3.47 所示。

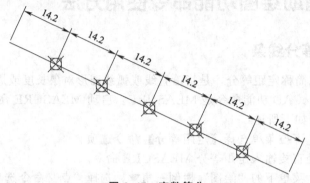

图 3.47　定数等分

3.5.3　创建边界方法

AutoCAD 创建边界的功能是指将不闭合的几段线条，创建转换为闭合的多段线或面域。面域主要用在三维图形绘制中使用，本节主要介绍其转换为闭合的多段线方法。

创建边界的功能命令是"BOUNDARY"或"BO"。其实这个功能命令最实用的方法是将 LINE 功能命令绘制的闭合区域快速转换成多段线。

启动"BOUNDARY"命令可以通过以下几种方式：

■ 打开【绘图】下拉菜单选择【边界】命令选项。

■ 在"默认"选项卡中，单击"绘图"命令面板上的【边界】命令图标。

■ 在"命令"窗口处直接输入 BOUNDARY 或 BO 命令。

执行"BOUNDARY"命令后，屏幕将弹出"边界创建"对话框。在该对话框中，按默认设置即可，即"对象类型"处选择"多段线"。如图 3.48 所示。

图 3.48　"边界创建"对话框

点击"边界创建"对话框中的"确定"按钮，CAD 软件自动切换到绘图区域，点击闭合区域的内部任意一点，将闭合区域的边界轮廓线转换为 1 条多段线。如图 3.49 所示。

命令：BOUNDARY

拾取内部点：　正在选择所有对象…

正在选择所有可见对象…

正在分析所选数据···
正在分析内部孤岛···
拾取内部点：
BOUNDARY 已创建 1 个多段线

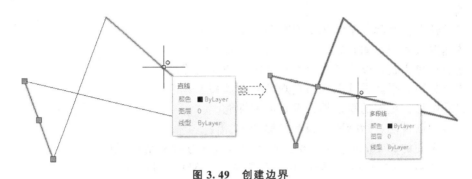

图 3.49　创建边界

3.6　AutoCAD 高版本新增的绘图功能简介

高版本（本书是指 AutoCAD 2017 以上版本）的 AutoCAD 功能命令包括了以前版本所具有的功能，例如，AutoCAD 2021 具有 AutoCAD 2020 以前版本都具有的新功能、AutoCAD 2020 具有 AutoCAD 2019 以前版本都具有的新功能等。而高版本的 AutoCAD 新增的功能命令是以前版本所不具有的，例如，AutoCAD 2021 新增功能是 AutoCAD 2020 以前版本未具有的、AutoCAD 2020 新增功能是 AutoCAD 2019 以前版本未具有的等。

3.6.1　AutoCAD 2017 以后各个版本新增主要功能简介

自 2016 年后，AutoCAD 2017 以后各个版本新增的主要功能汇总如下。
① 跟踪：安全地查看并直接将反馈添加到 DWG 文件，无需更改现有工程图。
② 计数：使用 COUNT 命令自动计算块或几何图元。
③ 共享：将图形的受控副本发送给团队成员和同事，随时随地进行访问。
④ 推送到 Autodesk Docs：将 CAD 图形作为 PDF 从 AutoCAD 推送到 Autodesk Docs。
⑤ 图形历史记录：查看图形随时间推移的更改。
⑥ 外部参照比较：不离开当前图形比较外部参照的两个版本并实施更改。
⑦ "块"选项板：从桌面上的"库"选项卡或 AutoCAD Web 应用程序中高效率地插入块。
⑧ 快速测量：通过悬停鼠标快速显示附近图形中的所有测量值（包括面积和周长）。
⑨ 修剪和延伸（增强）：默认的"快速"模式将自动选择所有潜在边界。
⑩ 清理（重新设计）：通过简单的选择和对象预览，删除多个不需要的对象。
⑪ DWG™ 比较：不离开当前窗口比较两个版本的图形或外部参照。
⑫ 附加/提取点云数据：附加由 3D 激光扫描仪或其他技术获取的点云文件。
⑬ PDF 导入：将 PDF 中的几何图形（包括 SHX 字体文件、填充、光栅图像和 True-Type 文字）导入图形中。
⑭ 随时随地使用 AutoCAD：从桌面、Web 和移动设备访问 AutoCAD。
⑮ 保存到 Web 和移动设备：从桌面保存图形及其关联的外部参照，以便在 AutoCAD Web 和移动应用程序中进行查看和编辑。
⑯ 新视图和视口：支持轻松地将已保存的视图添加到布局中。

⑰ 支持高分辨率显示器：可在 4K 和更高分辨率的显示器上查看设计图。

⑱ 屏幕外选择：即使平移或缩放到屏幕外，选定对象仍然保留在选择集中。

自 2016 年以来，AutoCAD 2017 以后各个版本对如下内容进行了改进：

① 浮动窗口：移开图形窗口以并排显示或在多个显示器上显示，无需打开其他 Auto-CAD 实例。

② 半秒钟保存时间：平均每次保存节省了一秒钟。

③ 快速安装时间：固态硬盘的安装时间缩短 50%。

④ 新的深色主题：改进了对比度和清晰度的现代感蓝色。

⑤ 用户界面：平面设计图标与直观的对话框和工具栏。

⑥ 二维图形：更好的稳定性、保真度和性能。

⑦ 三维导航性能：运行速度最高可提升 10 倍。

⑧ 借助全新的 2018.dwg 文件格式可更高效地保存和移动/复制。

⑨ Autodesk App Store，具有 1000 多款 AutoCAD 应用程序。

⑩ TrustedDWG™ 文件格式。

3.6.2 AutoCAD 2017 版本新增的绘图功能

（1）定距等分 定距等分功能是指将线条按固定距离划分，其功能命令是 MEASURE。通过该功能可以将线条划分为几段长度相同的段数，但若总长度与划分的固定长度不是整除，会有一段距离与其他不相同。如图 3.50 所示。具体操作使用方法参见第 3.5.1 节的介绍。

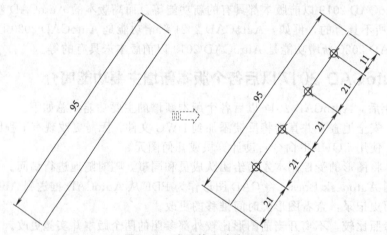

图 3.50 定距等分功能示意

（2）修订云线 包括矩形修订云线、多边形修订云线、徒手画修订云线。矩形修订云线是指通过绘制矩形创建修订云线图形。其 AutoCAD 命令是 REVCLOUD。启动命令可以通过以下几种方式，其绘制方法如下所述，如图 3.51 所示。打开【绘图】下拉菜单选择【定距等分】命令选项。执行 REVCLOUD 命令后按提示选项输入相应的命令，即可进行多边形修订云线、徒手画修订云线。此处修订云线还可以将闭合的图形转换为修订云线。云线的操作讲解可以参考第 3.1.6 节介绍。

■ 在命令窗口处直接输入定距等分 REVCLOUD 命令。

■ 点击"默认"菜单下的绘图栏倒三角▼，选择"矩形修订云线"即可。

命令：REVCLOUD

最小弧长：666.6667　最大弧长：1333.3333　样式：普通　类型：多边形

指定起点或[弧长(A)/对象(O)/矩形(R)/多边形(P)/徒手画(F)/样式(S)/修改(M)]

<对象>:A

指定圆弧的大约长度 <1000>:500

指定起点或[弧长(A)/对象(O)/矩形(R)/多边形(P)/徒手画(F)/样式(S)/修改(M)]

<对象>:P

指定起点或[弧长(A)/对象(O)/矩形(R)/多边形(P)/徒手画(F)/样式(S)/修改(M)]

<对象>:

指定下一点:

指定下一点或[放弃(U)]:

……

指定下一点或[放弃(U)]:

(a) 矩形　　　　　　　　(b) 多边形　　　　　　　　(c) 徒手画

图 3.51　修订云线

此功能除直接绘制修订云线外，还可以将闭合的图形转换为修订云线。如图 3.52 所示。

命令:REVCLOUD

最小弧长:1.0000　最大弧长:1.0000　样式:普通　类型:矩形

指定第一个角点或[弧长(A)/对象(O)/矩形(R)/多边形(P)/徒手画(F)/样式(S)/修改

(M)]<对象>:A

指定最小弧长 <1.0000>:2

指定最大弧长 <2.0000>:3

指定第一个角点或[弧长(A)/对象(O)/矩形(R)/多边形(P)/徒手画(F)/样式(S)/修改

(M)]<对象>:　O

选择对象:

反转方向 [是(Y)/否(N)] <否>:N

修订云线完成。

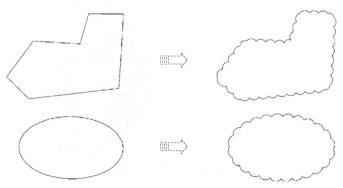

图 3.52　将闭合的图形转换为修订云线

3.6.3 AutoCAD 2018 新增的绘图功能

AutoCAD 2018 包括 AutoCAD 2017 以下版本的绘图功能外，还有新的"定数等分"功能。

定数等分功能是指将线条按固定个数进行划分，其功能命令是 DIVIDE。通过该功能可以将线条划分相等段数，例如将如图 3.53 的直线划分为 5 段。定数等分具体操作使用方法参见第 3.5.2 节介绍。

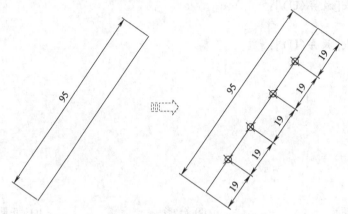

图 3.53　定距等分功能示意

3.6.4 AutoCAD 2019 新增的绘图功能

AutoCAD 2019 包括 AutoCAD 2018 以下版本的绘图功能外，还有新的功能。

（1）渐变色绘制　渐变色是指使用渐变色填充封闭区域或选定对象。渐变色绘制功能命令是 GRADIENT，GRADIENT 命令可以缩略为"GD"。通过设置不同颜色可以绘制闭合图形的渐变色效果，如图 3.54 所示。渐变色绘制具体操作使用方法参见第 4.3.3 节介绍。

命令:GRADIENT
拾取内部点或[选择对象(S)/放弃(U)/设置(T)]:S
选择对象或[拾取内部点(K)/放弃(U)/设置(T)]:T
选择对象或[拾取内部点(K)/放弃(U)/设置(T)]:找到 1 个
选择对象或[拾取内部点(K)/放弃(U)/设置(T)]:
已删除图案填充边界关联性。

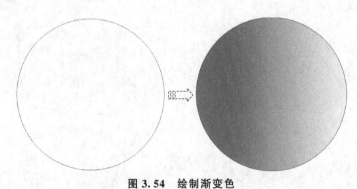

图 3.54　绘制渐变色

（2）创建边界　创建边界是指从封闭区域创建面域或多段线，其功能命令是

"BOUNDARY"。在平面绘图中，创建边界可以快速将封闭的轮廓线转为多段线，如图 3.55 所示。具体操作参见第 3.5.3 节。

命令：BOUNDARY

拾取内部点：正在选择所有对象…

正在选择所有可见对象…

正在分析所选数据…

正在分析内部孤岛…

拾取内部点：

BOUNDARY 已创建 1 个多段线

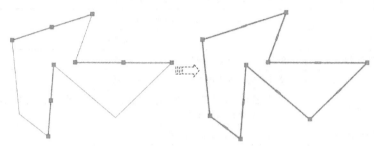

图 3.55　创建边界示意

3.6.5　AutoCAD 2020~2022 新增的绘图功能

AutoCAD 2020 以上版本主要绘图功能与以前版本基本一致，表 3.1 列出了 AutoCAD 2020~2022 版本新增的功能命令，供参考。对入门初学者而言，新增的功能命令可以暂不做深入学习，了解一下即可。

表 3.1　AutoCAD 2020~2022 版本新增的功能命令

AutoCAD 2022 版本中的新命令	
新命令名称	功能说明
COUNT	计数并亮显图形中选定对象的实例
COUNTCLOSE	关闭"计数"工具栏并结束计数
COUNTFIELD	创建设置为当前计数值的字段
COUNTLIST	打开"计数"选项板以查看和管理计数的块
COUNTLISTCLOSE	关闭"计数"选项板
COUNTNAVNEXT	缩放到计数结果中的下一个对象
COUNTNAVPREV	缩放到计数结果中的上一个对象
COUNTTABLE	在图形中插入包含块名称和每个块的相应计数的表格
PURGEAECDATA	在命令提示下删除图形中不可见的 AEC 数据（AutoCAD Architecture 和 AutoCAD Civil 3D 自定义对象）
PUSHTODOCSOPEN	将打开"推送到 Autodesk Docs"选项板，从中可以选择要作为 PDF 上载到 Autodesk Docs 的 AutoCAD 布局
PUSHTODOCSCLOSE	打开"推送到 Autodesk Docs"选项板
SHARE	共享指向当前图形副本的链接，以在 AutoCAD Web 应用程序中查看或编辑。图形副本包含所有外部参照和图像

AutoCAD 2022 版本中的新命令	
新命令名称	功能说明
TRACE	从命令提示打开和管理跟踪 注：在 AutoCAD Web 应用程序或 AutoCAD 移动应用程序中创建跟踪，以提供图形的反馈、注释、标记和设计研究，而不会更改图形的内容
TRACEBACK	以完全饱和度显示宿主图形，同时暗显跟踪几何图形
TRACEFRONT	以完全饱和度显示活动跟踪，同时暗显宿主几何图形
TRACEPALETTECLOSE	关闭"跟踪"选项板
TRACEPALETTEOPEN	打开"跟踪"选项板以查看当前图形中可用的跟踪

AutoCAD 2021 版本中的新命令	
新命令名称	功能说明
BREAKATPOINT	在指定点处将选定对象打断为两个对象
BLOCKSYNCFOLDER	设置存储最近使用的块和收藏块的路径
DWGHISTORY	打开"图形历史记录"选项板，其中显示了当前图形的版本历史记录，该历史记录由支持的云存储提供程序维护
DWGHISTORYCLOSE	关闭"图形历史记录"选项板
INSERTCONTENT	将图形或块插入到当前图形中
MAKELISPAPP	将一个或多个 AutoLISP(LSP) 源文件编译到可分发给用户并保护代码的应用程序(VLX)文件
PAGESETUP	PAGESETUP 命令的命令行版本，用于替代脚本和其他自定义中页面设置
REVCLOUDPROPERTIES	控制选定修订云线中圆弧的近似弦长
XCOMPARE	将附着的外部参照与参照图形文件的最新状态相比较，在修订云线内使用颜色亮显差异
XCOMPARECLOSE	关闭"外部参照比较"工具栏并结束比较
XCOMPARERCNEXT	缩放到外部参照比较结果的下一更改集
XCOMPARERCPREV	缩放到外部参照比较结果的上一更改集
BLOCKSRECENTFOLDER	设置存储最近插入或创建的块的路径
COMPARESHOWCONTEXT	控制外部参照比较中未使用对象的可见性
DWGHISTORYSTATE	报告"图形历史记录"选项板处于打开还是关闭状态
LISPSYS	控制使用 VLISP 命令启动默认 AutoLISP 开发环境
REVCLOUDAPPROXARCLEN	存储修订云线的当前近似弧长
REVCLOUDARCVARIANCE	控制使用不同弦长还是均匀弦长创建修订云线圆弧
RTREGENAUTO	控制实时平移和缩放操作中的自动重生成
TEXTGAPSELECTION	控制是否可以在字符之间的间隙或空格内选择文字对象或多行文字对象。默认情况下，此系统变量处于关闭状态
TRIMEDGES	控制使用"快速"模式修剪和延伸到图案填充的操作是限于图案填充的边缘，还是包括填充图案内的对象
TRIMEXTENDMODE	控制默认情况下，TRIM 和 EXTEND 命令是否使用简化的输入
XCOMPAREBAKPATH	指定存储备份外部参照文件的路径
XCOMPAREBAKSIZE	设置存储备份外部参照文件的文件夹的大小
XCOMPARECOLORMODE	在外部参照比较期间切换对象在宿主图形中的视觉效果
XCOMPAREENABLE	支持在外部参照和参照图形文件之间进行比较

AutoCAD 2020 版本中的新命令	
新命令名称	功能说明
BLOCKSPALETTE	打开"块"选项板
BLOCKSPALETTECLOSE	关闭"块"选项板
CLASSICINSERT	打开经典"插入"对话框
COMPARECLOSE	关闭"比较"工具栏并退出比较
COMPAREEXPORT	将比较结果输出到称为"快照图形"的新图形中,然后打开该图形
COMPAREIMPORT	将比较文件中的对象输入到当前图形中。仅输入比较文件中存在而当前文件中不存在的选定对象

第4章

环境工程
CAD图形编辑和修改方法

4.0 本章操作讲解视频清单

本章各节相关功能命令操作讲解视频清单及其下载地址如表4.0所列。各个视频下载地址可以通过手机微信扫描表中相应二维码获取，获取下载地址后即可通过网络免费下载。

学习CAD绘图功能命令相关内容时，建议观看相应的操作讲解视频以后再进行操作练习，对尽快掌握相关知识及操作技能有帮助。

表4.0　本章各个讲解视频清单及其播放或下载地址

视频名称	C1 删除图形方法		视频名称	C2 复制图形方法	
	功能简介	删除图形		功能简介	复制图形
	命令名称	ERASE		命令名称	COPY
	章节内容	第4.1.1节		章节内容	第4.1.1节
视频名称	C3 移动图形方法		视频名称	C4 偏移图形方法	
	功能简介	移动图形		功能简介	偏移图形
	命令名称	MOVE		命令名称	OFFSET
	章节内容	第4.1.2节		章节内容	第4.1.2节
视频名称	C5 镜像图形方法		视频名称	C6 阵列图形方法	
	功能简介	镜像图形		功能简介路径	阵列图形（矩形阵列、圆环阵列、圆环阵列）
	命令名称	MIRROR		命令名称	ARRAY(ARRAYRECT/ ARRAYPOLAR/ ARRAYPATH)
	章节内容	第4.1.3节		章节内容	第4.1.3节
视频名称	C7 旋转图形方法		视频名称	C8 拉伸图形方法	
	功能简介	旋转图形		功能简介	拉伸图形
	命令名称	ROTATE		命令名称	STRETCH
	章节内容	第4.1.4节		章节内容	第4.1.4节

视频名称		C9 修剪图形方法	视频名称		C10 延伸图形方法
	功能简介	修剪图形		功能简介	延伸图形
	命令名称	TRIM		命令名称	EXTEND
	章节内容	第4.1.5节		章节内容	第4.1.5节
视频名称		C11 图形倒角方法(1)	视频名称		C11 图形倒角方法(2)
	功能简介	图形倒角		功能简介	图形倒角
	命令名称	CHAMFER		命令名称	CHAMFER
	章节内容	第4.1.6节		章节内容	第4.1.6节
视频名称		C12 图形圆角方法	视频名称		C13 缩放图形方法(1)
	功能简介	图形圆角		功能简介	放大或缩小图形
	命令名称	FILLET		命令名称	SCALE
	章节内容	第4.1.6节		章节内容	第4.1.7节
视频名称		C13 缩放图形方法(2)	视频名称		C14 合并图形方法
	功能简介	放大或缩小图形		功能简介	合并图形
	命令名称	SCALE		命令名称	JOIN
	章节内容	第4.1.7节		章节内容	第4.1.8节
视频名称		C15 打断图形方法	视频名称		C16 分解图形方法
	功能简介	打断图形		功能简介	分解图形
	命令名称	BREAK		命令名称	EXPLODE
	章节内容	第4.1.8节		章节内容	第4.1.9节
视频名称		C17 拉长图形方法	视频名称		C18 光顺曲线方法
	功能简介	拉长图形		功能简介	光顺曲线
	命令名称	LENGTHEN		命令名称	BLEND
	章节内容	第4.1.9节		章节内容	第4.1.10节
视频名称		C19 删除重复对象方法	视频名称		C20 剪裁图像方法
	功能简介	删除重复对象		功能简介	剪裁图像
	命令名称	OVERKILL		命令名称	IMAGECLIP
	章节内容	第4.1.10节		章节内容	第4.1.11节
视频名称		C21 对齐图形方法	视频名称		D1 撤消绘图操作方法
	功能简介	对齐图形		功能简介	撤消上一个绘图操作步骤
	命令名称	ALIGN		命令名称	U
	章节内容	第4.1.12节		章节内容	第4.2.1节
视频名称		D2 撤消绘图多个操作方法	视频名称		D3 重做撤消操作方法
	功能简介	撤消绘图上一个及多个操作步骤		功能简介	重做已撤消绘图操作步骤
	命令名称	UNDO		命令名称	REDO
	章节内容	第4.2.1节		章节内容	第4.2.1节

视频名称	D4 对象特性编辑方法		视频名称	D5 特性匹配方法	
	功能简介	编辑修改图形对象特性		功能简介	图形对象特性匹配
	命令名称	PROPERTIES		命令名称	MATCHPROP
	章节内容	第 4.2.2 节		章节内容	第 4.2.2 节
视频名称	D6 多段线修改方法		视频名称	D7 样条曲线修改方法	
	功能简介	编辑修改多段线		功能简介	编辑修改样条曲线
	命令名称	PEDIT		命令名称	SPLINEDIT
	章节内容	第 4.2.3 节		章节内容	第 4.2.3 节
视频名称	D8 多线修改方法		视频名称	D9 阵列修改方法	
	功能简介	编辑修改多线		功能简介	编辑修改阵列对象
	命令名称	MLEDIT		命令名称	ARRAYEDIT
	章节内容	第 4.2.4 节		章节内容	第 4.2.4 节
视频名称	D10 图案填充创建方法(1)		视频名称	D10 图案填充创建方法(2)	
	功能简介	进行图案填充创建		功能简介	进行图案填充创建
	命令名称	HATCH		命令名称	HATCH
	章节内容	第 4.3.1 节		章节内容	第 4.3.1 节
视频名称	D11 图案填充修改方法		视频名称	D12 渐变色创建方法	
	功能简介	编辑修改填充图案		功能简介	进行渐变色图案创建
	命令名称	HATCHEDIT		命令名称	GRADIENT
	章节内容	第 4.3.2 节		章节内容	第 4.3.3 节
视频名称	D13 渐变色修改方法		视频名称	D14 图块创建方法	
	功能简介	编辑修改渐变色		功能简介	创建图块
	命令名称	HATCHEDIT		命令名称	BLOCK
	章节内容	第 4.3.4 节		章节内容	第 4.4.1 节
视频名称	D15 插入图块方法(1)		视频名称	D15 插入图块方法(2)	
	功能简介	插入图块对象		功能简介	插入图块对象
	命令名称	INSERT、MINSERT		命令名称	INSERT、MINSERT
	章节内容	第 4.4.2 节		章节内容	第 4.4.2 节
视频名称	D16 图块修改方法		视频名称	D17 写块方法	
	功能简介	编辑修改图块		功能简介	将选定对象保存到指定的图形文件
	命令名称	BEDIT		命令名称	WBLOCK
	章节内容	第 4.4.3 节		章节内容	第 4.4.4 节
视频名称	D18 图块分解方法		视频名称	D19 快速测量方法	
	功能简介	分解图块		功能简介	测量图形的面积、周长、半径、距离和角度等
	命令名称	EXPLODE		命令名称	MEASUREGEOM
	章节内容	第 4.4.4 节		章节内容	第 4.5.1 节

视频名称		D20 面积和快速计算方法	视频名称		D21 合并多个文字方法
	功能简介	对几个图形区域快速进行面积和及周长和计算		功能简介	将多个文字对象转换或者合并为一个多行文字对象
	命令名称	MEA		命令名称	TXT2MTXT
	章节内容	第 4.5.2 节		章节内容	第 4.5.3 节

注：使用手机扫描表中二维码，即可在手机上直接播放相应的操作讲解视频（建议横屏观看）。也可以使用手机扫描表中二维码，将视频文件转发到电脑端播放或下载后播放（参考方法：点击视频右上角的"…"符号，再点击弹出的"复制链接"，将链接地址发送至电脑端即可）。

本章详细讲述使用 AutoCAD 进行环境工程绘图中，各种 CAD 图形修改和编辑功能基本操作使用方法，包括删除、复制、移动、旋转、镜像和剪切等各种操作。AutoCAD 的编辑修改功能与其绘图功能一样强大，使用方便，用途广泛，是环境工程 CAD 绘图及文件制作的好帮手。

本章还补充了 AutoCAD 新版本的新增各种编辑与修改功能命令，详见本章相关小节。

4.1 环境工程 CAD 图形常用编辑与修改方法

4.1.1 删除和复制图形

（1）删除图形　删除编辑功能的 AutoCAD 命令为 ERASE（简写形式为 E）。启动删除命令可以通过以下几种方式：

■ 打开【修改】下拉菜单选择【删除】命令选项。

■ 在"默认"选项卡中，单击"修改"命令面板（工具栏）上的"删除"命令图标。

■ 在"命令"窗口处直接输入"ERASE"或"E"命令。

选择图形对象后，按"Delete"按键同样可以删除图形对象，作用与 ERASE 一样。以在"命令:"行直接输入 ERASE 或 E 命令为例，说明删除编辑功能的使用方法，如图 4.1 所示。

命令:ERASE(执行删除功能)

选择对象:找到 1 个(依次选择要删除的图线)

选择对象:找到 1 个,总计 2 个

选择对象:找到 1 个,总计 3 个

选择对象:(回车,选中的图形被删除)

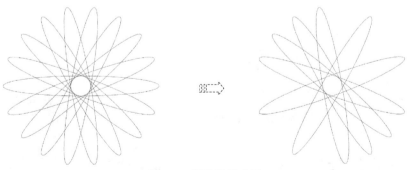

图 4.1　删除编辑功能

（2）复制图形　要获得相同的图形对象，可以通过复制生成。复制编辑功能的 AutoCAD

命令为 COPY（简写形式为 CO 或 CP）。启动复制命令可以通过以下几种方式。
- 打开【修改】下拉菜单选择【复制】命令选项。
- 在"默认"选项卡中，单击"修改"命令面板上的"复制"命令图标。
- 在"命令"窗口处直接输入"COPY"或"CP"命令。

复制编辑操作有两种方式，即只复制一个图形对象和复制多个图形对象。以在"命令:"行直接输入 COPY 或 CP 命令为例，说明复制编辑功能的使用方法，如图 4.2 所示。

① 进行图形对象单一复制：
命令:COPY
选择对象:找到 1 个
选择对象:找到 1 个,总计 2 个
窗口(W)套索　按空格键可循环浏览选项找到 1 个,总计 3 个
选择对象:指定对角点:找到 6 个(2 个重复),总计 7 个
选择对象:(回车)
当前设置:复制模式＝单个
指定基点或[位移(D)/模式(O)/多个(M)]＜位移＞:(指定复制图形位置参考点)
指定第二个点或[阵列(A)]＜使用第一个点作为位移＞:(进行复制,指定复制图形复制点位置再回车)

② 进行多个图形对象复制
命令:COPY
选择对象:找到 1 个
选择对象:指定对角点:找到 7 个(1 个重复),总计 7 个
选择对象:
当前设置:复制模式＝单个
指定基点或[位移(D)/模式(O)/多个(M)]＜位移＞:M
指定基点或[位移(D)/模式(O)/多个(M)]＜位移＞:
指定第二个点或[阵列(A)]＜使用第一个点作为位移＞:A(输入 A 按排列方式确定的副本数量进行复制)
输入要进行阵列的项目数:4
指定第二个点或[布满(F)]:(回车)
指定第二个点或[阵列(A)/退出(E)/放弃(U)]＜退出＞:(回车)

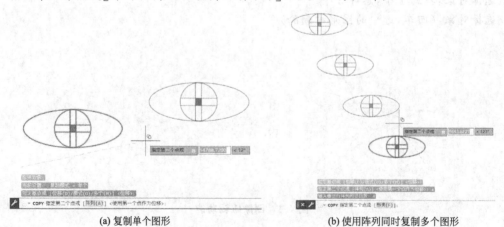

(a) 复制单个图形　　　　　　　　　　(b) 使用阵列同时复制多个图形

图 4.2　复制图形

4.1.2 移动和偏移图形

（1）移动图形　移动编辑功能的 AutoCAD 命令为 MOVE（简写形式为 M）。启动 MOVE 命令可以通过以下几种方式。

■ 打开【修改】下拉菜单选择【移动】命令选项。

■ 在"默认"选项卡中，单击"修改"命令面板上的"移动"命令图标。

■ 在"命令"窗口处直接输入 MOVE 或 M 命令。

按上述方法激活 MOVE 命令后，AutoCAD 操作提示如下，如图 4.3 所示。

命令:MOVE(移动命令)

选择对象:找到 1 个

选择对象:(回车)

指定基点或[位移(D)]＜位移＞:

指定第二个点或＜使用第一个点作为位移＞:(指定移动位置)

| (a) 图形移动前 | (b) 图形移动后 |

图 4.3　移动图形

（2）偏移图形　偏移编辑功能主要用来创建平行的图形对象，其命令为 OFFSET（简写形式为 O）。启动 OFFSET 命令可以通过以下几种方式。

■ 打开【修改】下拉菜单选择【偏移】命令选项。

■ 在"默认"选项卡中，单击"修改"命令面板上的"偏移"命令图标。

■ 在"命令"窗口处直接输入 OFFSET 或 O 命令。

按上述方法激活 OFFSET 命令后，AutoCAD 操作提示如下，如图 4.4 所示。

在进行偏移编辑操作时，若输入的偏移距离或指定通过点位置过大，由于偏移空间距离不够，可能造成偏移得到的图形轮廓形状将有所变化，如图 4.5 所示。

命令:OFFSET(偏移生成形状相似的图形)

当前设置:删除源＝否图层＝源　OFFSETGAPTYPE＝0

指定偏移距离或[通过(T)/删除(E)/图层(L)]＜30.0000＞: 6000(输入偏移距离或输入 T 指定通过点位置)

选择要偏移的对象,或[退出(E)/放弃(U)]＜退出＞:

指定要偏移的那一侧上的点,或[退出(E)/多个(M)/放弃(U)]＜退出＞:

选择要偏移的对象,或[退出(E)/放弃(U)]＜退出＞(回车结束偏移)

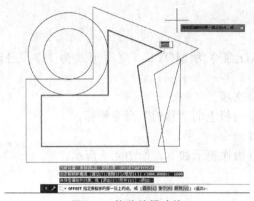

图 4.4 偏移编辑功能

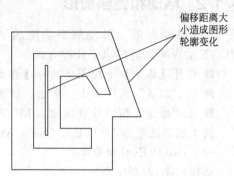

偏移距离大
小造成图形
轮廓变化

图 4.5 偏移后图形轮廓改变

4.1.3 镜像与阵列图形

（1）镜像图形 镜像编辑功能的 AutoCAD 命令为 MIRROR（简写形式为 MI）。镜像生成的图形对象与原图形对象呈某种对称关系（如左右对称、上下对称）。启动 MIRROR 命令可以通过以下几种方式。

■ 打开【修改】下拉菜单选择【镜像】命令选项。

■ 在"默认"选项卡中，单击"修改"命令面板上的"镜像"命令图标。

■ 在"命令"窗口处直接输入 MIRROR 或 MI 命令。

镜像编辑操作有两种方式，即镜像后将源图形对象删除和镜像后将源图形对象保留。按上述方法激活 MIRROR 命令后，AutoCAD 操作提示如下，如图 4.6 所示。

命令：MIRROR（进行镜像得到一个对称部分）

选择对象：指定对角点：找到 6 个

选择对象：（回车）

指定镜像线的第一点：（指定镜像第一点位置）

指定镜像线的第二点：（指定镜像第二点位置）

要删除源对象吗？［是(Y)/否(N)］<N>：N（输入 N 保留原有图形，输入 Y 删除原有图形）

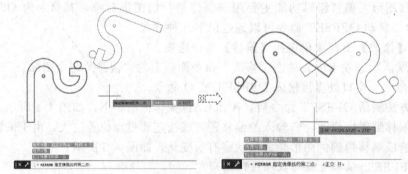

图 4.6 不同方向进行图形镜像

（2）阵列图形 利用阵列编辑功能可以快速生成多个图形对象，其 AutoCAD 的命令为 ARRAY（简写形式为 AR）命令。启动 ARRAY 命令可以通过以下几种方式。

■ 打开【修改】下拉菜单选择【阵列】命令选项。

■ 单击"修改"工具栏上的"阵列"命令图标，再进一步选择"矩形阵列（ARRAY-RECT）"、"路径阵列（ARRAYPATH）"、"环形阵列（ARRAYPOLAR，也称极轴阵列）"。

■ 在"命令"窗口处直接输入 ARRAY 或 AR 命令。

执行 ARRAY 命令后，AutoCAD 可以按矩形阵列图形对象、按环形阵列图形对象或按路径阵列图形对象。

① 进行矩形阵列图形（也可以使用功能命令 ARRAYRECT 进行操作），如图 4.7 所示。

命令:ARRAYRECT

选择对象:找到 1 个

选择对象:指定对角点:找到 10 个(1 个重复),总计 10 个

选择对象:

类型＝矩形　关联＝是

选择夹点以编辑阵列或[关联(AS)/基点(B)/计数(COU)/间距(S)/列数(COL)/行数(R)/层数(L)/退出(X)]＜退出＞:COL

输入列数数或[表达式(E)]＜4＞:5

指定 列数 之间的距离或[总计(T)/表达式(E)]＜45383.5693＞:50000

选择夹点以编辑阵列或[关联(AS)/基点(B)/计数(COU)/间距(S)/列数(COL)/行数(R)/层数(L)/退出(X)]＜退出＞:R

输入行数数或[表达式(E)]＜3＞:4

指定 行数 之间的距离或[总计(T)/表达式(E)]＜74059.4378＞:76000

指定 行数 之间的标高增量或[表达式(E)]＜0＞:0

选择夹点以编辑阵列或[关联(AS)/基点(B)/计数(COU)/间距(S)/列数(COL)/行数(R)/层数(L)/退出(X)]＜退出＞:(回车)

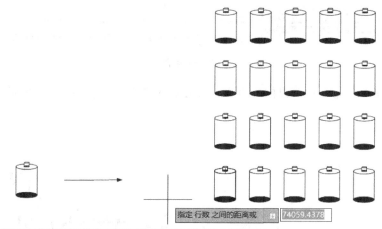

图 4.7　矩形阵列

② 进行环形阵列图形（也可以使用功能命令 ARRAYPOLAR 进行操作），也称极轴阵列，如图 4.8 所示。

命令:ARRAY

选择对象:找到 1 个

选择对象:指定对角点:找到 10 个(1 个重复),总计 10 个

选择对象：

输入阵列类型[矩形(R)/路径(PA)/极轴(PO)]＜路径＞:PO(输入 PO 进行极轴阵列，即环形阵列)

类型＝极轴　关联＝是

指定阵列的中心点或[基点(B)/旋转轴(A)]：

选择夹点以编辑阵列或[关联(AS)/基点(B)/项目(I)/项目间角度(A)/填充角度(F)/行(ROW)/层(L)/旋转项目(ROT)/退出(X)]＜退出＞:I

输入阵列中的项目数或[表达式(E)]＜3＞:6

选择夹点以编辑阵列或[关联(AS)/基点(B)/项目(I)/项目间角度(A)/填充角度(F)/行(ROW)/层(L)/旋转项目(ROT)/退出(X)]＜退出＞:(回车)

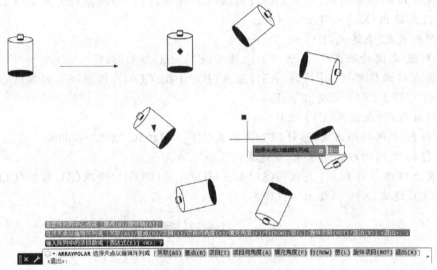

图 4.8　环形阵列图形

③ 进行路径阵列图形（也可以使用功能命令 ARRAYPATH 进行操作），如图 4.9 所示。

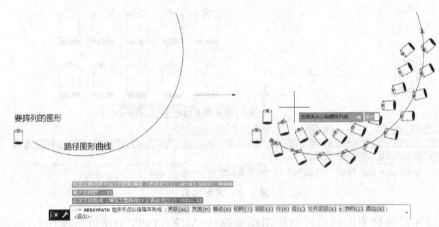

图 4.9　路径阵列

命令:ARRAYPATH

选择对象:找到 1 个

选择对象:指定对角点:找到 10 个(1 个重复),总计 10 个

选择对象：

类型＝路径　关联＝是

选择路径曲线：

选择夹点以编辑阵列或［关联（AS）/方法（M）/基点（B）/切向（T）/项目（I）/行（R）/层（L）/对齐项目（A）/Z方向（Z）/退出（X）］＜退出＞：

** 行数 **

指定行数：2

选择夹点以编辑阵列或［关联（AS）/方法（M）/基点（B）/切向（T）/项目（I）/行（R）/层（L）/对齐项目（A）/Z方向（Z）/退出（X）］＜退出＞：I

指定沿路径的项目之间的距离或［表达式（E）］＜45383.5693＞：80000

最大项目数＝10

指定项目数或［填写完整路径（F）/表达式（E）］＜10＞：18

选择夹点以编辑阵列或［关联（AS）/方法（M）/基点（B）/切向（T）/项目（I）/行（R）/层（L）/对齐项目（A）/Z方向（Z）/退出（X）］＜退出＞：（回车）

4.1.4　旋转与拉伸图形

（1）旋转图形　旋转编辑功能的AutoCAD命令为ROTATE（简写形式为RO）。启动ROTATE命令可以通过以下几种方式。

■打开【修改】下拉菜单选择【旋转】命令选项。

■在"默认"选项卡中，单击"修改"命令面板上的"旋转"命令图标。

■在"命令"窗口处直接输入ROTATE或RO命令。

输入旋转角度若为正值（＋），则对象逆时针旋转。输入旋转角度若为负值（－），则对象顺时针旋转。按上述方法激活ROTATE命令后，AutoCAD操作提示如下，如图4.10所示。

命令：ROTATE（将图形对象进行旋转）

UCS当前的正角方向：　ANGDIR＝逆时针　ANGBASE＝0

选择对象：指定对角点：找到7个

选择对象：

指定基点：

指定旋转角度，或［复制（C）/参照（R）］＜45＞：45（注意，输入旋转角度如果为负值例如"－45"按顺时针旋转，若输入为正值例如"45"则按逆时针旋转）

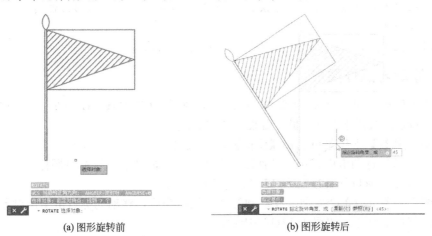

(a) 图形旋转前　　　　　　　　　　　　(b) 图形旋转后

图 4.10　旋转图形

(2) 拉伸图形　拉伸编辑功能的 AutoCAD 命令为 STRETCH（简写形式为 S）。启动 STRETCH 命令可以通过以下几种方式。

■ 打开【修改】下拉菜单选择【拉伸】命令选项。
■ 在"默认"选项卡中，单击"修改"命令面板上的"拉伸"命令图标。
■ 在"命令"窗口处直接输入 STRETCH 或 S 命令。

拉伸图形时注意要使用以交叉窗口或交叉多边形选择要拉伸的对象，否则不能拉伸，只是移动图形，如图 4.11 所示。按上述方法激活 STRETCH 命令后，AutoCAD 操作提示如下。

命令：STRETCH

以交叉窗口或交叉多边形选择要拉伸的对象…

选择对象：指定对角点：找到 2 个（注意应以交叉窗口或交叉多边形选择要拉伸的对象）

选择对象：（回车）

指定基点或[位移(D)]＜位移＞：（指定拉伸基点）

指定第二个点或＜使用第一个点作为位移＞：（指定拉伸位置点）

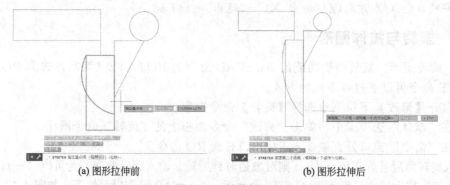

(a) 图形拉伸前　　　　　　　　　　　(b) 图形拉伸后

图 4.11　拉伸图形

另外需特别说明一点，对圆形、椭圆形等一些图形对象，拉伸功能命令（STRETCH）不适用，也即是使用 STRETCH 命令不能拉伸圆形、椭圆形等，如图 4.12 所示。如要对圆形和椭圆形进行拉伸，则可以通过夹点功能进行拉伸，操作方法是先点击鼠标左键选中圆形或椭圆形，再点击图形轮廓线上显示的小方块，然后拖动鼠标即可进行拉伸，如图 4.12 所示。这种夹点功能拉伸图形的方法同样适用于其他一些图形，包括直线、弧线、多段线、矩形、多边形等等各种图形，操作方法类似。

命令：（采用夹点功能拉伸图形方法，不输入任何命令直接点击圆形或椭圆形）

＊＊拉伸＊＊

指定拉伸点或[基点(B)/复制(C)/放弃(U)/退出(X)]：

4.1.5　修剪与延伸图形

(1) 修剪图形　修剪编辑功能的 AutoCAD 命令为 TRIM（简写形式为 TR）。启动 TRIM 命令可以通过以下几种方式，如图 4.13 所示。

■ 打开【修改】下拉菜单选择【修剪】命令选项。
■ 在"默认"选项卡中，单击"修改"命令面板上的"修剪"命令图标。
■ 在"命令"窗口处直接输入 TRIM 或 TR 命令。

若对图形对象进行单个修剪，在启动修剪功能命令后，移动光标点击图形对象，即可对图形对象进行单个修剪，如图 4.13(b) 所示。

命令：TRIM

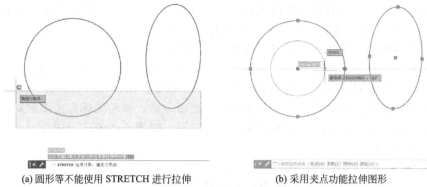

(a) 圆形等不能使用 STRETCH 进行拉伸   (b) 采用夹点功能拉伸图形

图 4.12　夹点拉伸图形方法

当前设置:投影＝UCS,边＝无,模式＝快速

选择要修剪的对象,或按住 Shift 键选择要延伸的对象或

[剪切边(T)/窗交(C)/模式(O)/投影(P)/删除(R)]:

选择要修剪的对象,或按住 Shift 键选择要延伸的对象或

[剪切边(T)/窗交(C)/模式(O)/投影(P)/删除(R)/放弃(U)]:

选择要修剪的对象,或按住 Shift 键选择要延伸的对象或

[剪切边(T)/窗交(C)/模式(O)/投影(P)/删除(R)/放弃(U)]:

　　要对多个图形对象同时进行修剪,可以使用"剪切边"或"窗交"方式进行剪切操作。在命令提示行输入 T,然后按提示选择修剪边界回车,再点击要修剪的图形即可;或在命令提示行输入 C,然后按提示指定修剪窗口轮廓线范围,即可将窗口触碰到的范围图形对象进行修剪。如图 4.13(c)所示。

命令:TRIM

当前设置:投影＝UCS,边＝无,模式＝快速

选择要修剪的对象,或按住 Shift 键选择要延伸的对象或

[剪切边(T)/窗交(C)/模式(O)/投影(P)/删除(R)]:C

指定第一个角点:

选择要修剪的对象,或按住 Shift 键选择要延伸的对象或

[剪切边(T)/窗交(C)/模式(O)/投影(P)/删除(R)/放弃(U)]:指定对角点:

选择要修剪的对象,或按住 Shift 键选择要延伸的对象或

[剪切边(T)/窗交(C)/模式(O)/投影(P)/删除(R)/放弃(U)]:

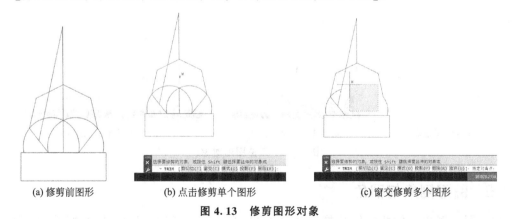

(a) 修剪前图形   (b) 点击修剪单个图形   (c) 窗交修剪多个图形

图 4.13　修剪图形对象

（2）延伸图形　延伸编辑功能的 AutoCAD 命令为 EXTEND（简写形式为 EX）。启动 EXTEND 命令可以通过以下几种方式，如图 4.14 所示：

■ 打开【修改】下拉菜单选择【延伸】命令选项。

■ 在"默认"选项卡中，单击"修改"命令面板上的"延伸"命令图标。

■ 在"命令"窗口处直接输入 EXTEND 或 EX 命令。

若对图形对象进行单个延伸，在启动延伸功能命令后，移动光标点击图形对象，即可对图形对象进行单个延伸，系统自动匹配延伸边界位置。如图 4.14(b) 所示。

命令:EXTEND

当前设置:投影＝UCS,边＝无,模式＝快速

选择要延伸的对象,或按住 Shift 键选择要修剪的对象或

[边界边(B)/窗交(C)/模式(O)/投影(P)]:

选择要延伸的对象,或按住 Shift 键选择要修剪的对象

或[边界边(B)/窗交(C)/模式(O)/投影(P)/放弃(U)]:

要对多个图形对象同时进行延伸，可以使用"边界边"或"窗交"方式进行剪切操作。在命令提示行输入 B，然后按提示选择延伸边界回车，再点击要延伸的图形即可；或在命令提示行输入 C，然后按提示指定延伸窗口轮廓线范围，即可将窗口触碰到的范围图形对象自动进行延伸，延伸边界系统自动匹配指定。如图 4.14(c) 所示。

命令:EXTEND

当前设置:投影＝UCS,边＝无,模式＝快速

选择要延伸的对象,或按住 Shift 键选择要修剪的对象或

[边界边(B)/窗交(C)/模式(O)/投影(P)]:

路径不与边界边相交。

选择要延伸的对象,或按住 Shift 键选择要修剪的对象或

[边界边(B)/窗交(C)/模式(O)/投影(P)]:C

指定第一个角点:

选择要延伸的对象,或按住 Shift 键选择要修剪的对象或

[边界边(B)/窗交(C)/模式(O)/投影(P)/放弃(U)]:指定对角点:

选择要延伸的对象,或按住 Shift 键选择要修剪的对象或

[边界边(B)/窗交(C)/模式(O)/投影(P)/放弃(U)]:

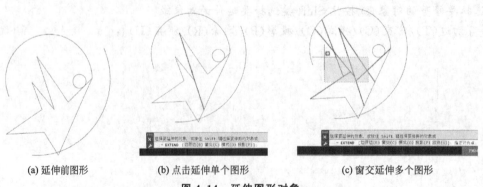

(a) 延伸前图形　　　　　(b) 点击延伸单个图形　　　　　(c) 窗交延伸多个图形

图 4.14　延伸图形对象

4.1.6　图形倒角与圆角

（1）图形倒角　倒角编辑功能的 AutoCAD 命令为 CHAMFER（简写形式为 CHA）。

启动 CHAMFER 命令可以通过以下几种方式。

■ 打开【修改】下拉菜单选择【倒角】命令选项。

■ 在"默认"选项卡中，单击"修改"命令面板上的"倒角"命令图标（若命令面板上看不到对应的图标，可以点击"倒角/圆角"图标右侧的小三角图标"▼"即可找到"倒角"命令图标）。

■ 在"命令"窗口处直接输入 CHAMFER 或 CHA 命令。

倒角有两种实用的方式，一种是按系统默认的 2 个倒角距离均为 "0"，可以将 2 条直线图形倒角为一个闭合角，如图 4.15(a) 所示；另外一种倒角是 2 个倒角距离均不为 "0"（即大于 0），并设置合适的倒角距离，可以将一个角切成一个棱角造型，如图 4.15(b) 所示。注意，2 条平行线不能进行倒角操作。

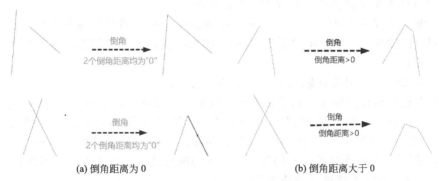

(a) 倒角距离为 0   (b) 倒角距离大于 0

图 4.15 不同倒角距离倒角效果

倒角最关键的操作步骤是 2 个倒角距离大小的设置，必须设置合适的倒角距离才能进行倒角操作。倒角距离偏大不能进行倒角。其中 2 个倒角距离可以相同，也可以不相同，根据图形需要设置 2 个倒角大小。AutoCAD 系统默认的 2 个倒角距离均为 "0"。如图 4.16(a) 所示。

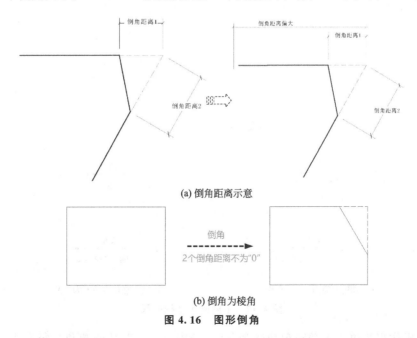

(a) 倒角距离示意

(b) 倒角为棱角

图 4.16 图形倒角

执行倒角命令后，先输入 D 设置倒角距离，再选择倒角直线即可进行倒角，如图 4.16(b) 所示。

命令：CHAMFER

（"修剪"模式）当前倒角距离 1＝0.0000，距离 2＝0.0000

选择第一条直线或[放弃(U)/多段线(P)/距离(D)/角度(A)/修剪(T)/方式(E)/多个(M)]:D

　　指定 第一个 倒角距离 ＜0.0000＞:800

　　指定 第二个 倒角距离 ＜800.0000＞:1000

选择第一条直线或[放弃(U)/多段线(P)/距离(D)/角度(A)/修剪(T)/方式(E)/多个(M)]:

选择第二条直线，或按住 Shift 键选择直线以应用角点或[距离(D)/角度(A)/方法(M)]:

（2）图形圆角　倒圆角编辑功能的 AutoCAD 命令为 FILLET（简写形式为 F）。启动 FILLET 命令可以通过以下几种方式。

■ 打开【修改】下拉菜单选择【圆角】命令选项。

■ 在"默认"选项卡中，单击"修改"命令面板上的"圆角"命令图标（若命令面板上看不到对应的图标，可以点击"倒角/圆角"图标右侧的小三角图标"▼"即可找到"圆角"命令图标）。

■ 在"命令"窗口处直接输入 FILLET 或 F 命令。

圆角最关键的操作步骤是圆角半径大小的设置，必须设置合适的圆角半径大小才能进行圆角操作。Autocad 系统默认的圆角半径为"0"。圆角半径偏大不能进行圆角操作。如图 4.17(a) 所示。当使用半径为"0"进行圆角操作时，其圆角效果与倒角时一样的。如图 4.17(b) 所示。圆角半径不为 0 的且大小合理的圆角效果如图 4.17(c) 所示。

注意，2 条平行线不能进行圆角操作。

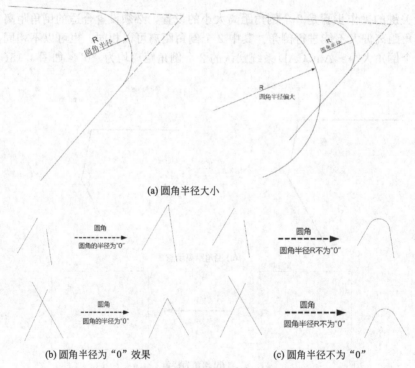

(a) 圆角半径大小

(b) 圆角半径为"0"效果　　　　(c) 圆角半径不为"0"

图 4.17　不同圆角半径效果

圆角的操作很简单，启动圆角功能命令后，先输入"R"数值圆角半径大小，然后点击选择要进行圆角的 2 条直线即可。如图 4.18 所示。

命令:FILLET

当前设置:模式＝修剪,半径＝0.0000

选择第一个对象或[放弃(U)/多段线(P)/半径(R)/修剪(T)/多个(M)]:R

指定圆角半径 ＜0.0000＞:600

选择第一个对象或[放弃(U)/多段线(P)/半径(R)/修剪(T)/多个(M)]:

选择第二个对象,或按住 Shift 键选择对象以应用角点或[半径(R)]:

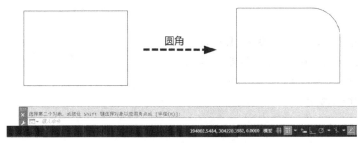

图 4.18　图形倒圆角

4.1.7　缩放图形

图形放大与缩小（即缩放）编辑功能的 AutoCAD 命令均为 SCALE（简写形式为 SC）。启动 SCALE 命令可以通过以下几种方式。

■ 打开【修改】下拉菜单选择【缩放】命令选项。

■ 在"默认"选项卡中,单击"修改"命令面板上的"缩放"命令图标。

■ 在"命令"窗口处直接输入 SCALE 或 SC 命令。

在进行图形缩放时,可以通过比例因子或参照以下两种方法进行缩放。

(1) 按比例因子缩放　按比例因子缩放图形,所有图形在同一操作下是等比例进行缩放的。输入比例因子小于 1（例如 0.5）,则所有选中图形对象被缩小相同的倍数,例如缩小 0.5倍。输入比例因子大于 1（例如 1.5）,则所有选中图形对象被放大相同倍数,例如放大 1.5 倍。

按上述方法激活缩放功能命令后,AutoCAD 操作提示如下,如图 4.19 所示。

命令:SCALE

选择对象:找到 1 个

选择对象:

指定基点:

指定比例因子或[复制(C)/参照(R)]:0.5

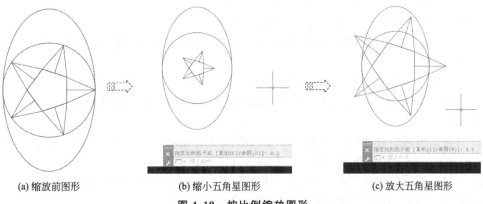

(a) 缩放前图形　　　(b) 缩小五角星图形　　　(c) 放大五角星图形

图 4.19　按比例缩放图形

(2) 按参照缩放 按参照缩放图形对象，所有图形对象是根据指定的参照对象的长度大小来进行缩放。启动缩放功能命令后，先选择图形对象，然后输入 R 再指定参照对象的长度大小及缩放基点后，移动光标即可放大或缩小，移动光标的长度若比参照对象长度长则放大图形对象，否则缩小图形对象。如图 4.20 所示。

命令:SCALE

选择对象:找到 1 个

选择对象:

指定基点:

指定比例因子或[复制(C)/参照(R)]:R

指定参照长度＜1.0000＞： 指定第二点:

指定新的长度或[点(P)]＜1.0000＞:

忽略极小的比例因子。

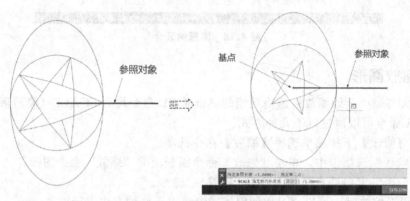

图 4.20　按参照缩放图形

4.1.8　合并与打断图形

(1) 合并图形 合并图形的功能命令是 JION，可以将直线、圆弧、椭圆弧、多段线、三维多段线、样条曲线和螺旋线通过其端点合并为单个对象。启动 JION 功能命令可以通过以下几种方式。

■ 打开【修改】下拉菜单选择【合并】命令选项。

■ 在"默认"选项卡中，单击"修改"命令面板上的"合并"命令图标（若命令面板上看不到对应的图标，可以点击"修改"图标右侧的小三角图标"▼"，在弹出的扩展命令面板上即可找到"合并"命令图标）。

■ 在"命令"窗口处直接输入 JION 或 J 命令。

注意，能够进行合并的图形对象是有条件的，不符合条件要求的是不能进行合并的，其中一些条件要求如下。

① 直线对象必须都是共线，但它们之间可以有间隙。

② 直线、多段线和圆弧可以合并到源多段线，但所有对象必须连续且共面，生成的对象是单条多段线。

③ 只有圆弧可以合并到源圆弧，所有的圆弧对象必须具有相同半径和中心点，但是它们之间可以有间隙。从源圆弧按逆时针方向合并圆弧。

④ 仅椭圆弧可以合并到源椭圆弧，椭圆弧必须共面且具有相同的主轴和次轴，但是它们之间可以有间隙。从源椭圆弧按逆时针方向合并椭圆弧。

⑤ 所有线性或弯曲对象可以合并到源螺旋，所有对象必须是连续的，但可以不共面。

⑥ 所有线性或弯曲对象可以合并到源样条曲线，所有对象必须是连续的，但可以不共面。

另外需注意，构造线、射线和闭合的对象无法合并。也可以使用 PEDIT 命令的"合并"选项来将一系列直线、圆弧和多段线合并为单个多段线，具体操作参考后面相关章节内容。

在此仅以直线和弧线合并为例，介绍其具体合并操作方法。需要合并的直线和弧线需要分别满足前述第①、③条的要求才能进行操作。如图 4.21、图 4.22 所示。其他类型线条合并可以参考自行学习。

命令:JOIN

选择源对象或要一次合并的多个对象:找到 1 个

选择要合并的对象:找到 1 个,总计 2 个

选择要合并的对象:

2 条直线已合并为 1 条直线

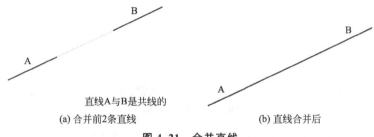

直线A与B是共线的

(a) 合并前2条直线　　　　　　　(b) 直线合并后

图 4.21　合并直线

命令:JOIN

选择源对象或要一次合并的多个对象:找到 1 个

选择要合并的对象:找到 1 个,总计 2 个

选择要合并的对象:

2 条圆弧已合并为 1 条圆弧

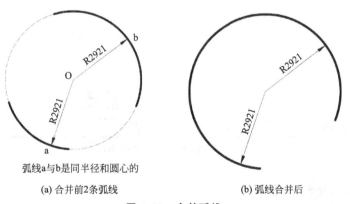

弧线a与b是同半径和圆心的

(a) 合并前2条弧线　　　　　　　(b) 弧线合并后

图 4.22　合并弧线

（2）打断图形　打断编辑功能的 AutoCAD 命令为 BREAK（简写形式为 BR）。启动 BREAK 命令可以通过以下几种方式。

■ 打开【修改】下拉菜单选择【打断】命令选项。

■ 在"默认"选项卡中，单击"修改"命令面板上的"打断"命令图标。

■ 在"命令"窗口处直接输入 BREAK 或 BR 命令。

按上述方法激活 BREAK 命令后，AutoCAD 操作提示如下，如图 4.23 所示。

命令:BREAK

选择对象:

指定第二个打断点或[第一点(F)]:F

指定第一个打断点:

指定第二个打断点:

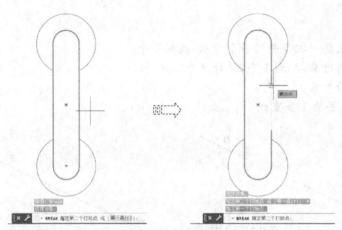

图 4.23　图形打断

如果要在单个点处打断选定对象，则需要使用 BREAKATPOINT 命令进行打断。如图 4.24 所示。

命令:BREAKATPOINT

选择对象:

指定打断点:

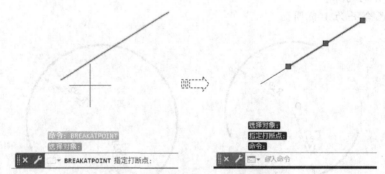

图 4.24　在单个点处打断图形

4.1.9　分解与拉长图形

（1）分解图形　AutoCAD 提供了将图形对象分解的功能命令 EXPLODE（简写形式为 X）。EXPLODE 命令可以将多段线、多线、图块、填充图案和标注尺寸等从创建时的状态转换或化解为独立的对象。许多图形无法编辑修改时，可以试一试分解功能命令，或许会有帮助。但图形分解保存退出文件后是不能复原的。

启动 EXPLODE 命令可以通过以下几种方式。

■ 打开【修改】下拉菜单中的【分解】命令。

■ 在"默认"选项卡中，单击"修改"命令面板上的"分解"命令图标。

■ 在"命令"窗口处直接输入 EXPLODE 或 X 并回车。

按上述方法激活 EXPLODE 命令后，AutoCAD 操作提示如下，如图 4.25 所示。

命令:EXPLODE

选择对象:找到 1 个

选择对象:找到 1 个,总计 2 个

选择对象:(回车)

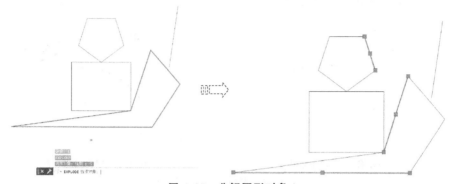

图 4.25　分解图形对象

特别需要说明一点，单根直线或弧线等图形对象不能进一步分解。若线条是具有一定宽度的线条图形，例如线条有宽度的多段线，分解后线条变为多条直线或曲线线条，同时各个线条的宽度均将变为默认"0"宽度线条。如图 4.26 所示。

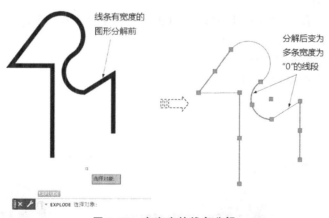

图 4.26　有宽度的线条分解

(2) 拉长图形　拉长的 AutoCAD 功能命令为 LENGTHEN（简写形式为 LEN），启动拉长功能命令有如下方法。

■ 打开【修改】下拉菜单选择【拉长】命令选项。

■ 在"默认"选项卡中，单击"修改"命令面板上的"拉长"命令图标（若命令面板上看不到对应的图标，可以点击"修改"图标右侧的小三角图标"▼"，在弹出的扩展命令面板上即可找到"拉长"命令图标）。

■ 在"命令"窗口处直接输入 LENGTHEN 或 LEN 命令。

拉长功能命令可以将图形对象按增量、百分比或动态长度等方式进行长度修改，实际包括拉长图形或缩短图形。其中：

在采用增量选项进行操作时，若输入的数值"X"为正值，例如输入"500"，则图形对象为拉长 500 个单位长度；若输入的数值"X"为负值"$-X$"，例如输入"-500"，则图形对象为缩短 500 个单位长度。如图 4.27 所示。

命令：LENGTHEN
选择要测量的对象或［增量(DE)/百分比(P)/总计(T)/动态(DY)］＜增量(DE)＞：DE
输入长度增量或［角度(A)］＜0.0000＞：500
选择要修改的对象或［放弃(U)］：
选择要修改的对象或［放弃(U)］：

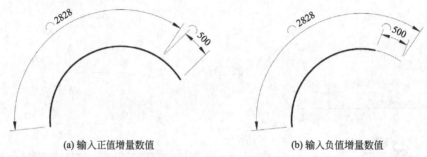

(a) 输入正值增量数值　　　　　　　　　　(b) 输入负值增量数值

图 4.27　通过增量拉长图形

在采用百分比选项进行操作时，若输入的数值"X"大于 100 即对应大于 100%，则图形对象拉长对应的 $X/100$ 倍数，例如，输入"150"，则表示图形对象拉长 1.5 倍。反之为缩短相应的倍数，例如，输入"50"，则表示图形对象缩短 0.5 倍。如图 4.28 所示。

命令：LENGTHEN
选择要测量的对象或［增量(DE)/百分比(P)/总计(T)/动态(DY)］＜百分比(P)＞：P
输入长度百分数＜1.0000＞：50
选择要修改的对象或［放弃(U)］：
选择要修改的对象或［放弃(U)］：

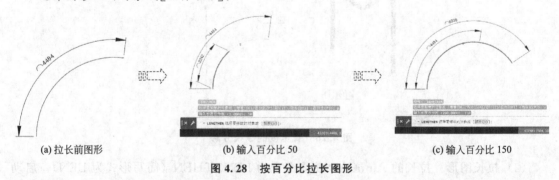

(a) 拉长前图形　　　　(b) 输入百分比 50　　　　(c) 输入百分比 150

图 4.28　按百分比拉长图形

另外，除了动态方式外，执行拉长功能中各个命令选项时，点击图形的位置与拉长或缩短方向有关，点击图形线段哪端则在该端方向拉长或缩短图形。如图 4.29 所示。

4.1.10　光顺曲线和删除重复对象

（1）光顺曲线　光顺曲线实际是在两条选定直线或曲线（包括直线、圆弧、椭圆弧、螺旋、开放的多段线和开放的样条曲线）之间的间隙中创建样条曲线，其功能命令是BLEND。

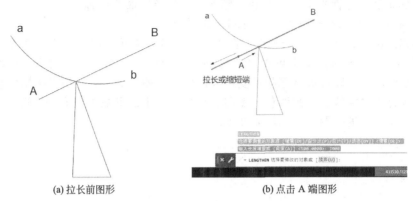

(a) 拉长前图形   (b) 点击 A 端图形

图 4.29　拉长图形方向

启动光顺曲线功能命令有如下方法。

■ 打开【修改】下拉菜单选择【光顺曲线】命令选项。

■ 在"默认"选项卡中，单击"修改"命令面板上的"光顺曲线"命令图标（若在命令面板上看不到对应的图标，可以点击"倒角/圆角"图标右侧的小三角图标"▼"即可找到"光顺曲线"命令图标）。

■ 在"命令"窗口处直接输入 BLEND 命令。

启动光顺曲线功能命令后，可以将 2 条及 2 条以上直线与曲线（包括直线、圆弧、椭圆弧、螺旋、开放的多段线和开放的样条曲线）之间创建样条曲线进行连接。注意点击选择图形时，系统是在点击端进行曲线连接。如图 4.30 所示。

命令：BLEND

连续性＝相切

选择第一个对象或[连续性(CON)]：

选择第二个点：

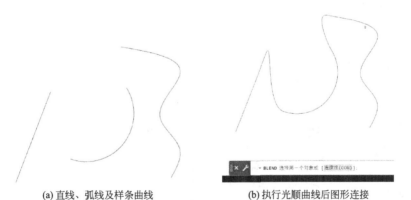

(a) 直线、弧线及样条曲线   (b) 执行光顺曲线后图形连接

图 4.30　光顺曲线功能

（2）删除重复对象　删除重复对象功能命令"OVERKILL"可以删除重叠或重复的图形对象，包括直线、圆弧和多段线等。

启动删除重复对象功能命令有如下方法。

■ 打开【修改】下拉菜单选择【删除重复对象】命令选项。

■ 在"默认"选项卡中，单击"修改"命令面板上的"删除重复对象"命令图标（若命令面板上看不到对应的图标，可以点击"修改"图标右侧的小三角图标"▼"，在弹出的扩展命令面板上即可找到"删除重复对象"命令图标）。

■ 在"命令"窗口处直接输入 OVERKILL 命令。

启动 OVERKILL 命令后，选择要删除的图形对象，系统将弹出"删除重复对象"对话框 [图 4.31(a)]，在该对话框中可以设置忽略对象特性，即在颜色、图层、线型等特性参数前勾取小方框选中，即可进行删除重复对象操作，如图 4.31(b)。如果采用默认的参数设置，即不勾取忽略对象特性，则颜色、图层、线型等表中的参数不相同的图形，即使重叠也不能使用此功能命令进行删除。如图 4.31(a) 所示。

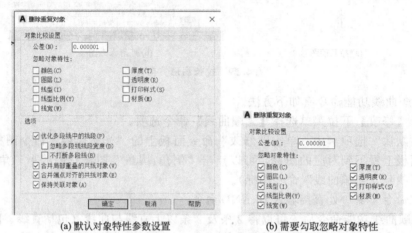

(a) 默认对象特性参数设置　　　　(b) 需要勾取忽略对象特性

图 4.31　删除重复对象对话框

在实际操作中，能够使用此功能命令进行删除的重复对象是常常重叠在一起的，不是重叠在一起的相同图形则不能使用此功能命令删除。如图 4.32 所示。重叠在一起的图形对象长度不需要完全一样，设置了忽略对象特性后，同样可以使用此功能命令删除。如图 4.33 所示。

命令：OVERKILL

选择对象：指定对角点：找到 4 个

选择对象：

0 个重复项已删除

3 个重叠对象或线段已删除

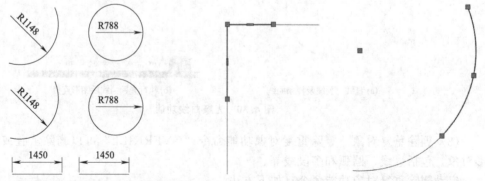

图 4.32　相同图形不能使用 OVERKILL 删除　　　　**图 4.33　OVERKILL 可以删除重叠的图形**

对部分重叠的图形对象，删除重复对象功能命令"OVERKILL"对具备合并条件的图形对象进行合并，可合并的图形对象包括直线、圆弧和多段线等，且直线对象必须都是共线，弧线对象必须具有相同半径和中心点。如图 4.34 所示。

命令:OVERKILL

选择对象:指定对角点:找到 2 个

选择对象:

0 个重复项已删除

1 个重叠对象或线段已删除

(a) 弧线(部分重叠或连续且相同半径和中心点)　　　(b) 直线(部分重叠或连续且共线)

图 4.34　可以使用 OVERKILL 合并的图形

4.1.11　剪裁图像

剪裁图像是指对 AutoCAD 图形中的光栅图像进行裁剪，其功能命令是 IMAGECLIP 或 ICL。

通过使用 IMAGECLIP 剪裁图像，可以定义要显示和打印的图像的一部分。剪裁边界可以是多段线、矩形，也可以是顶点在图像边界内的多边形。可以更改剪裁图像的边界，也可以删除图像的剪裁边界。删除剪裁边界时，将显示原始图像。

启动剪裁图像功能命令有如下方法。

■ 打开【修改】下拉菜单选择【剪裁】命令选项，在弹出的子菜单中选择"图像"。

■ 在"命令"窗口处直接输入命令 IMAGECLIP 或 ICL。

启动 IMAGECLIP 命令后按回车键，然后选择要剪裁的图像及输入图像剪裁选项即可进行图像裁剪。裁剪图像的轮廓可以是矩形、多边形及多段线等。可根据需要选择合适的图像裁剪轮廓形状。如图 4.35 所示。

命令:IMAGECLIP

选择要剪裁的图像:

输入图像剪裁选项［开(ON)/关(OFF)/删除(D)/新建边界(N)］＜新建边界＞:N

外部模式-边界外的对象将被隐藏。

指定剪裁边界或选择反向选项:

［选择多段线(S)/多边形(P)/矩形(R)/反向剪裁(I)］＜矩形＞:P

指定第一点:

指定下一点或［放弃(U)］:

指定下一点或［放弃(U)］:

指定下一点或［闭合(C)/放弃(U)］:

指定下一点或［闭合(C)/放弃(U)］:

指定下一点或［闭合(C)/放弃(U)］:C

如果选择多段线作为裁剪边界轮廓线，需要提前绘制多段线。若多段线是不闭合图形，

(a) 裁剪前图像

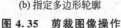
(b) 指定多边形轮廓

(c) 图像裁剪效果

图 4.35　剪裁图像操作

则系统自动按多段线首尾闭合来处理裁剪范围，实际也是一个闭合的多边形边界轮廓。如图 4.36 所示。

命令：IMAGECLIP

选择要剪裁的图像：

输入图像剪裁选项［开（ON）/关（OFF）/删除（D）/新建边界（N）］＜新建边界＞：N

外部模式-边界外的对象将被隐藏。

指定剪裁边界或选择反向选项：

［选择多段线（S）/多边形（P）/矩形（R）/反向剪裁（I）］＜矩形＞：S

选择多段线：

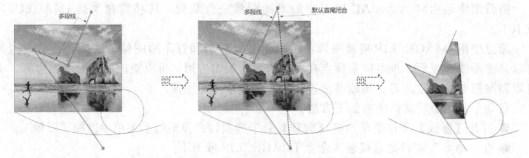

图 4.36　多段线作为裁剪边界轮廓线

4.1.12　对齐图形

对齐功能是指在二维及三维空间中指定一对、两对或三对源点和定义点，以移动、旋转或倾斜选定的对象，从而将它们与其他对象上的点对齐。其 AutoCAD 命令是 ALIGN 或 AL。启动命令可以通过以下 2 种方式，其绘制方法如下所述，如图 4.58 所示。这个功能命令在三维绘图中使用比较多，在此简单介绍一下平面图形的对齐操作。

- 点击"修改"菜单下点击"三维操作"选项，再在子菜单中选择"对齐"命令选项即可。
- 在"命令"窗口处直接输入对齐命令 ALIGN 或 AL。
- 在"默认"选项卡中，单击"修改"命令面板上的"对齐"命令图标（若命令面板上看不到对应的图标，可以点击"修改"图标右侧的小三角图标"▼"，在弹出的扩展命令面板上即可找到"对齐"命令图标）。

启动对齐功能命令后，先选择要对齐的图形对象，然后分别指定要对齐图形的点位置与对应目标图形的点位置，即可将指定的图形与目标图形进行对齐。注意，图形对齐点位置指定顺序与图形对齐的方向有关，不同指定点位置指定顺序得到的对齐效果不同。例如，要对齐图形 A 和目标图形 B，对齐点位置按指定顺序为 1 与 a、2 与 b 的对齐效果为图 4.37(a)；
对齐点位置按指定顺序为 1 与 b、2 与 a 的对齐效果为图 4.37(b)。

命令：ALIGN

选择对象：找到 1 个

选择对象：

指定第一个源点：

指定第一个目标点：

指定第二个源点：

指定第二个目标点：

指定第三个源点或＜继续＞：(回车)

是否基于对齐点缩放对象？［是(Y)/否(N)］＜否＞:N

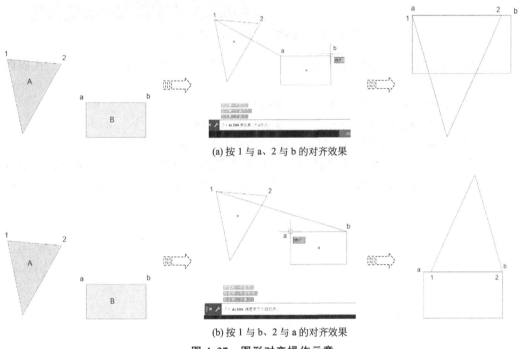

(a) 按 1 与 a、2 与 b 的对齐效果

(b) 按 1 与 b、2 与 a 的对齐效果

图 4.37　图形对齐操作示意

4.2　图形绘制其他编辑和修改方法

除了复制、偏移、移动和修剪等基本编辑修改功能外，AutoCAD 提供了一些特殊的编辑与修改图形方法，包括撤消和恢复操作步骤、多段线和样条曲线的编辑、对象属性的编辑等方法。

4.2.1　撤消或重做绘图操作

在绘制或编辑图形时，常常会遇到错误或不合适的操作要撤消或者想返回到前面的操作步骤状态中。AutoCAD 提供了几个相关的功能命令，可以实现退回前面的绘图操作要求。

（1）撤消（U）绘图操作　在 AutoCAD 绘图中，可以放弃或撤消上一步的绘图操作，其功能命令是 U。U 命令的功能包括撤消前一步命令操作及其所产生的结果，同时显示该次操作命令的名称。

启动 U 功能命令可以通过以下几种方式，如图 4.38 所示。

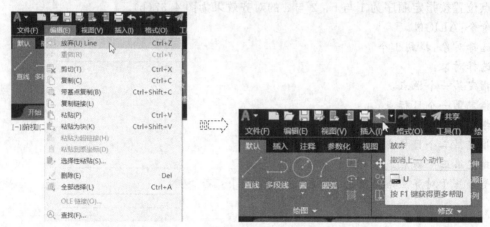

图 4.38 启动撤消 (U) 功能命令方法

■ 打开【编辑】下拉菜单选择【放弃(U)"＊＊＊"】命令选项，其中"＊＊＊"代表前一步操作功能命令。
■ 单击功能区工具栏上的"放弃"命令图标 ⬑ 。
■ 在"命令"窗口处直接输入"U"命令后按回车键。
■ 使用快捷键【Ctrl】+【Z】，即同时按下 Ctrl 键和 Z 键。

按上述方法执行 U 命令后即可撤消上一步命令操作及其所产生的操作结果，例如撤消图形对象。若继续执行 U 功能命令，则会逐步返回到操作刚打开（开始）时的图形状态。如图 4.39 所示。

命令:U
LINE GROUP

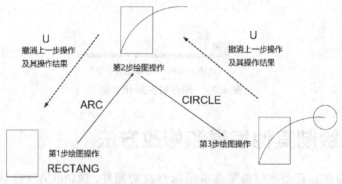

图 4.39 撤消 (U) 功能命令示意

（2）同时撤消多个绘图操作（UNDO） UNDO 命令的功能与 U 基本相同，主要区别在于 UNDO 命令可以指定一次同时撤消 1 个或多个最近的绘图操作命令及其绘图操作结果。启动 UNDO 命令可以通过在命令窗口直接输入"UNDO"命令。

执行 UNDO 命令后，AutoCAD 提示输入要放弃的操作数目，按回车键后即可一次同时撤消多个最近的绘图操作命令及其操作结果，如图 4.40 所示。

命令:UNDO
当前设置:自动＝开,控制＝全部,合并＝是,图层＝是

输入要放弃的操作数目或［自动（A）/控制（C）/开始（BE）/结束（E）/标记（M）/后退（B）］
＜1＞:2
CIRCLE GROUP ARC GROUP

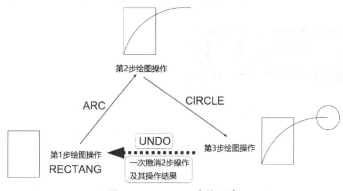

图 4.40　UNDO 功能示意

（3）重做　重做功能命令是 REDO，其允许恢复上一个 U 或 UNDO 命令所做的撤消或放弃操作效果。注意，要恢复上一个 U 或 UNDO 所做的撤消操作，必须在该撤消操作进行后立即执行，即 REDO 必须在 U 或 UNDO 命令后立即执行。否则不能进行该撤消的重做操作。REDO 只能恢复一次上一个 U 操作，不能同时进行多个恢复。

启动 REDO 命令可以通过以下几种方式，如图 4.41 所示。

- 打开【编辑】下拉菜单选择【重做（R）＊＊＊】命令选项，其中"＊＊＊"代表前一步撤消的操作功能命令。
- 单击功能区工具栏上的"重做"命令图标 ↦。
- 在"命令"窗口处直接输入"REDO"命令后按回车键。
- 使用快捷键【Ctrl】+【Y】，即同时按下 Ctrl 键和 Y 键。

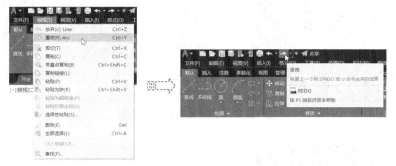

图 4.41　启动重做（REDO）功能命令方法

4.2.2　对象特性编辑修改及特性匹配

（1）对象特性编辑修改　图形对象特性是指图形对象所具有的全部特点和特征参数，包括图层、颜色、线型、尺寸大小、宽度、角度等一系列性质。对象特向编辑功能是指对对象的前述有关参数进行修改调整。其 AutoCAD 命令为 PROPERTIES（简写形式为 PROPS）。启动 PROPERTIES 命令可以通过以下几种方式，如图 4.42 所示。

- 打开【修改】下拉菜单选择【特性】命令选项。
- 在"命令"窗口处直接输入 PROPERTIES 或 PROPS 命令。

■ 使用快捷键【Ctrl】＋【1】，即同时按下 "ctrl" 键和数字 "1" 键。
■ 先选择图形对象然后单击鼠标右键，在屏幕上弹出的快捷菜单中选择 "特性（S）" 命令选项。
■ 在 "默认" 选项卡中，单击 "特性" 命令面板上右下角的箭头 "↘"。

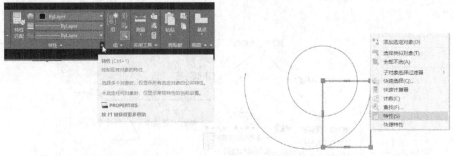

(a) "特性" 命令面板   (b) 快捷菜单选择 "特性" 选项

图 4.42　启动特性功能方法

　　按上述方法执行属性编辑功能命令后，AutoCAD 将弹出 PROPERTIES 对话框。如图 4.43 所示。先点击要修改特性的图形对象，然后可以在该对话框中单击要修改的属性参数所在行右侧的 "▼" 图标，直接进行修改或在出现的一个下拉菜单选择需要的参数。可以修改特性的参数包括颜色、图层、线型、线型比例、线宽、坐标和长度、角度等各项相关指标。如图 4.44 所示。

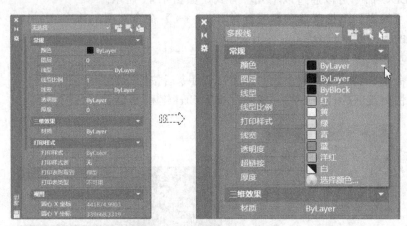

图 4.43　PROPERTIES 对话框

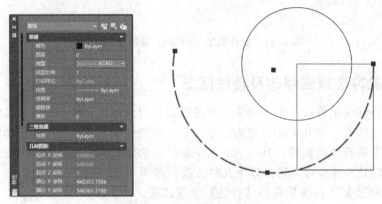

图 4.44　线型特性修改示意

也可以先选择图形对象，然后在"默认"选项卡中，单击"特性"命令面板上的对应功能选项直接进行有关特性参数修改，包括图层、颜色、线型等。如图 4.45 所示。

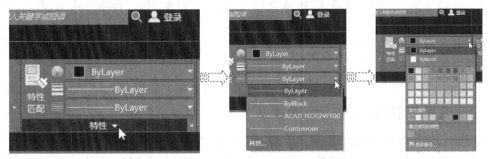

图 4.45 使用"特性"命令面板上的对应功能

（2）特性匹配 特性匹配是指将所选图形对象的特性类型，复制应用到另外一个图形对象上，使其具有相同的特性类型。可应用的特性类型包含：颜色、图层、线型、线型比例、线宽、打印样式、透明度和其他指定的特性。

特性匹配功能的 AutoCAD 命令为 MATCHPROP（简写形式为 MA）。启动 MATCH-PROP 命令可以通过以下几种方式。

■ 打开【修改】下拉菜单选择【特性匹配】命令选项。

■ 在"默认"选项卡中，单击"特性"命令面板上的"特性匹配"命令图标。

■ 在"命令"窗口处直接输入 MATCHPROP 或 MA 命令。

执行特性匹配功能命令选择图形后，光标变为一个刷子形状，使用该刷子点击其他图形，即可将选定图形的特性类型应用到点中的其他图形上，包括具有一样的颜色、图层、线型、线型比例、线宽、打印样式、透明度和其他指定的特性。如图 4.46 所示。

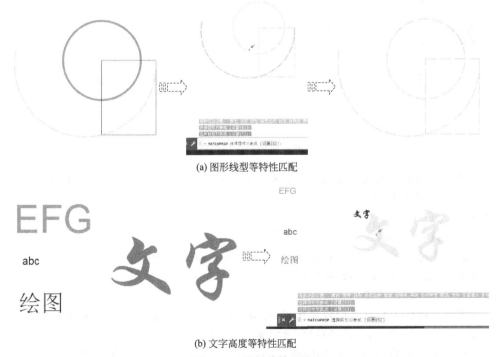

(a) 图形线型等特性匹配

(b) 文字高度等特性匹配

图 4.46 进行特性匹配

命令：MATCHPROP

选择源对象：

当前活动设置：颜色 图层 线型 线型比例 线宽 透明度 厚度 打印样式 标注 文字 图案填充 多段线 视口 表格 材质 多重引线 中心对象

选择目标对象或[设置(S)]：

选择目标对象或[设置(S)]：

选择目标对象或[设置(S)]：(回车)

4.2.3 多段线和样条曲线编辑修改

多段线和样条曲线的编辑修改，需使用其专用编辑功能命令。

(1) 多段线编辑修改 多段线（PLINE）专用编辑命令是 PEDIT 或 PE，启动 PEDIT 编辑命令可以通过以下几种方式，如图 4.47 所示。

■ 打开【修改】下拉菜单，移动光标至【对象】选项，然后右侧弹出命令子菜单，再选择其中的【多段线】命令。

■ 在"默认"选项卡中，单击"修改"命令面板上的"编辑多段线"命令图标（若命令面板上看不到对应的图标，可以点击"修改"图标右侧的小三角图标"▼"，在弹出的扩展命令面板上即可找到"编辑多段线"命令图标）。

■ 在"命令"窗口处直接输入命令 PEDIT 或 PE。

另外也可以先用鼠标点击选中多段线后，再在绘图区域内单击鼠标右键，然后在弹出的快捷菜单上依次选择"多段线"及相应的命令选项，即可进行多段线编辑修改。

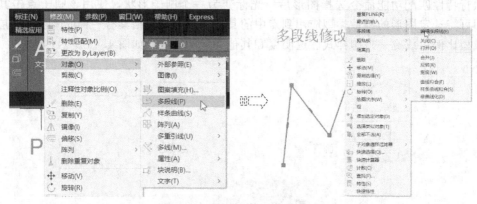

图 4.47 启动多段线编辑功能

按前述方法启动多段线编辑修改功能命令后，可以对多段线进行线宽、拟合、样条曲线等多种修改。如图 4.48 所示。

命令：PEDIT

选择多段线或[多条(M)]：

输入选项 [闭合(C)/合并(J)/宽度(W)/编辑顶点(E)/拟合(F)/样条曲线(S)/非曲线化(D)/线型生成(L)/反转(R)/放弃(U)]：W

指定所有线段的新宽度：150

输入选项 [闭合(C)/合并(J)/宽度(W)/编辑顶点(E)/拟合(F)/样条曲线(S)/非曲线化(D)/线型生成(L)/反转(R)/放弃(U)]：(回车)

(2) 样条曲线编辑修改 样条曲线（SPLINE）专用编辑命令是 SPLINEDIT 或 SPE，启动 SPLINEDIT 编辑命令可以通过以下几种方式，如图 4.49 所示。

宽度

拟合

图 4.48　多段线编辑修改效果

■ 打开【修改】下拉菜单，移动光标至【对象】选项，然后右侧弹出命令子菜单，再选择其中的【样条曲线】命令。

■ 在"默认"选项卡中，单击"修改"命令面板上的"编辑样条曲线"命令图标（若命令面板上看不到对应的图标，可以点击"修改"图标右侧的小三角图标"▼"，在弹出的扩展命令面板上即可找到"编辑样条曲线"命令图标）。

■ 在"命令"窗口处直接输入命令 SPLINEDIT 或 SPE。

另外也可以先用鼠标点击选中样条曲线后，再在绘图区域内单击鼠标右键，然后在弹出的快捷菜单上依次选择"样条曲线"及相应的命令选项，即可进行样条曲线的编辑修改。

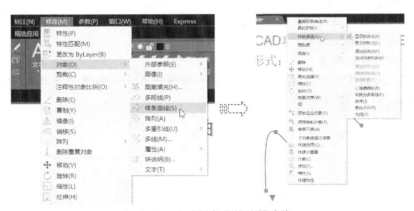

图 4.49　启动样条曲线编辑功能

按前述方法启动样条曲线编辑修改功能命令后，可以对样条曲线进行合并、闭合、转为多段线等多种修改。下面介绍样条曲线闭合及编辑顶点的操作方法，其他选项操作方法类似。如图 4.50 所示。

命令:SPLINEDIT

选择样条曲线:

输入选项 [闭合(C)/合并(J)/拟合数据(F)/编辑顶点(E)/转换为多段线(P)/反转(R)/放弃(U)/退出(X)]<退出>:E

输入顶点编辑选项 [添加(A)/删除(D)/提高阶数(E)/移动(M)/权值(W)/退出(X)]<退出>:D

指定要删除的控制点:

指定要删除的控制点:

输入顶点编辑选项 [添加(A)/删除(D)/提高阶数(E)/移动(M)/权值(W)/退出(X)]<退出>:

输入选项［闭合(C)/合并(J)/拟合数据(F)/编辑顶点(E)/转换为多段线(P)/反转(R)/放弃(U)/退出(X)]＜退出＞：

图 4.50　样条曲线闭合及顶点等编辑修改

样条曲线可以与其他图形对象进行合并，可以合并的图形对象包括直线、多段线、弧线、样条曲线等，但要合并的图形对象必须与样条曲线有端点相交。如图 4.51 所示。

命令：SPLINEDIT

选定的对象不是样条曲线。

选择样条曲线：

输入选项［闭合(C)/合并(J)/拟合数据(F)/编辑顶点(E)/转换为多段线(P)/反转(R)/放弃(U)/退出(X)]＜退出＞：J

选择要合并到源的任何开放曲线：找到 1 个

选择要合并到源的任何开放曲线：

已将 1 个对象合并到源

输入选项［闭合(C)/合并(J)/拟合数据(F)/编辑顶点(E)/转换为多段线(P)/反转(R)/放弃(U)/退出(X)]＜退出＞：X

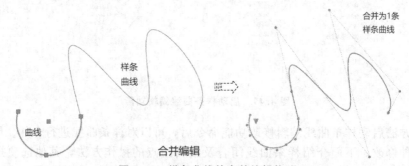

图 4.51　样条曲线的合并编辑修改

4.2.4　多线及阵列编辑修改

(1) 多线编辑修改　多线（MLINE）专用编辑命令是 MLEDIT，启动 MLEDIT 编辑命令可以通过以下几种方式。

■ 打开【修改】下拉菜单，移动光标至【对象】选项，然后右侧弹出命令子菜单，再选择其中的【多线】命令。

■ 在"命令"窗口处输入命令 MLEDIT。

按上述方法执行 MLEDIT 编辑命令后，AutoCAD 弹出一个多线编辑工具对话框，如图 4.52 所示。若单击其中的一个图标，则表示使用该种方式进行多线编辑操作。

例如，启动多线编辑修改功能后，对多线进行"十字打开""T 形打开"和"角点结合"

图 4.52 多线编辑工具对话框

编辑修改操作如下。

① 十字交叉多线编辑

单击对话框中的"十字打开"图标，然后依次点击多线。图 4.53 所示。

命令：MLEDIT

选择第一条多线：

选择第二条多线：

选择第一条多线或[放弃(U)]：

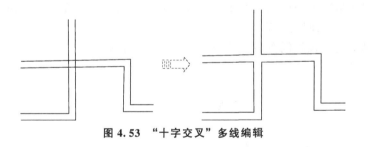

图 4.53 "十字交叉"多线编辑

② T 形交叉多线编辑

单击对话框中的"T 形打开"图标，然后依次点击多线。如图 4.54 所示。

命令：MLEDIT

选择第一条多线：

选择第二条多线：

选择第一条多线或[放弃(U)]：

③ 多线"角点结合"编辑

单击对话框中的"角点结合"图标，然后依次点击多线。如图 4.55 所示。

命令：MLEDIT

选择第一条多线：

选择第二条多线：

选择第一条多线或[放弃(U)]：

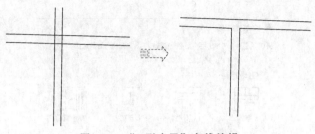

图 4.54 "T 形交叉"多线编辑

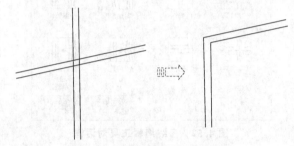

图 4.55 "角点结合"多线编辑

（2）阵列编辑修改　阵列（ARRAY）专用编辑命令是 ARRAYEDIT，启动 AR-RAYEDIT 编辑命令可以通过以下几种方式。

■ 打开【修改】下拉菜单，移动光标至【对象】选项，然后右侧弹出命令子菜单，再选择其中的【阵列】命令选项。

■ 在"命令"窗口处输入命令 ARRAYEDIT。

启动阵列编辑修改功能后，可以对阵列进行相关的编辑修改，包括数目、间距、角度、替换等。下面以矩形阵列的行数及间距、替换部分图形对象为例介绍阵列编辑修改方法。

① 矩形阵列行数及间距修改

将矩形阵列的行数及其间距进行修改。如图 4.56 所示。

命令：ARRAYEDIT

选择阵列：

输入选项［源(S)/替换(REP)/基点(B)/行(R)/列(C)/层(L)/重置(RES)/退出(X)］
＜退出＞：R

输入行数数或［表达式(E)］＜3＞：2

指定 行数 之间的距离或［总计(T)/表达式(E)］＜1152.5624＞：600

指定 行数 之间的标高增量或［表达式(E)］＜0＞：0

输入选项［源(S)/替换(REP)/基点(B)/行(R)/列(C)/层(L)/重置(RES)/退出(X)］
＜退出＞：X

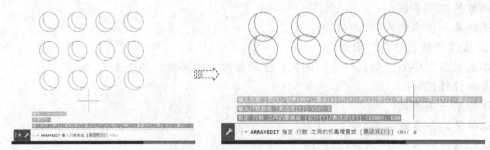

图 4.56　矩形阵列行数及间距修改

② 替换矩形阵列图形对象

将矩形阵列中的部分图形（如中间的 2 个圆形）替换为其他图形（如小矩形）。如图 4.57 所示。

命令：ARRAYEDIT

选择阵列：

输入选项［源（S）/替换（REP）/基点（B）/行（R）/列（C）/层（L）/重置（RES）/退出（X）］＜退出＞：REP

选择替换对象：找到 1 个

选择替换对象：

选择替换对象的基点或［关键点（K）］＜质心＞：

选择阵列中要替换的项目或［源对象（S）］：找到 1 个

选择阵列中要替换的项目或［源对象（S）］：找到 1 个,总计 2 个

选择阵列中要替换的项目或［源对象（S）］：

输入选项［源（S）/替换（REP）/基点（B）/行（R）/列（C）/层（L）/重置（RES）/退出（X）］＜退出＞：X

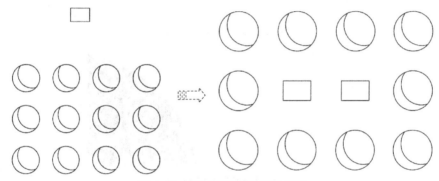

图 4.57　矩形阵列图形替换修改

另外可以直接点击要修改的阵列图形对象，点击后系统在命令选项卡下面、图形上侧区域显示一个阵列编辑修改命令面板，通过该命令面板同样可进行阵列编辑和修改操作。该命令面板上能够修改的阵列选项，是根据阵列方式不同（矩形阵列、路径阵列、环形阵列）显示不同的修改选项内容；直接在该命令面板上即可输入新的参数进行阵列修改，如图 4.58 所示。

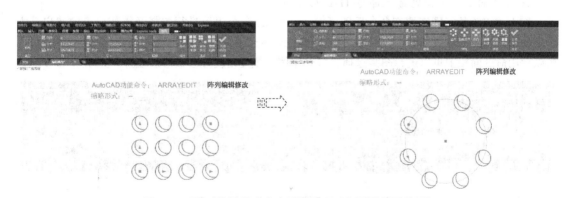

图 4.58　阵列编辑修改命令面板选项（矩形及环形阵列）

4.3 图案填充及其编辑修改

4.3.1 图案填充绘制方法

图案填充功能是指使用某种有规律的图案或符号，将其填充到其他封闭图形整个范围或局部区域中，所使用的填充图案一般为 AutoCAD 系统提供，使用者也可以建立新的填充图案。此外，也可以使用实体填充（SOLID，是指使用纯色填充区域）来填充封闭区域或选定对象。如图 4.59 所示。

图案主要用来区分工程的部件或表现组成对象的材质，可以使用 AutoCAD 系统提供预定义的填充图案，或者创建更加复杂的填充图案。

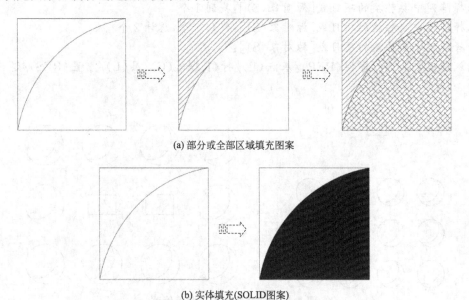

(a) 部分或全部区域填充图案

(b) 实体填充(SOLID图案)

图 4.59　不同图案填充效果

图案的填充功能 AutoCAD 命令 HATCH 或 H。启动图案填充功能命令可以通过以下几种方式。

■ 打开【绘图】下拉菜单，点击其中的【图案填充】命令选项。
■ 在"默认"选项卡中，单击"绘图"命令面板上的"图案填充"命令图标。
■ 在"命令"窗口处输入命令 HATCH 或 H。

按上述方法执行图案填充命令后即可按 AutoCAD 命令提示进行选择及操作。按前述启动方法启动图案填充功能命令后，在绘图区域上侧系统将显示一个"图案填充创建"命令专用面板。在该专用命令面板上可以进行图案选择、填充比例、填充角度等参数修改设置。如图 4.60 所示。

图 4.60　"图案填充创建"命令专用面板

① 若按命令提示，直接点击图形填充区域位置（即拾取内部点），则系统采用默认的图案及填充比例，对点击区域进行图案填充。若前面已有图案填充处，则是使用上一次填充图案操作时所采用的图案及填充比例等参数设置。如图 4.61 所示。

命令：HATCH

拾取内部点或［选择对象(S)/放弃(U)/设置(T)］：正在选择所有对象……

正在选择所有可见对象……

正在分析所选数据……

正在分析内部孤岛……

拾取内部点或［选择对象(S)/放弃(U)/设置(T)］：(回车)

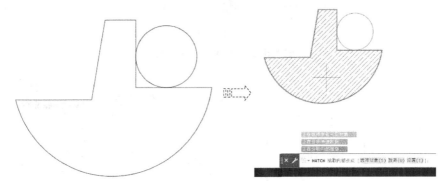

图 4.61　直接点击填充图形区域位置

② 若在命令提示中输入"T"或"t"，系统将弹出"图案填充和渐变色"对话框。在该对话框中即可对选择需要填充的图案类型、图案颜色、填充比例和角度等相关参数进行修改和选择。最后点击"确定"按钮即可返回图形操作界面，在点击填充区域位置即可进行填充。

在"图案填充和渐变色"对话框中的各项参数，其中的比例和角度设置比较重要，不同的比例和角度，将会得到不同的填充显示效果，需要根据实际需要设置合适的比例和角度参数。如图 4.62 所示。

命令：HATCH

拾取内部点或［选择对象(S)/放弃(U)/设置(T)］：T

拾取内部点或［选择对象(S)/放弃(U)/设置(T)］：正在选择所有对象……

正在选择所有可见对象……

正在分析所选数据……

正在分析内部孤岛……

拾取内部点或［选择对象(S)/放弃(U)/设置(T)］：(回车)

需要说明的是，进行图案填充时，要填充图案的区域轮廓线必须是闭合的图形或图形区域，不能有断开、开口或不连续的位置，否则不能进行正确填充。对有断点或开口不连续的图形轮廓线，只需将其连接闭合即可进行图案填充操作。如图 4.63 所示。

4.3.2　图案填充编辑修改方法

图案填充编辑修改是指修改填充图案的一些特性，包括其造型、比例、角度和颜色等。其 AutoCAD 功能命令为 HATCHEDIT 或 HE。

启动 HATCHEDIT 编辑命令可以通过以下几种方式。

■ 打开【修改】下拉菜单，移动光标至【对象】选项，然后右侧弹出命令子菜单，再选择其中的【图案填充】命令。

(a) "图案填充和渐变色"对话框

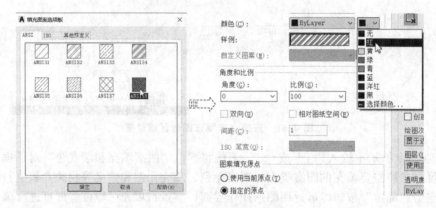

(b) 选择填充图案、颜色及比例等

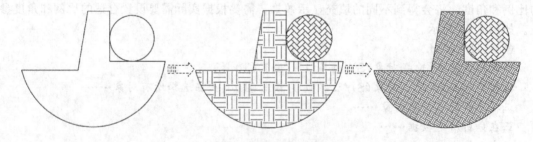

(c) 不同比例及角度图案填充效果

图 4.62　图案填充相关参数设置

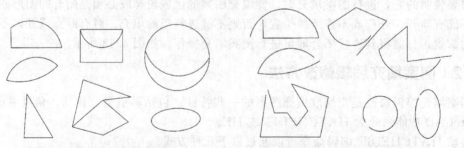

(a) 闭合的图形或区域(可填充图案)　　　　(b) 不闭合的图形或区域(不可填充图案)

图 4.63　各种图形或区域情况示意

■ 在"默认"选项卡中，单击"修改"命令面板上的"编辑图案填充"命令图标（若命令面板上看不到对应的图标，可以点击"修改"图标右侧的小三角图标"▼"，在弹出的扩展命令面板上即可找到"编辑图案填充"命令图标）。

■ 在"命令"窗口处直接输入命令"HATCHEDIT"。

按上述方法执行图案填充编辑"HATCHEDIT"功能命令后，AutoCAD命令提示要求选择要编辑的填充图案。点击选择填充图案后，系统弹出"图案填充编辑"对话框。如图 4.64 所示。在该对话框中，可以进行填充图案的类型、填充比例、填充角度等相关参数修改，实际上其修改操作方法与进行填充图案操作是一致的。如图 4.65 所示。

命令：HATCHEDIT

选择图案填充对象：

图 4.64　填充图案编辑对话框

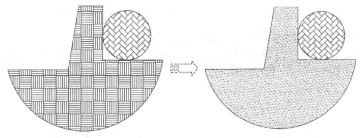

图 4.65　修改填充图案效果

另外可以通过快速双击要修改的填充图案进行填充图案编辑修改。双击填充图案后系统显示"图案填充编辑器"命令面板及一个快捷"图案填充"修改对话框，在该编辑器或对话框上即可进行图案类型、填充比例、填充角度等相关参数修改。其修改操作方法与填充图案创建基本类似。如图 4.66 所示。

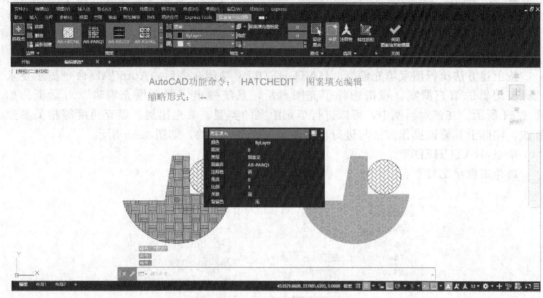

图 4.66　双击填充图案进行修改

4.3.3　渐变色图案绘制方法

渐变色图案绘制是图案填充的一种特例,以一种渐变色填充封闭区域。渐变填充可显示为"明"(一种与白色混合的颜色)、"暗"(一种与黑色混合的颜色)或两种颜色之间的平滑过渡。其功能命令是 GRADIENT 或 GD。

启动 GRADIENT 绘图操作功能命令可以通过以下几种方式。

■ 打开【绘图】下拉菜单,选择其中的【渐变色】命令。

■ 在"默认"选项卡中,单击"绘图"命令面板上的"图案填充"命令图标右侧的小三角图标"▼",即可找到"渐变色"命令图标。

■ 在"命令"窗口处直接输入命令"GRADIENT"或"GD"。

按上述方法执行渐变色图案填充"GRADIENT"功能命令后,点击填充区域位置后,系统在绘图区上侧将显示"渐变色"专用命令面板即"图案填充创建",即可在该命令面板上直接设置相关参数,包括渐变颜色、渐变图案效果等。然后点击"渐变色"专用命令面板右侧"关闭图案填充创建"图标,就可以完成渐变色图案填充。如图 4.67 所示。

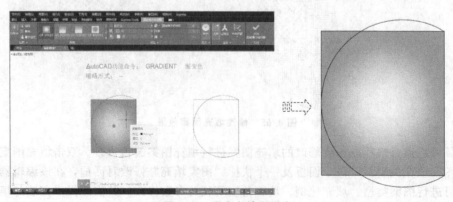

图 4.67　渐变色填充图案

命令:GRADIENT

选择对象或[拾取内部点(K)/放弃(U)/设置(T)]:找到 1 个

选择对象或[拾取内部点(K)/放弃(U)/设置(T)]:

另外也可以在执行功能命令后,在命令提示中输入"T"对渐变色填充图案进行设置,输入"T"按回车键后,系统显示"图案填充和渐变色"对话框,在该对话框中即可设置相关参数,包括渐变颜色、渐变图案效果等。最后点击"确定"按钮图标,就可以完成渐变色图案填充。如图 4.68 所示。

命令:GRADIENT

选择对象或[拾取内部点(K)/放弃(U)/设置(T)]:T

选择对象或[拾取内部点(K)/放弃(U)/设置(T)]:K

拾取内部点或[选择对象(S)/放弃(U)/设置(T)]:正在选择所有对象……

正在选择所有可见对象……

正在分析所选数据……

正在分析内部孤岛……

选择对象或[拾取内部点(K)/放弃(U)/设置(T)]:

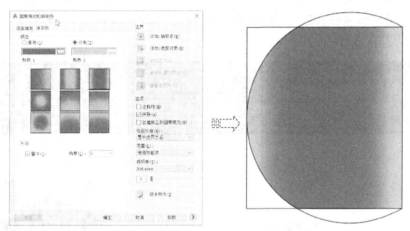

图 4.68 通过命令提示进行渐变色设置

需要注意的是,能够填充渐变色图案的图形或区域,与图案填充一样,要求填充图形或区域是闭合的,不能有断开、开口或不连续的位置,否则不能进行渐变色图案填充。

4.3.4 渐变色编辑修改方法

渐变色图案填充编辑和修改功能命令与图案填充编辑修改的功能命令一样,即均是"HATCHEDIT"或"HE"。操作使用方法也是一样的。按照前面介绍的图案填充编辑修改功能命令"HATCHEDIT"讲解方法进行操作,就可以对渐变色进行编辑修改了。

启动图案填充编辑功能命令"HATCHEDIT"后,按命令提示选择渐变色图形对象,然后系统弹出"图案填充编辑"对话框。在该对话框中上部点击"渐变色"选项卡,即可选择新渐变色的各项填充参数进行修改,包括颜色、角度等。最后点击对话框中"确定"按钮即可完成渐变色编辑修改。如图 4.69 所示。

命令:HATCHEDIT

选择图案填充对象:

另外,直接点击渐变色图案即可进行编辑修改。双击渐变色填充图案后系统显示"图案

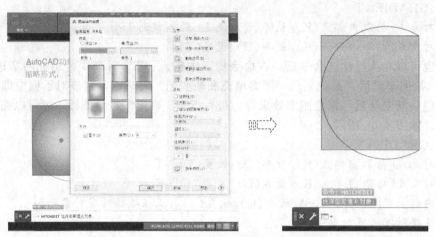

图 4.69　使用 HATCHEDIT 进行渐变色编辑修改

填充编辑器"命令面板及一个快捷"图案填充"修改对话框，在该编辑器或对话框上即可进行渐变颜色、渐变图案效果等相关参数修改。最后点击命令面板右侧"关闭图案填充编辑器"即可完成渐变色编辑修改。实际上渐变色编辑修改操作方法与图案填充编辑修改基本类似。如图 4.70 所示。

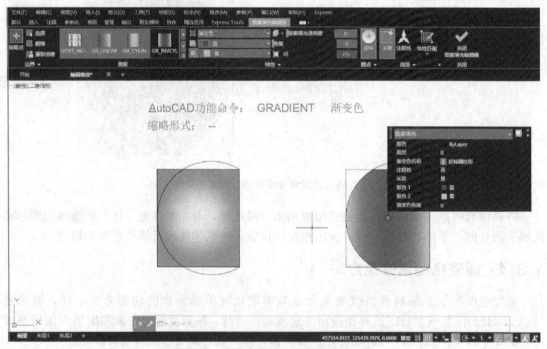

图 4.70　直接点击渐变色图案进行编辑

4.4　图块创建及其编辑修改

AutoCAD 中的图块简单理解是指一个或多个图形对象或符号组成的一体组合体，如图 4.71 所示。图块具有自己的特性，组成图块的各个图形对象或符号有自己的图层、线型和颜色等特性。可以对图块进行复制、旋转、删除和移动等各种编辑修改操作。图块的作用主要是避免许多重复性的操作，提高设计与绘图效率和质量，使用"块"具有以下优点。

① 可以确保图形中，例如家具、设备、零件、符号和标题栏等相同副本之间的一致性。

② 相较于对选定各个几何对象进行操作，可以更快地插入、旋转、缩放、移动和复制块。

③ 如果编辑或重新定义"块"，该图形中的所有"块"参照都将自动更新。

④ 可以在"块"中包含零件号、成本、服务日期和性能值等数据。数据存储在称为"块属性"的特殊对象中。

⑤ 通过插入多个"块"参照而不是复制对象几何图形，可以减小图形的文件大小。

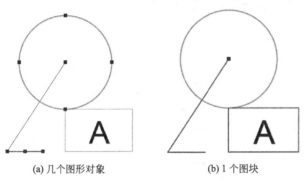

(a) 几个图形对象   (b) 1 个图块

图 4.71　图块示意

4.4.1　创建图块

AutoCAD 创建图块的功能命令是 BLOCK 或"B"。启动 BLOCK 命令可以通过以下几种方式。

■ 打开【绘图】下拉菜单中的【块】子菜单，选择其中的【创建】命令。

■ 在"默认"选项卡中，单击"块"命令面板上的"创建"命令图标。

■ 在"命令"窗口处直接输入功能命令"BLOCK"或"B"并回车。

按上述方法启动图块 BLOCK 命令后，AutoCAD 系统弹出"块定义"对话框。如图 4.72 所示。在该对话框中可以进行图块相关参数的设置和选择，包括图块名称、图块基点、图块包含的图形对象内容、图块单位等。最后点击"确定"按钮即可创建一个新图块。

图 4.72　"块定义"对话框

① 在"块定义"对话框中，其中"基点""对象"这两个选项内容，若点击勾选"在屏幕上指定"名称前的小方框，即小方框内打"√"。则先输入图块名称，例如"图块1"，然后点击对话框中的"确定"按钮后，系统将切换到绘图区域，将在绘图区域分别指定图块的基点位置、组成图块的图形对象，即可完成图块创建。如图4.73所示。

命令：BLOCK
指定插入基点：
选择对象：找到1个
选择对象：找到1个，总计2个
选择对象：指定对角点：找到3个，总计5个
选择对象：

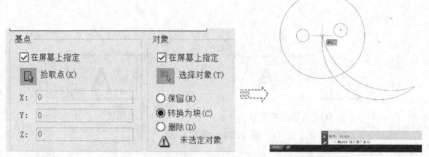

图4.73 创建图块（勾选"在屏幕上指定"）

② 在"块定义"对话框中，其中"基点""对象"这两个选项内容，若不点击勾选"在屏幕上指定"名称前的小方框，即小方框内不打"√"，是空白的。则先输入图块名称，例如"图块2"，然后需要先点击其中的"拾取点"图标来指定图块基点位置，点击"选择对象"图标来选择组成图块的图形对象。最后点击对话框中的"确定"按钮，即可完成图块创建。如图4.74所示。

命令：BLOCK
指定插入基点：
选择对象：指定对角点：找到4个
选择对象：找到1个，总计5个
选择对象：

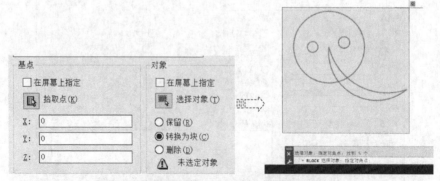

图4.74 创建新图块（不勾选"在屏幕上指定"）

此外，可以通过粘贴功能快速创建图块，具体操作方法如下，如图4.75所示。

① 先选择要组成图块的图形对象，再打开"编辑"下拉菜单，选择"复制"命令选项；
② 打开"编辑"下拉菜单，选择"粘贴为块"命令选项；
③ 在绘图区域点击插入图块的位置，即可完成图块创建即插入。
命令：PASTEBLOCK
指定插入点：

图 4.75   通过粘贴功能快速创建图块

4.4.2　插入图块

要在图形中插入图块，需按前述方法先创建图块，然后才能插入所创建的图块。

（1）插入单个图块　插入单个图块是指在图形中逐个插入已创建的图块。AutoCAD 插入单个图块的功能命令是"INSERT"或"I"。启动 INSERT 功能命令可以通过以下几种方式。

■ 打开【插入】下拉菜单中的【块选项板】命令选项。

■ 在"默认"选项卡中，单击"块"命令面板上的"插入"命令图标。

■ 在"命令"窗口处直接输入功能命令"INSERT"或"I"并回车。

按上述方法启动插入图块功能命令"INSERT"后，AutoCAD 系统弹出"块"对话框。在该对话框中可以通过点击"收藏夹""最近使用""当前图形"选项卡中，依次查找不同位置的已有图块并显示图块形状预览图。然后点击选中要插入的图块图标即可。再在下侧"选项"栏中，点击勾选或取消勾选各个选项（包括图块的插入点、比例、旋转角度、分解等）前小方框内的"√"符号，确定对应的图块插入方式是多个插入、单个插入。如图 4.76 所示。

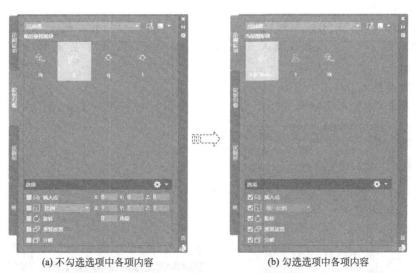

(a) 不勾选项中各项内容　　　　　　　(b) 勾选选项中各项内容

图 4.76   插入图块的"块"对话框

此处介绍的是单个图块插入方法，因此不需勾取各个选项（包括图块的插入点、比例、旋转角度、分解等）前小方框内的"√"符号，其具体操作方法如下。

按上述方法启动插入图块功能命令"INSERT"后，AutoCAD 系统弹出"块"对话框。在对话框中，查找点击选中要插入的图块图标。注意不需勾取各个选项（包括图块的插入点、比例、旋转角度、分解等，系统将忽略这些参数插入图块）前小方框内的"√"符号。然后移动光标在绘图区域点击插入位置点后，图块按默认的比例大小、角度等直接安放在点击位置。如图 4.77 所示。

命令：INSERT

指定插入点或［基点（B）/比例（S）/旋转（R）］：

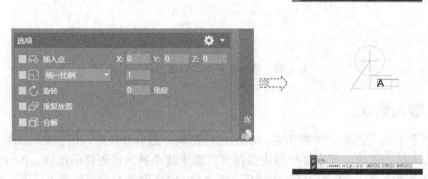

图 4.77　插入单个图块（不勾选选项中各项内容）

插入单个图块，还可以通过在"默认"选项卡中，单击"块"命令面板上的"插入"命令图标。点击该图标后，系统显示一个图块相关命令面板，可以查找选择要插入的图块名称，选择后移动光标到绘图区域直接点击插入位置，即可插入图块。也可以点击下面的"最近使用的块""收藏块"等命令选项，同样弹出图 4.78 所示的"块"对话框，即可按前面介绍的方法插入图块。

命令：INSERT

输入块名或［?］＜图块 a＞:（按回车键使用"图块 a"）

单位：毫米　转换：　　1.0000

指定插入点或［基点（B）/比例（S）/X/Y/Z/旋转（R）/分解（E）/重复（RE）］:Scale 指定 XYZ 轴的比例因子＜1＞:1 指定插入点或［基点（B）/比例（S）/X/Y/Z/旋转（R）/分解（E）/重复（RE）］:Rotate

指定旋转角度＜0＞:0

指定插入点或［基点（B）/比例（S）/X/Y/Z/旋转（R）/分解（E）/重复（RE）］:

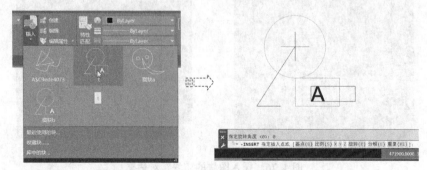

图 4.78　使用"块"命令面板上"插入"功能

（2）插入多个图块　插入多个图块是指同时插入多个图块对象，有两种方法。

① 使用功能命令"INSERT"。采用前述功能命令"INSERT"，"INSERT"也可以插入多个图块。操作方法是启动"INSERT"命令后，在弹出"块"对话框中点击勾选各个选项（包括图块的插入点、比例、旋转角度、分解等）前小方框内的"√"符号，确定图块插入方式是多个插入。

② 使用功能命令"MINSERT"。采用 AutoCAD 插入多个图块的功能命令为"MINSERT"。这个功能命令一般情况下是熟练掌握 AUTOCAD 操作的人员使用，对初学者可以了解一下即可。

按前述两种方法插入多个图块的操作方法如下。

① 使用功能命令"INSERT"

按前面讲述的方法启动插入图块功能命令"INSERT"后，AutoCAD 系统弹出"块"对话框。在对话框中，查找点击选中要插入的图块图标。注意勾取各个选项（包括图块的插入点、比例、旋转角度、分解等）前小方框内的"√"符号。然后移动光标在绘图区域点击插入位置点后，按命令提示设置比例因子、旋转角度等数值大小，第 1 个图块完成插入，接着还可以继续点击插入相同的图块，即可以插入多个相同图块。如图 4.79 所示。

命令:INSERT

指定插入点或[基点(B)/比例(S)/旋转Ⓡ]:指定比例因子＜1＞:1

指定旋转角度＜0＞:0

指定插入点或[基点(B)/比例(S)/旋转Ⓡ]:指定插入点或[基点(B)/比例(S)/旋转Ⓡ]:指定插入点或[基点(B)/比例(S)/旋转Ⓡ]:

设置相关参数后,移动光标至绘图区域点击插入位置,最后按命令提示进行设置,包括比例因子、即可插入所选择的图块。如图 4.79 所示。

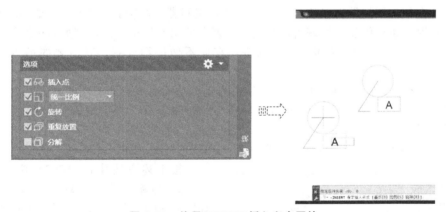

图 4.79　使用 INSERT 插入多个图块

② 使用功能命令"MINSERT"。启动功能命令"MINSERT"命令可以通过在命令窗口处直接输入"MINSERT"并回车。然后按命令提示设置或指定插入点位置、比例因子旋转角度、行数与列数及其间距等参数，即可完成插入一个图块阵列。如图 4.80 所示。

注意，在使用功能命令"MINSERT"进行多个图块插入操作时，插入的多个图块是整体的，也即是得到的全部图块是 1 个整体图形对象，各个图块不是独立分开的。

命令:MINSERT

输入块名或[?]＜图块 2＞:(按回车键使用"图块 2")

单位:毫米　转换:　　1.0000

指定插入点或[基点(B)/比例(S)/X/Y/Z/旋转(R)]:

输入 X 比例因子,指定对角点,或[角点(C)/xyz(XYZ)]<1>:1

输入 Y 比例因子或<使用 X 比例因子>:

指定旋转角度<0>:0

输入行数(---)<1>:2

输入列数(|||)<1>:2

输入行间距或指定单位单元(---):5000

指定列间距(|||):3000

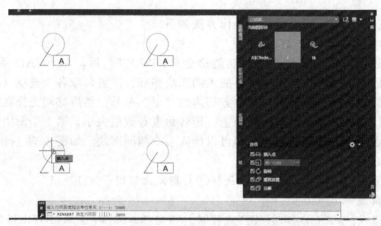

图 4.80 使用 MINSERT 插入多个图块

4.4.3 图块编辑修改

本小节介绍的图块编辑修改,是指通过"块编辑器"功能命令 BEDIT 或 BE 来对组成图块的图形对象进行修改。块编辑器其他一些复杂的功能使用方法,例如通过块编辑器中添加参数和动作,自定义特性和动态行为等,在此不做详细介绍,有需要的可以自行学习了解。

"块编辑器"功能命令是 BEDIT 或 BE。启动该功能命令有如下几种方法。

■ 在"插入"选项卡中,单击"块定义"命令面板上的"块编辑器"命令图标。

■ 在"默认"选项卡中,单击"块"命令面板上的"编辑"命令图标。

■ 在"命令"窗口处直接输入功能命令"BEDIT"或"BE"并回车。

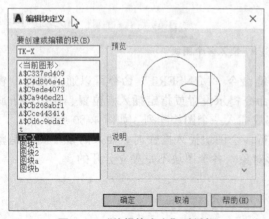

图 4.81 "编辑块定义"对话框

按上述方法执行 BEDIT 功能命令后,AutoCAD 将弹出"编辑块定义"对话框,如图 4.81 所示。在该对话框中选择要编辑的图块,并点击"确定"按钮。然后系统切换到"块编辑器"视图中,在该视图中可以对当前显示图块的各个图形对象进行独立修改,包括绘制和修改图形,以及添加参数和动作,自定义特性和动态行为等其他的功能修改。最后点击"关闭块编辑器"图标,即可完成图块编辑。如图 4.82 所示。

命令:BEDIT

正在重生成模型。

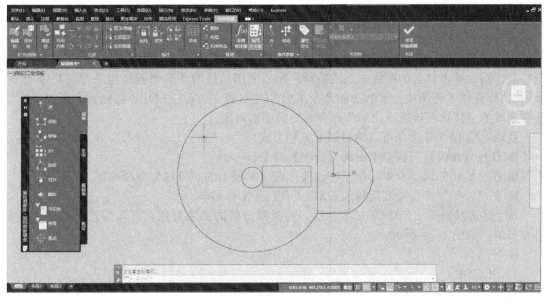

图 4.82　通过块编辑器修改图块

4.4.4　写块及图块分解

（1）写块　写块的 AutoCAD 功能命令是 WBLOCK 或 W，是指将选定对象保存到指定的图形文件，或将指定的块定义另存为一个单独的图形文件，简单可以理解为另外保存。

启动写块功能命令 WBLOCK 可以通过如下几种方法。

■ 在"插入"选项卡中，单击"块定义"命令面板上的"写块"命令图标（若命令面板上看不到对应的图标，可以点击"创建块"图标下侧的小三角图标"▼"，在弹出的下拉菜单中即可找到"写块"命令图标）。

■ 在"命令"窗口处直接输入命令 WBLOCK 或 W。

启动功能命令 WBLOCK 后，AutoCAD 系统弹出"写块"对话框，在该对话框中，可以进行写块有关的参数设置，包括图块源、基点、图形对象、保存文件名称与路径位置等。最后点击"确定"按钮即可将选择的图形文件或图块保存到指定的文件中。如图 4.83 所示。

图 4.83　"写块"对话框及选择图块保存

命令：WBLOCK

指定插入基点：

选择对象:指定对角点:找到 4 个

选择对象:

（2）图块分解　在创建图块后，图块是一个整体，若要对图块中的某个图形元素对象进行修改，则在整体组合的图块中无法进行。除了使用前述的块编辑器功能进行图块修改外，AutoCAD 提供了将图块分解的功能命令 EXPLODE 或 X。EXPLODE 功能命令可以将图块从创建时的一体状态转换或化解为各个独立的图形对象。

启动 EXPLODE 命令可以通过以下几种方式。

■ 打开【修改】下拉菜单中的【分解】命令。

■ 在"默认"选项卡中，单击"修改"命令面板上的"分解"命令图标。

■ 在"命令"窗口处直接输入 EXPLODE 或 X 并回车。

按上述方法激活 EXPLODE 命令后，选择要分解的图块对象，回车后选中的图块对象将被分解。如图 4.84 所示。

命令:X

EXPLODE

选择对象:找到 1 个

选择对象:

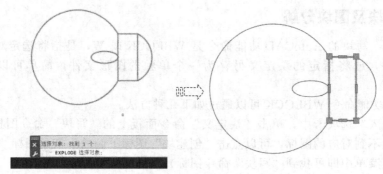

图 4.84　图块分解

4.5　其他辅助图形编辑修改方法

4.5.1　图形面积周长距离等快速测量方法

在图形的平面图中，"快速测量"选项现在支持测量由图形对象包围的面积、周长、半径、距离和角度等。快速测量功能命令是 MEASUREGEOM。其简写"MEA"。

执行"快速测量 MEA"命令后，输入"Q"启动快速模式，可以快速显示图形边线的长度、角度等，再移动鼠标到图形对象区域内部，单击鼠标左键显示出绿色选中区域标志，即可快速显示出当前图形对象区域的面积和周长数值大小。如图 4.85 所示。

命令:MEASUREGEOM

移动光标或［距离(D)/半径(R)/角度(A)/面积(AR)/体积(V)/快速(Q)/模式(M)/退出(X)］＜退出＞:Q

移动光标或［距离(D)/半径(R)/角度(A)/面积(AR)/体积(V)/快速(Q)/模式(M)/退出(X)］＜退出＞:正在选择所有对象……

正在选择所有可见对象……

正在分析所选数据……

正在分析内部孤岛……

区域＝615368.6873,周长＝3807.2682

移动光标或[距离(D)/半径(R)/角度(A)/面积(AR)/体积(V)/快速(Q)/模式(M)/退出(X)]＜退出＞：

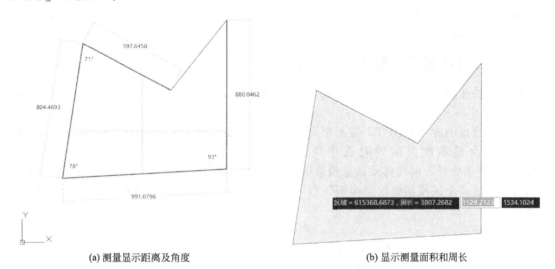

(a) 测量显示距离及角度　　　　　　　　(b) 显示测量面积和周长

图 4.85　快速测量图形角度和面积等

执行 MEA 功能命令后，分别输入相应的功能命令参数对应的字母（如距离 D）可以进行相应的长度等测量，如图 4.86 所示。

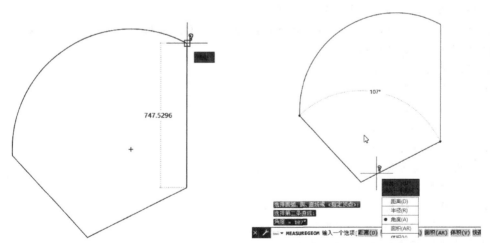

图 4.86　距离、角度等快速测量功能

命令：MEASUREGEOM

移动光标或[距离(D)/半径(R)/角度(A)/面积(AR)/体积(V)/快速(Q)/模式(M)/退出(X)]＜退出＞：D

指定第一点：

指定第二个点或[多个点(M)]：

距离＝583.9070,XY 平面中的倾角＝26,　与 XY 平面的夹角＝0

X 增量=523.6991， Y 增量=258.2375， Z 增量=0.0000

输入一个选项[距离(D)/半径(R)/角度(A)/面积(AR)/体积(V)/快速(Q)/模式(M)/退出(X)]＜距离＞:A

选择圆弧、圆、直线或＜指定顶点＞：

选择第二条直线：

选择第二条直线：

输入一个选项[距离(D)/半径(R)/角度(A)/面积(AR)/体积(V)/快速(Q)/模式(M)/退出(X)]＜角度＞:X

4.5.2　快速计算多个图形面积总和方法

利用"快速测量"功能命令 MEA，可以快速计算多个图形区域面积总和及周长总和，方法如下。

若按下键盘中的"SHIFT"键不松开，继续移动鼠标拾取到其他区域内部，单击鼠标左键加选，会显示出当前同时选中两个区域累加的"面积"和"周长"。只要按下"SHIFT"键不松开，继续移动鼠标拾取到其他区域内部，单击鼠标左键加选，会显示出当前同时选中的多个区域累加的"面积"和"周长"之和。如图 4.87 所示 A、B 区域面积和的计算。

命令:MEA

移动光标或[距离(D)/半径(R)/角度(A)/面积(AR)/体积(V)/快速(Q)/模式(M)/退出(X)]＜退出＞:正在选择所有对象……

正在选择所有可见对象……

正在分析所选数据……

正在分析内部孤岛……

区域＝464151.7713,周长＝2718.4756

移动光标或[距离(D)/半径(R)/角度(A)/面积(AR)/体积(V)/快速(Q)/模式(M)/退出(X)]＜退出＞:正在选择所有对象……

正在选择所有可见对象……

正在分析所选数据……

正在分析内部孤岛……

区域＝477818.7087,周长＝3086.2646

正在选择所有对象……

正在选择所有可见对象……

正在分析所选数据……

正在分析内部孤岛……

区域＝0.0000,周长＝0.0000

正在选择所有对象……

正在选择所有可见对象……

正在分析所选数据……

正在分析内部孤岛……

区域＝C,周长＝2718.4756

正在选择所有对象……

正在选择所有可见对象……

正在分析所选数据……

正在分析内部孤岛……

区域＝941970.4800,周长＝5804.7402

移动光标或[距离(D)/半径(R)/角度(A)/面积(AR)/体积(V)/快速(Q)/模式(M)/退出(X)]＜退出＞:X

核对一下 A＋B 面积和数据,完全正确:

464151.7713＋477818.7087＝941970.4800mm^2,CAD 图中"区域"即为"面积"大小。

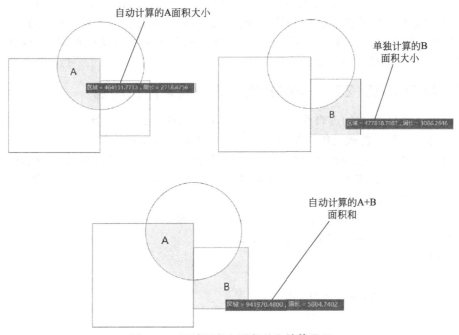

图 4.87　区域面积和周长总和计算显示

4.5.3　合并多个文字方法

合并多个文字的功能命令是 TXT2MTXT,是将多个文字对象转换或者合并为一个多行文字对象。文字对象之间的文字大小、字体和颜色差异可能将保持不变。若单个的各行文字对象垂直对齐,在合并时多行文字对象将保留多行。如果文字对象未对齐,结果将是多行文字对象的所有文字都位于一行上或者可能会换行(当自动换行选项已启用时),如图 4.88 所示。

图 4.88　合并多个文字为单一文字对象

命令:TXT2MTXT

选择要合并的文字对象……

窗交(C)套索　按空格键可循环浏览选项找到 0 个

选择对象或[设置(SE)]:找到 1 个

选择对象或[设置(SE)]:找到 1 个,总计 2 个

选择对象或[设置(SE)]:找到 1 个,总计 3 个

选择对象或[设置(SE)]:找到 1 个,总计 4 个

选择对象或[设置(SE)]:(回车)

5 个文字对象已删除,1 个多行文字对象已添加。

4.6　高版本新增图形编辑修改功能简介

为便于了解各个版本增加的图形编辑修改功能,本节对自 AutoCAD 2017 版本以后的各个高版本各自新增的图形编辑修改功能进行综述,以便了解有的编辑修改功能在有些 AutoCAD 版本中是没有的,也即是不能使用的。这些新增的编辑修改功能更多的详细操作方法及对应视频讲解可参见前面小节的内容。

4.6.1　AutoCAD 2017~2018 版本新增编辑修改功能

AutoCAD 2017 版本的编辑修改功能包括 AutoCAD 2016 以下版本的全部功能,AutoCAD 2018 版本的编辑修改功能包括 AutoCAD 2017 以下版本的全部功能。

(1) 光顺曲线　光顺曲线是指在 2 条开放曲线的端点之间创建相切或平滑的样条曲线。其 AutoCAD 命令是 BLEND。启动命令可以通过以下 2 种方式,其绘制方法如下所述,如图 4.89 所示。具体操作参见第 4.1.10 小节。

■ 在"命令"窗口处直接输入定距等分 BLEND 命令。

■ 点击"修改"菜单下选择"光顺曲线"即可。

命令:BLEND

连续性＝相切

选择第一个对象或[连续性(CON)]:

选择第二个点:

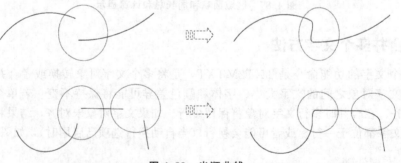

图 4.89　光顺曲线

(2) 对齐　对齐功能是指在二维平面或三维空间中将一个图形对象与其他图形对象的某个边进行对齐,其功能命令是 ALIGN。在平面绘图中对齐图形的操作如图 4.90 所示,更多内容参见第 4.1.12 小节内容。

命令:ALIGN

选择对象:找到 1 个(选择图形矩形)

选择对象:

指定第一个源点:(点取 1 点)

指定第一个目标点:(点取 2 点)

指定第二个源点:(点取 3 点)

指定第二个目标点:(点取 4 点)

指定第三个源点或＜继续＞:(回车)

是否基于对齐点缩放对象？［是(Y)/否(N)］＜否＞:N

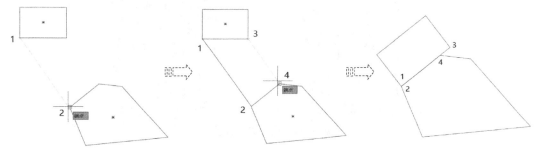

图 4.90 对齐平面图形示意

（3）合并多个文字　合并多个文字是指将几个文字合并为一个图形对象，但文字内容排列可能并不能完全符合设计要求。具体参见第 4.5.3 小节内容。

4.6.2 AutoCAD 2019 新增编辑修改功能

AutoCAD 2019 除包括 AutoCAD 2018 以下版本的编辑功能外，还有一些新的编辑功能。

（1）合并　合并（JOIN）功能命令可以将 2 条直线合并转换为一条多段线。如图 4.91 所示。有关合并功能操作更多内容参见第 4.1.8 小节论述。

命令:JOIN

选择源对象或要一次合并的多个对象:找到 1 个

选择要合并的对象:找到 1 个,总计 2 个

选择要合并的对象:

2 个对象已转换为 1 条多段线

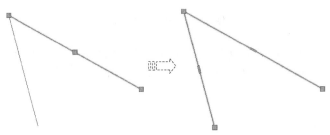

图 4.91 合并转换为一条多段线

（2）剪裁图像　该命令可以对图形文件中的图像进行裁剪，功能命令是 IMAGECLIP。如图 4.92 所示。有关裁剪功能操作的更多内容参见第 4.1.11 小节。

命令:IMAGECLIP

选择要剪裁的图像:

输入图像剪裁选项［开(ON)/关(OFF)/删除(D)/新建边界(N)］＜新建边界＞:N

外部模式-边界外的对象将被隐藏。

指定剪裁边界或选择反向选项:

［选择多段线(S)/多边形(P)/矩形(R)/反向剪裁(I)］＜矩形＞:指定对角点:

（3）删除重复对象　删除重复对象（OVERKILL）可以对图形文件中的重复图形对象进行删除，其功能命令是 OVERKILL。如图 4.93 所示。有关删除重复对象功能操作更多内容参见第 4.1.10 小节。

图 4.92   图像进行裁剪

命令:OVERKILL

选择对象:指定对角点:找到 12 个

选择对象:

2 个重复项已删除

0 个重叠对象或线段已删除

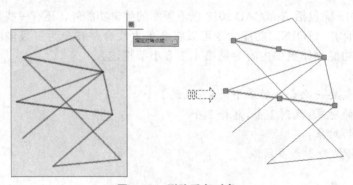

图 4.93   删除重复对象

(4) 路径阵列   路径阵列（ARRAYPATH）可以将图形对象按指定曲线路径进行阵列，其功能命令是 ARRAYPATH。如图 4.94 所示。有关路径阵列功能操作更多内容参见第 4.1.3 小节。

命令:ARRAYPATH

选择对象:找到 1 个

选择对象:

类型＝路径   关联＝是

选择路径曲线:

选择夹点以编辑阵列或[关联(AS)/方法(M)/基点(B)/切向(T)/项目(I)/行(R)/层(L)/对齐项目(A)/方向(Z)/退出(X)]＜退出＞:I

指定沿路径的项目之间的距离或[表达式(E)]＜2209.7685＞:2209

最大项目数＝5

指定项目数或[填写完整路径(F)/表达式(E)]＜5＞:8

选择夹点以编辑阵列或[关联(AS)/方法(M)/基点(B)/切向(T)/项目(I)/行(R)/层(L)/对齐项目(A)/方向(Z)/退出(X)]＜退出＞:R

输入行数数或[表达式(E)]＜1＞:2

指定 行数 之间的距离或[总计(T)/表达式(E)]＜2209.7685＞:2209

指定 行数 之间的标高增量或[表达式(E)]<0>:0

选择夹点以编辑阵列或[关联(AS)/方法(M)/基点(B)/切向(T)/项目(I)/行(R)/层(L)/对齐项目(A)/方向(Z)/退出(X)]<退出>:(回车结束操作)

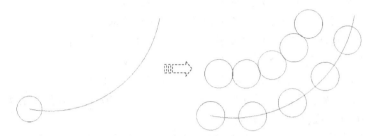

图 4.94　路径阵列

(5) DWG 图形比较功能　DWG 图形比较功能简称 DWG 比较,其功能命令是 COMPARE。在比较过程中,"DWG 比较"功能标识两个图形之间已修改、添加或删除的对象,如图 4.95 所示。

DWG 比较提供了一种将当前图形与指定的其他图形进行比较的方法。在 DWG 比较状态下,可以直接编辑图形,不需要返回原图进行修改,直接在比较状态就可以修改图形。

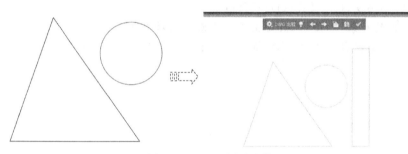

图 4.95　DWG 图形比较

4.6.3　AutoCAD 2020~2021 新增编辑修改功能

(1) 快捷的修剪功能　AutoCAD 2020~2021 版本对修剪 TRIM(或 TR)功能进行了优化,使得修剪操作更简单快速。操作方法输入修剪命令快捷键 TR 之后,直接选择需要修剪的对象。同时支持选择独立的线段。如图 4.96 所示。有关修剪功能操作更多内容参见第 4.1.5 小节。

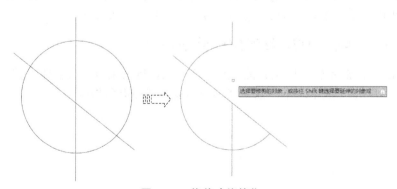

图 4.96　修剪功能简化

命令:TRIM

当前设置:投影＝UCS,边＝无,模式＝快速

选择要修剪的对象,或按住 Shift 键选择要延伸的对象或

[剪切边(T)/窗交(C)/模式(O)/投影(P)/删除(R)]:

选择要修剪的对象,或按住 Shift 键选择要延伸的对象或

[剪切边(T)/窗交(C)/模式(O)/投影(P)/删除(R)/放弃(U)]:

选择要修剪的对象,或按住 Shift 键选择要延伸的对象或

[剪切边(T)/窗交(C)/模式(O)/投影(P)/删除(R)/放弃(U)]:

执行修剪 TRIM 命令后,按下鼠标左键,连续在一个或多个对象上拖动光标,可以选择到多个对象,快速完成修剪(或删除)。

(2)快捷的延伸功能　AutoCAD 2020～2021 版本对延伸 EXTEND(或 EX)功能进行了优化,使得延伸操作更简单快速。操作方法:输入延伸命令快捷键 EX 之后,直接选择需要延伸的对象。同时支持选择独立的线段。如图 4.97 所示。有关延伸功能操作更多内容参见第 4.1.5 小节。

命令:EXTEND

当前设置:投影＝UCS,边＝无,模式＝快速

选择要延伸的对象,或按住 Shift 键选择要修剪的对象或

[边界边(B)/窗交(C)/模式(O)/投影(P)]:

选择要延伸的对象,或按住 Shift 键选择要修剪的对象或

[边界边(B)/窗交(C)/模式(O)/投影(P)/放弃(U)]:

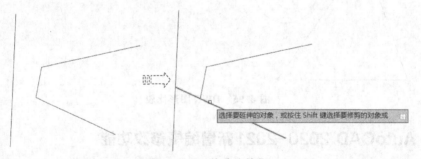

图 4.97　延伸功能简化

(3)快速测量功能　快速测量功能命令是 MEASUREGEOM,可以快速测量图形的面积、周长、半径、角度等,具体参见第 4.5.1 小节。

(4)快速计算多个图形面积总和　利用快速测量功能命令 MEASUREGEOM,可以快速计算几个图形区域的面积、周长等总和,具体参见第 4.5.2 小节。

4.6.4　AutoCAD 2022 新增编辑修改功能

AutoCAD 2022 版本新增的是其他一些功能,无新增的编辑修改功能。其主要编辑修改功能与 AutoCAD 2021 版本基本一致,其部分功能可能亦有所增强。

第5章

环境工程 CAD图形文字尺寸标注方法

5.0　本章操作讲解视频清单

　　本章各个小节相关功能命令操作讲解视频清单及其下载地址如表5.0所列。各个视频下载地址可以通过手机微信扫描表中相应二维码获取，获取下载地址后即可通过网络免费下载。

　　学习CAD绘图功能命令相关内容时，建议观看相应的操作讲解视频以后再进行操作练习，对尽快掌握相关知识及操作技能有帮助。

表 5.0　本章各个讲解视频清单及其播放或下载地址

视频名称		E1 文字样式设置方法(1)	视频名称		E1 文字样式设置方法(2)
	功能简介	设置标注文字的样式		功能简介	设置标注文字的样式
	命令名称	STYLE		命令名称	STYLE
	章节内容	第 5.1.1 节		章节内容	第 5.1.1 节
视频名称		E2 单行文字标注方法	视频名称		E3 多行文字标注方法
	功能简介	标注单行文字		功能简介	标注多行文字
	命令名称	TEXT		命令名称	MTEXT
	章节内容	第 5.1.2 节		章节内容	第 5.1.3 节
视频名称		E4 单行文字修改方法	视频名称		E5 多行文字修改方法
	功能简介	进行单行文字修改		功能简介	进行多行文字修改
	命令名称	—		命令名称	—
	章节内容	第 5.2.1 节		章节内容	第 5.2.2 节
视频名称		E6 标注样式设置方法(1)	视频名称		E6 标注样式设置方法(2)
	功能简介	标注尺寸的样式设置		功能简介	标注尺寸的样式设置
	命令名称	DIMSTYLE		命令名称	DIMSTYLE
	章节内容	第 5.3.1 节		章节内容	第 5.3.1 节

视频名称	E6 标注样式设置方法(3)			视频名称	E6 标注样式设置方法(4)		
	功能简介	标注尺寸的样式设置			功能简介	标注尺寸的样式设置	
	命令名称	DIMSTYLE			命令名称	DIMSTYLE	
	章节内容	第 5.3.1 节			章节内容	第 5.3.1 节	
视频名称	E6 标注样式设置方法(5)			视频名称	E6 标注样式设置方法(6)		
	功能简介	标注尺寸的样式设置			功能简介	标注尺寸的样式设置	
	命令名称	DIMSTYLE			命令名称	DIMSTYLE	
	章节内容	第 5.3.1 节			章节内容	第 5.3.1 节	
视频名称	E6 标注样式设置方法(7)			视频名称	E7 线性标注使用方法(1)		
	功能简介	标注尺寸的样式设置			功能简介	进行水平或垂直方向长度尺寸标注	
	命令名称	DIMSTYLE			命令名称	DIMLINEAR	
	章节内容	第 5.3.1 节			章节内容	第 5.3.2 节	
视频名称	E7 线性标注使用方法(2)			视频名称	E8 对齐标注使用方法		
	功能简介	进行水平或垂直方向长度尺寸标注			功能简介	与图形方向平行一致进行长度尺寸标注	
	命令名称	DIMLINEAR			命令名称	DIMALIGNED	
	章节内容	第 5.3.2 节			章节内容	第 5.3.3 节	
视频名称	E9 弧长标注使用方法			视频名称	E10 坐标标注使用方法		
	功能简介	进行弧线长度尺寸标注			功能简介	对图形点进行坐标标注	
	命令名称	DIMARC			命令名称	DIMORDINATE	
	章节内容	第 5.3.4 节			章节内容	第 5.3.5 节	
视频名称	E11 半径标注使用方法			视频名称	E12 直径标注使用方法		
	功能简介	进行半径长度尺寸标注			功能简介	进行直径长度尺寸标注	
	命令名称	DIMRADIUS			命令名称	DIMDIAMETER	
	章节内容	第 5.3.6 节			章节内容	第 5.3.7 节	
视频名称	E13 角度标注使用方法			视频名称	E14 基线标注使用方法		
	功能简介	进行角度尺寸标注			功能简介	进行基线尺寸标注	
	命令名称	DIMANGULAR			命令名称	DIMBASELINE	
	章节内容	第 5.3.8 节			章节内容	第 5.3.9 节	
视频名称	E15 连续标注使用方法			视频名称	E16 公差标注使用方法		
	功能简介	从标注基准线开始进行多个连续尺寸标注			功能简介	进行形位公差标注	
	命令名称	DIMCONTINUE			命令名称	TOLERANCE	
	章节内容	第 5.3.10 节			章节内容	第 5.3.11 节	
视频名称	E17 尺寸修改方法(1)			视频名称	E18 尺寸修改方法(2)		
	功能简介	对标注尺寸进行文字位置、文字高度、内容等修改			功能简介	对标注尺寸的尺寸界线进行倾斜等修改	
	命令名称	DIMEDIT			命令名称	DIMEDIT	
	章节内容	第 5.4.1—5.4.3 节			章节内容	第 5.4.4 节	

视频名称		E19 尺寸修改方法(3)	视频名称		E20 尺寸修改方法(4)
	功能简介	对齐基线标注的尺寸文字		功能简介	对标注尺寸进行倾斜、位置等修改
	命令名称	DIMEDIT		命令名称	DIMEDIT
	章节内容	第5.4.5节		章节内容	第5.4.6节

注：使用手机扫描表中二维码，即可在手机上直接播放相应的操作讲解视频（建议横屏观看）。也可以使用手机扫描表中二维码，将视频文件转发到电脑端播放或下载后播放（参考方法：点击视频右上角的"…"符号，再点击弹出的"复制链接"，将链接地址发送至电脑端即可）。

5.1 文字标注方法

文字与尺寸标注是 AutoCAD 图形绘制主要表达内容之一，也是 AutoCAD 绘制图形的重要内容。

标注文字，是工程设计图纸中不可缺少的一部分，文字与图形一起才能表达完整的设计思想。文字标注包括图形名称、注释、标题和其他图纸说明等。AutoCAD 提供了强大的文字处理功能，如可以设置文字样式、文字字高、文字角度、支持 Windows 字体、兼容中英文字体等。

5.1.1 文字样式设置方法

AutoCAD 文字样式是指文字字符和符号的外观形式，例如字体、行距、对正和颜色等。AutoCAD 字体除了可以使用 Windows 操作系统的 TrueType 字体外，还有其专用字体（其扩展名为 ＊.SHX）。AutoCAD 默认的字体为 TXT.SHX，该种字体全部由直线段构成（没有弯曲段），因此存储空间较少，但外观单一不美观。

文字样式设置的功能命令是 STYLE 或 ST。启动 STYLE 命令可以通过以下几种方式。

■ 打开【格式】下拉菜单选择命令【文字样式】选项。

■ 在"注释"选项卡中"文字"命令面板上，点击该命令面板右下角的箭头图标"↘"。

■ 在"命令"窗口处直接输入"STYLE"或"ST"命令。

按上述方法执行 STYLE 命令后，AutoCAD 弹出"文字样式"对话框，在该对话框中可以设置相关的文字参数，包括样式、字体、高度、效果、新建样式等。选择设置各项参数后，先点击一下"置为当前"按钮图标，再点击"应用"按钮，最后点击关闭"文字样式"对话框，即可将文字样式设置为当前绘图使用字体。如图 5.1 所示。

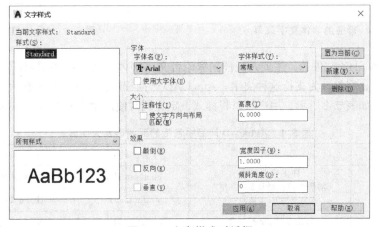

图5.1 文字样式对话框

注意，所有的图形都包含无法删除的"STANDARD"文字样式。当创建一组标准文字样式后，可以将该图形另存为样板文件（.dwt），以便在启动新图形时使用该文件。

在这里提示一点，在"文字样式"对话框中，文字高度一般采用默认的高度"0.0000"，在标注文字时再输入需要的高度数值。如果该对话框中的文字高度修改为其他数值，例如"600"，则在使用标注功能命令时，在"修改/新建标注样式"对话框中，文字高度一行显示为灰色，不能进行修改输入数字，其高度是文字样式所设置的数值大小。如图5.2所示。如需在"修改/新建标注样式"对话框中可以修改输入文字高度，则必须在"文字样式"对话框中，文字高度需采用默认的高度"0.0000"。

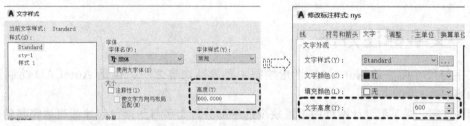

图 5.2 "文字样式"对话框中文字高度设置与标注样式关系

在字体类型中，带@的字体表示该种字体是水平倒置的，如图5.3所示。

此外，在字体选项栏中可以使用大字体，点击勾选"使用大字体"文字左侧小方框"√"，字体栏右侧也切换显示为"大字体"栏。该种大字体是扩展名为.SHX的AutoCAD专用字体，如chineset.shx、bigfont.shx等，大字体前均带一个圆规状的符号"@"。如图5.4所示。

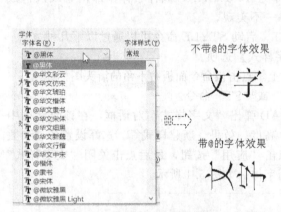

图 5.3 带@的字体文字效果

图 5.4 AutoCAD 大字体

使用大字体SHX文件的，主要是亚洲国家语言文字字体。因为亚洲国家语言文字字母表包含数千个非ASCII字符，为支持这种文字，AutoCAD产品程序提供了一种称作大字体文件的特殊类型的形定义，如表5.1所示。用户可以将样式设定为同时使用常规文件和大字体文件。

表 5.1 AutoCAD 产品中包括的亚洲语言大字体

字体文件名	说明	字体文件名	说明
@extfont2.shx	日文垂直字体（某些字符将被旋转，以便在垂直文字中正确显示）	chineset.shx	繁体中文字体
		extfont.shx	日文扩展字体,级别1
bigfont.shx	日文字体,字符子集	extfont2.shx	日文扩展字体,级别2

字体文件名	说明	字体文件名	说明
gbcbig.shx	简体中文字体	whtgtxt.shx	朝鲜语字体
whgdtxt.shx	朝鲜语字体	whtmtxt.shx	朝鲜语字体
whgtxt.shx	朝鲜语字体		

5.1.2　单行文字标注方法

单行文字标注是指进行逐行文字输入。单行文字标注功能的 AutoCAD 命令为 TEXT。启动单行文字标注 TEXT 命令可以通过以下几种方式。

■ 打开【绘图】下拉菜单选择【文字】命令选项，再在子菜单中选择【单行文字】命令。
■ 在"注释"选项卡中"文字"命令面板上点击"单行文字"图标（若在命令面板上看不到对应的图标，可以点击"多行文字"图标下侧的小三角图标"▼"即可找到"单行文字"命令图标）。
■ 在"命令"窗口处直接输入"TEXT"命令。

按上述方法执行"TEXT"功能命令后，先在绘图区域点击文字输入位置，再根据 AutoCAD 在命令窗口处显示的命令提示进行相关文字命令选项选择及文字参数设置，然后输入文字，最后回车即可完成单行文字标注。如图 5.5(a) 所示。

注意，进行单行文字标注输入时，若按回车键换行后继续进行文字标注，则新标注的文字行与上一行文字是分开的，是各自独立的一行文字。这是由于使用单行文字标注功能进行标注的原因。如图 5.5(b) 所示。

命令:TEXT
当前文字样式："Standard"　文字高度：　0.0000　注释性:否　对正：　左
指定文字的起点或[对正(J)/样式(S)]:
指定高度 <0.0000>:200

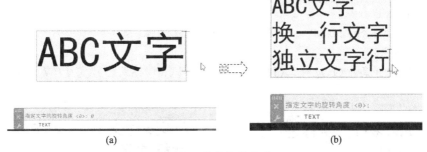

(a)　　　　　　　　　　　　　(b)

图 5.5　单行标注文字

5.1.3　多行文字标注方法

多行文字标注的 AutoCAD 功能命令为 MTEXT，也可以使用缩略名称 MT 或 T。启动 MTEXT 功能命令可以通过以下几种方式。

■ 打开【绘图】下拉菜单选择【文字】命令选项，再在子菜单中选择【多行文字】命令。
■ 在"注释"选项卡中"文字"命令面板上点击"多行文字"图标（若在命令面板上看不到对应的图标，可以点击"单行文字"图标下侧的小三角图标"▼"即可找到

"多行文字"命令图标）。

■ 在"命令"窗口处直接输入"MTEXT"或 MT、或 T。

按上述方法执行"MTEXT"功能命令后，在绘图区域点击文字输入矩形方框位置后，AutoCAD 将切换到"文字编辑器"视图中，在该"文字编辑器"命令面板上，可以进行相关文字命令选项选择及文字参数设置，然后在文字输入框处输入文字内容，最后点击"文字编辑器"命令面板上右侧"关闭文字编辑器"图标，即可完成多行文字标注。如图 5.6 所示。

图 5.6　多行文字标注（文字编辑器）

注意，进行多行文字标注时，若按回车键换行后继续进行文字标注，则新标注的文字行与上一行文字是同一行的文字行，不是两行文字。这是由于使用多行文字标注功能进行标注的原因。同时通过文字输入框右上角或右下角位置，拖动光标调整文字输入框的轮廓范围，同时文字输入框内的文字也随着同步进行调整。如图 5.7 所示。

命令:MTEXT

当前文字样式:"Standard"　文字高度：200　注释性:否

指定第一角点：

指定对角点或[高度(H)/对正(J)/行距(L)/旋转(R)/样式(S)/宽度(W)/栏(C)]：

图 5.7　调整文字输入框轮廓

另外，对使用多行文字标注的文字，点击选中该文字内容后，在文字的右侧及下侧分别有一个三角形"▶"、"▼"符号，点击该三角形符号即可拖动调整文字范围边框，文字位置也随着变动。如图 5.8 所示。

图 5.8　调整多行文字标注的文字位置

5.2　文字编辑修改方法

除了可以使用移动、复制、删除、旋转和镜像等基本的编辑与修改方法外，可以双击文字对象进行直接修改。

5.2.1　单行文字修改方法

① 文字颜色修改：单行文字的文字颜色修改，先点击（注意是单击即可）选择要修改颜色的文字对象，然后点击"默认"选项卡中的"特性"命令面板中的对象颜色方框中的小三角"▼"图标，在打开的颜色列表中选择需要的颜色即可。如图 5.9 所示。

② 文字字体的修改：单行文字的文字字体修改，可以使用文字样式功能命令"STYLE"打开"文字样式"对话框（图 5.10），在对话框中进行设置及修改，最后点击"置为当前"按钮。其中文字样式功能命令的具体操作方法可以参考第 5.1.1 小节有关内容。

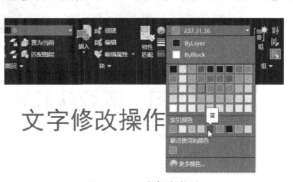

图 5.9　文字颜色修改

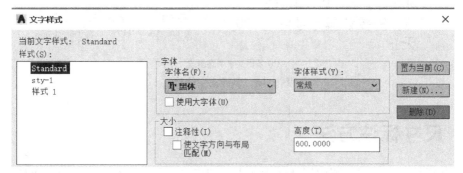

图 5.10　文字字体修改

③ 文字高度修改：单行文字的文字高度可以使用缩放功能命令 SCALE 进行修改。其中

缩放功能命令 SCALE 操作使用方法参考第 4.1.7 小节有关内容。如图 5.11 所示。

④ 文字内容修改：单行文字的文字内容修改，可以双击要修改的单行文字对象，文字切换到带一个外轮廓的修改模式，直接进行删除已有文字、输入新文字等修改操作。如图 5.12 所示。

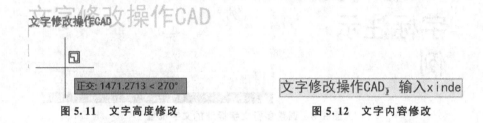

图 5.11　文字高度修改　　　　　　　　　　　图 5.12　文字内容修改

5.2.2　多行文字修改方法

直接双击要修改的多行文字对象，双击后多行文字切换到带一个外轮廓的对话框修改模式，同时在绘图区域上侧显示"文字编辑器"命令面板。通过"文字编辑器"命令面板及文字对话框即可对多行文字直接进行修改，包括文字内容、高度、颜色、字体等。如图 5.13 所示。其中"文字编辑器"命令面板操作使用方法可参考第 5.1.3 小节内容。

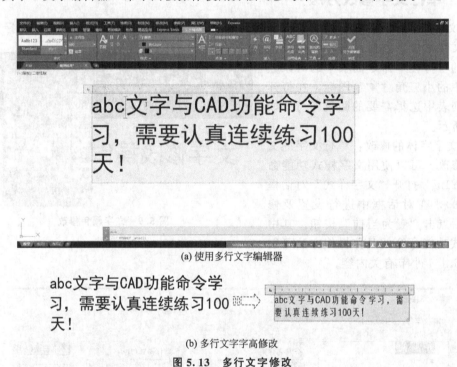

(a) 使用多行文字编辑器

(b) 多行文字字高修改

图 5.13　多行文字修改

5.3　尺寸标注方法

尺寸的标注，在工程制图中同样是十分重要的内容。尺寸大小，是进行工程建设定位的主要依据。AutoCAD 提供了多种尺寸标注方法，以适应不同工程制图的需要。

AutoCAD 提供的尺寸标注形式通常以一个整体出现，与工程设计实际相一致。一个完整的标注尺寸一般由尺寸界线、尺寸线、箭头、文字构成，AutoCAD 标注尺寸的相关概念名称含义如图 5.14 所示。

图中第 1 条尺寸界线及第 1 条尺寸线的次序定义，一般是以标注尺寸时先点击端点的位置一侧作为第 1 条。

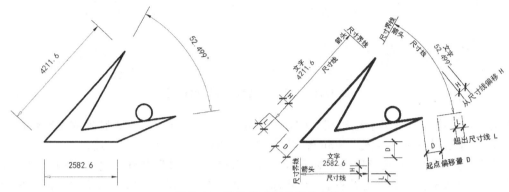

图 5.14　标注样式相关概念含义

AutoCAD 提供了多种尺寸标注方法，包括线性、对齐、坐标、半径、直径、角度等标注方法。AutoCAD 基本的标注类型为线性标注、径向标注、角度标注、基线标注和连续标注、弧长标注。另外使用"DIM"功能命令可以根据要标注的对象类型自动创建标注。

5.3.1　标注样式设置方法

标注样式是指尺寸界线、尺寸线、箭头、标注文字等的外观形式。通过设置标注样式，可以有效地控制图形标注尺寸界线、尺寸线、箭头、标注文字的布局和外观形式。如图 5.15 所示。

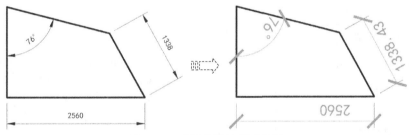

图 5.15　不同的标注样式效果

标注样式设置的 AutoCAD 命令为 DIMSTYLE 或 D、DIMSTY，也可以使用 DDIM 命令，它们作用一样。启动标注样式 DIMSTYLE 功能命令可以通过以下几种方式。

- 打开【格式】下拉菜单选择【标注样式】命令选项。
- 在"注释"选项卡中"标注"命令面板上，点击该命令面板右下角的箭头图标"↘"。
- 在"命令"窗口处直接输入 DIMSTYLE、D 或 DIMSTY、DDIM 命令。

按上述方法执行 DIMSTYLE 功能命令后，AutoCAD 弹出"标注样式管理器"对话框，在该对话框中可以设置标注样式，包括新建标注样式、修改标注样式、替代和比较标注样式等，其操作方法基本类似，均是对标注的尺寸线、符号和箭头、文字、主单位等相关标注内容进行设置或修改。在绘图中，经常使用的主要是新建标注样式、修改标注样式，二者在点击按钮后的操作方法基本相同。如图 5.16 所示。

标注样式的删除或重新命名，可以在"标注样式管理器"对话框中设置，在样式选项内容下侧方框内，点击要删除或重新命名的标注样式名称，再点击鼠标右键，屏幕弹出一个小

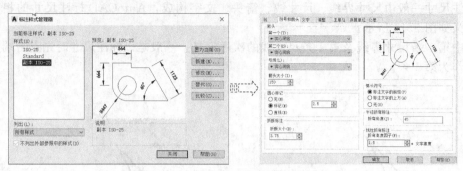

图 5.16 "标注样式管理器" 对话框

快捷菜单，在该小快捷菜单选择相应的命令选项，即可进行标注样式删除或重新命名。如图 5.17 所示。其中标注样式 "Standard" 为 AutoCAD 系统默认标注样式。

分别点击 "标注样式管理器" 对话框上的 "新建" "修改" 按钮，将分别弹出 "新建标注样式" "修改标注样式" 对话框。"新建标注样式" "修改标注样式" 对话框中的主要内容完全一样，均是包括标注样式的线、符号和箭头、文字、主单位等相关标注参数内容。

在 "新建标注样式" "修改标注样式" 对话框中设置或修改完成前述相关标注参数后，点击 "确定" 按钮，返回 "标注样式管理器" 对话框。在 "标注样式管理器" 对话框中，先点击一下 "置为当前" 按钮，将选中的标注样式设置为当前绘图使用的标注样式。最后点击 "关闭" 按钮即可完成标注样式设置。

在绘图中，"新建标注样式" "修改标注样式" 对话框中的线、符号和箭头、文字、主单位等相关标注参数选项内容设置及操作使用方法，逐项介绍如下。

（1）线 标注线设置或修改包括尺寸线和尺寸界线，其设置均包括颜色、线型、线宽等，如图 5.18 所示。

图 5.17 标注样式的删除或重新命名

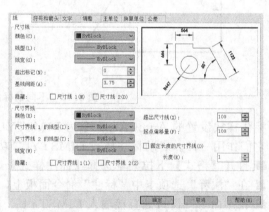

图 5.18 线设置或修改选项卡

① 关于控制尺寸线，可以控制尺寸线的如下几个主要外观特征。

当选用建筑标记（即：小斜线 "/"）符号作为标注箭头时，可以控制尺寸线超出尺寸界线的距离，如图 5.19 所示。

注意，使用其他符号（例如：→实心闭合等）作为标注箭头则不能使用该功能选项，此时该功能选项为灰色显示，不能使用。

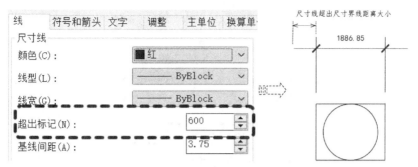

图 5.19 控制尺寸线超出尺寸界线的距离

a. 在使用基线标注功能时，控制各个标注尺寸线之间的间距，即基线间距，如图 5.20 所示。

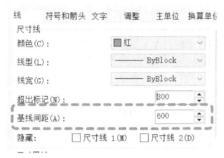

(a) 基线间距设置

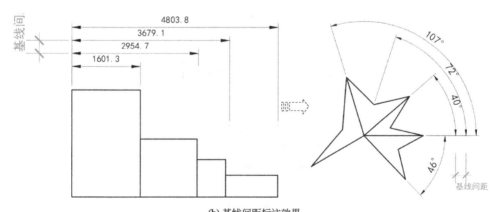

(b) 基线间距标注效果

图 5.20 基线标注间距设置及其标注效果

b. 不显示尺寸线，或者在文字折断尺寸线时，隐藏尺寸线的一半或全部。如图 5.21 所示。

图中第 1 条尺寸界线及第 1 条尺寸线的定义是以标注尺寸时先点击端点的位置一侧作为第 1 条。

② 关于控制尺寸界线，可以控制尺寸界线的超出长度和偏移长度等主要外观特征。

a. 不显示一条或全部尺寸界线（如果不需要这些尺寸界线或没有足够的空间），如图 5.22 所示。图中第 1 条尺寸界线及第 1 条尺寸线的定义是以标注尺寸时先点击端点的位置一侧作为第 1 条。

b. 控制指定尺寸界线超出尺寸线的长度（超出长度），即"超出尺寸线"大小。如图 5.23 所示。

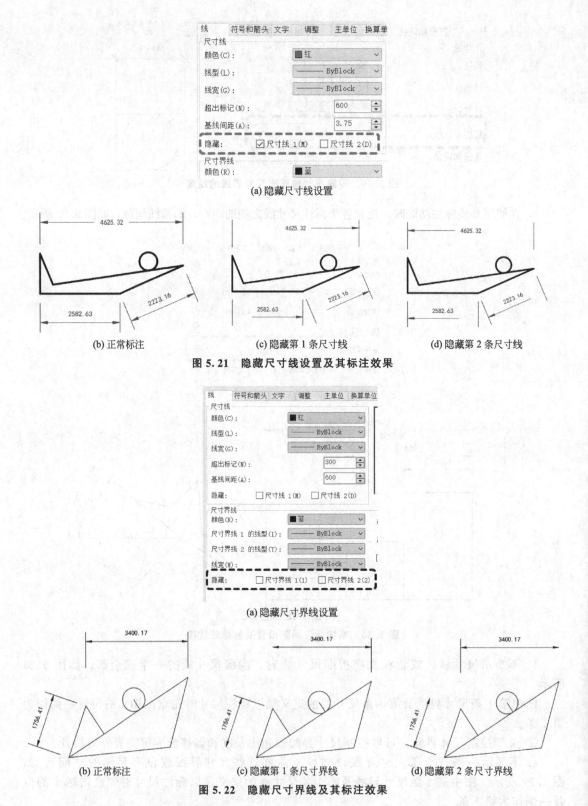

(a) 隐藏尺寸线设置

(b) 正常标注　　　　　　(c) 隐藏第 1 条尺寸线　　　　　　(d) 隐藏第 2 条尺寸线

图 5.21　隐藏尺寸线设置及其标注效果

(a) 隐藏尺寸界线设置

(b) 正常标注　　　　　　(c) 隐藏第 1 条尺寸界线　　　　　　(d) 隐藏第 2 条尺寸界线

图 5.22　隐藏尺寸界线及其标注效果

　　c. 控制尺寸界线原点偏移长度，即尺寸界线原点和尺寸界线起点之间的距离，即"起点偏移量"大小如图 5.24 所示。

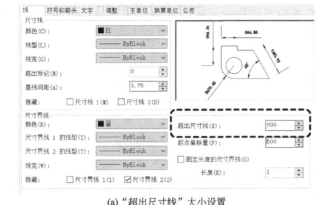

(a) "超出尺寸线"大小设置

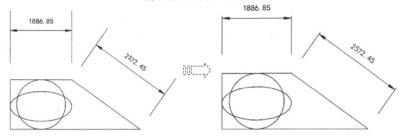

(b) 不同"超出尺寸线"大小标注效果

图 5.23　尺寸界线超出尺寸线的长度及其标注效果

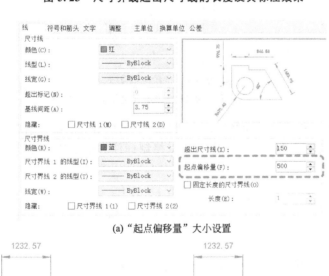

(a) "起点偏移量"大小设置

(b) 不同"起点偏移量"大小标注效果

图 5.24　尺寸界线原点偏移长度及其标注效果

　　d. 指定尺寸界线的固定长度，即"固定长度的尺寸界线"。勾选设置固定长度的尺寸界线后，无论其他参数（包括："起点偏移量"大小、"超出尺寸线"大小等）如何改变，但从尺寸线到尺寸界线原点测得的距离是固定不变的一个数值，例如为 600 个单位。如图 5.25 所示。

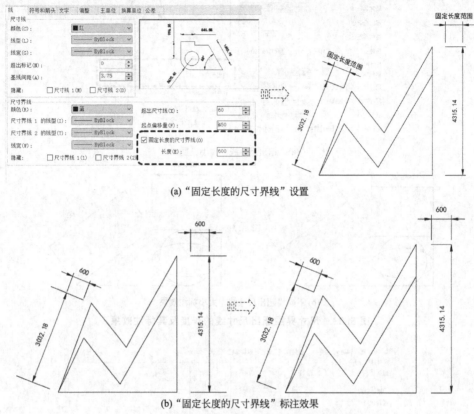

(a)"固定长度的尺寸界线"设置

(b)"固定长度的尺寸界线"标注效果

图 5.25　固定尺寸界线的固定长度及其标注效果

（2）符号和箭头　标注符号和箭头设置或修改，包括箭头形状、箭头大小、隐藏不显示箭头等，如图 5.26 所示。在该选项卡中，可以控制标注和引线中的箭头，包括其类型、尺寸及可见性。

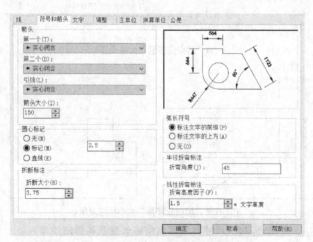

图 5.26　符号和箭头设置或修改选项卡

可以选择各种标准类型的箭头，也可以创建自定义箭头。另外还可以进行如下设置。

a. 隐藏不显示箭头，或仅使用一个箭头，得到不同尺寸线标注效果，如图 5.27 所示。

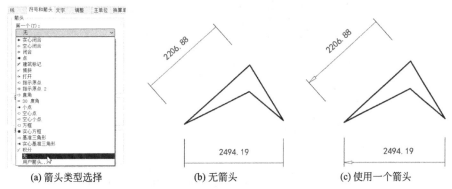

(a) 箭头类型选择　　　　(b) 无箭头　　　　(c) 使用一个箭头

图 5.27　箭头个数控制设置及其标注效果

b. 将不同类型的箭头应用到尺寸线的两端，得到不同尺寸线标注效果，如图 5.28 所示。

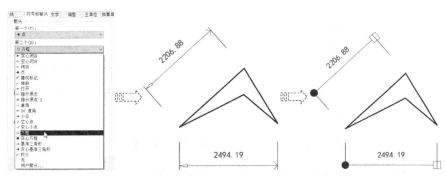

图 5.28　设置不同箭头类型及其标注效果

c. 设置箭头的大小尺寸，如图 5.29 所示。

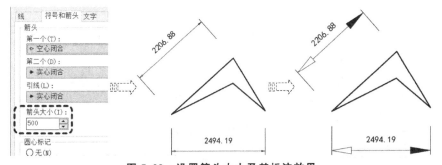

图 5.29　设置箭头大小及其标注效果

（3）文字　标注文字设置或修改包括文字外观、文字位置、文字对齐等内容，如图 5.30 所示。其中文字外观选项栏中，可以选择设置文字样式、文字颜色、文字填充颜色、文字高度等参数。这些参数设置或修改方法很简单，直接点击进行选择或输入数值即可。

需要注意一点，如果在前述第 5.1.1 小节中的"文字样式"对话框中，文字高度不是默认的高度"0.0000"，已经修改为其他数值，例如"600"，则在"修改/新建标注样式"对话框中，文字高度一行显示为灰色，不能进行修改输入数字，其高度是文字样式所设置的数值大小。如图 5.31 所示。如需在"修改/新建标注样式"对话框中修改输入文字高度，则必须在"文字样式"对话框中，文字高度需采用默认的高度"0.0000"。

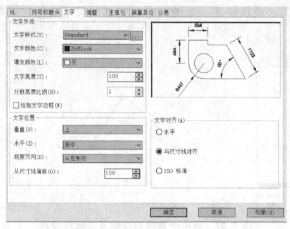

图 5.30　文字设置或修改选项卡

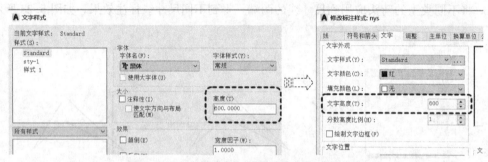

图 5.31　文字样式与标注样式中文字高度关系

标注文字位置是指与尺寸界线或尺寸线上的位置关系，包括垂直方向文字位置和水平方向文字位置。垂直方向文字位置标注方式主要有上、居中、下等方式，水平方向文字位置标准方式主要有居中、第 1 条尺寸界线、第 1 条尺寸界线上方等方式。如图 5.32～图 5.34所示。

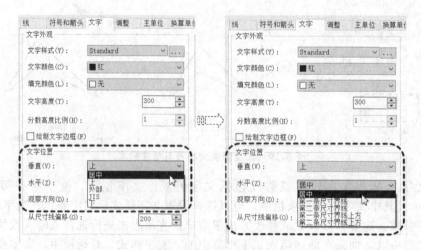

图 5.32　标注文字位置设置

垂直方向位置与水平方向位置对齐方式，二者结合起来使用得到 AutoCAD 软件程序提供的几种遵循国际标准的对齐设置，包括文字在尺寸线上方居中、文字水平和垂直居中、文字在尺寸线上方靠左对齐（靠第 1 条尺寸线）等。如图 5.35 所示。

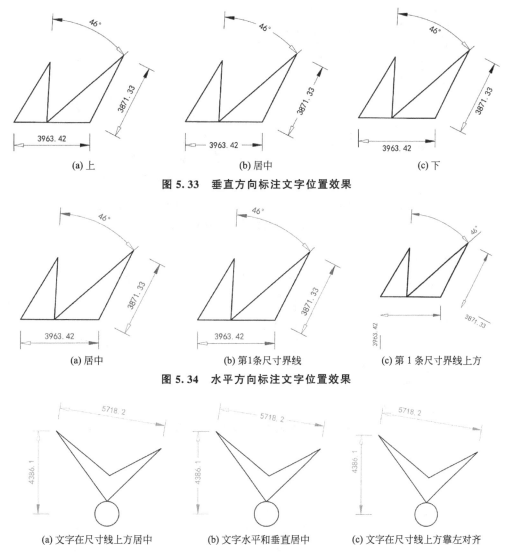

(a) 上   (b) 居中   (c) 下

图 5.33　垂直方向标注文字位置效果

(a) 居中   (b) 第1条尺寸界线   (c) 第1条尺寸界线上方

图 5.34　水平方向标注文字位置效果

(a) 文字在尺寸线上方居中   (b) 文字水平和垂直居中   (c) 文字在尺寸线上方靠左对齐

图 5.35　文字对齐位置标注方式

　　使用者可以手动定位标注文字并指定其对齐方式和方向。许多设置是相互依赖的。更改设置时,"标注样式管理器"中的样例图像将动态更新,以显示文字的显示结果。

　　要在创建标注时手动放置文字,则使用"修改标注样式"/"新建标注样式"对话框的"调整"选项卡上的"手动放置文字"选项。如果手动放置文字,在创建标注时,可以沿尺寸线在尺寸界线之内或之外将标注文字放置在任意位置。如图 5.36 所示。此选项提供了灵活性,同时在空间不够时非常有用。

　　a. 观察方向。标注文字观察方向的设置包括从左向右、从右向左两种方式。其标注效果如图 5.37 所示。在绘图中根据需要进行观察方向设置,一般情况下是使用从左向右的观察方向。

　　b. 文字从尺寸线偏移距离。标注文字从尺寸线偏移距离实际是指标注文字与尺寸线的垂直距离大小,其大小在文字位置栏中的"从尺寸线偏移"进行设置或修改。如图 5.38 所示。

　　c. 标注文字对齐方式。标注文字对齐方式是指选择文字与尺寸线是否对齐或保持水平。其中,"与尺寸线对齐"是指文字在任何方向都是与标注尺寸线平行标注的;"水平"是指文字无论在什么位置,文字都是水平方向标注的,即使尺寸线自身不是水平,文字也是水平放置。如图 5.39 所示。

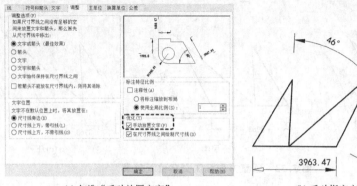

(a) 勾选"手动放置文字"

(b) 手动指定文字位置

图 5.36 手动放置文字设置及标注效果

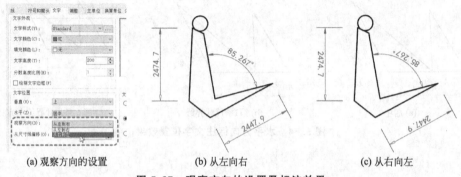

(a) 观察方向的设置

(b) 从左向右

(c) 从右向左

图 5.37 观察方向的设置及标注效果

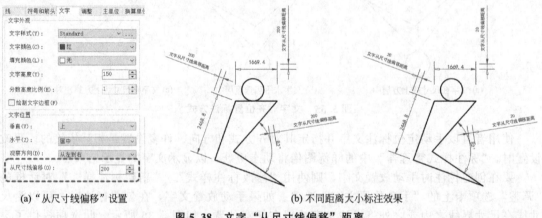

(a) "从尺寸线偏移"设置

(b) 不同距离大小标注效果

图 5.38 文字"从尺寸线偏移"距离

（4）主单位 主单位设置或修改包括单位格式、精度、小数分隔符号形状等，如图 5.40 所示。

a. 单位格式。单位格式包括科学、小数、工程、建筑、分数等方式，其中工程与建筑标注单位格式有点类似，根据需要选择使用。一般情况下，经常使用小数的单位格式进行标注。如图 5.41 所示。

b. 精度及小数分隔符号。精度是设置小数点位数，AutoCAD 可以设置 0 位至 8 位小数位数。小数分隔符号可以设置小数点的符号形式，包括句点、逗点等。具体根据绘图需要选择使用。如图 5.42 所示。

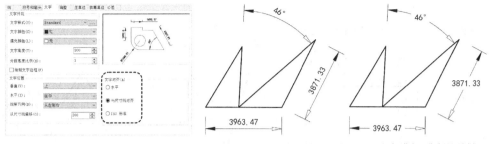

(a) 文字对齐设置 (b) 文字"与尺寸线对齐"标注效果 (c) 文字"水平"标注效果

图 5.39　文字对齐方式即标注效果

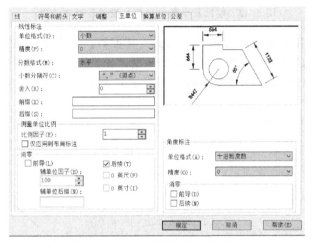

图 5.40　主单位设置或修改选项卡

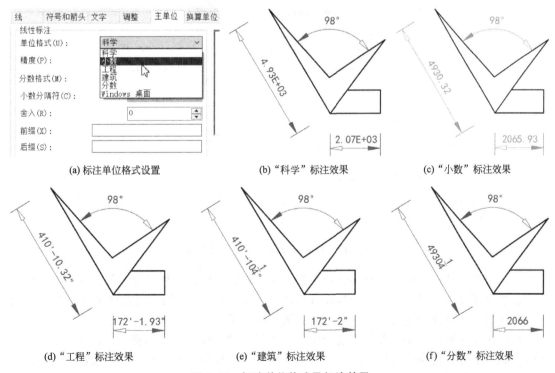

(a) 标注单位格式设置 (b)"科学"标注效果 (c)"小数"标注效果

(d)"工程"标注效果 (e)"建筑"标注效果 (f)"分数"标注效果

图 5.41　标注单位格式及标注效果

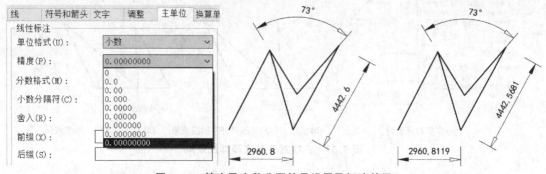

图 5.42　精度及小数分隔符号设置及标注效果

　　c. 角度标注。角度标注设置包括单位格式、精度等。其中单位格式有十进制度数、度分秒、百分度、弧度，不同单位格式有对应的精度选择，绘图时根据需要进行设置。一般情况下，常用的角度单位格式是十进制度数。如图 5.43 所示。

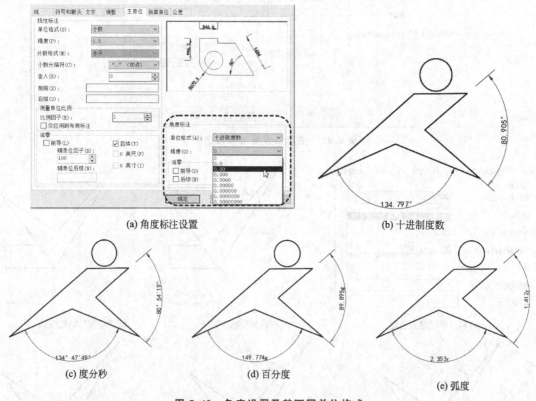

(a) 角度标注设置

(b) 十进制度数

(c) 度分秒

(d) 百分度

(e) 弧度

图 5.43　角度设置及其不同单位格式

　　（5）调整、换算单位及公差等其他设置　除了前述主要标注样式参数外，其他一些标注样式参数如调整、换算单位及公差等设置与修改方法，属于对 CAD 比较熟悉的人掌握的内容，在这里暂不做详细论述，可以根据各自需要进行学习了解。

　　在标注尺寸时，需要设置与当前绘图比例匹配一致的线、符号和箭头、文字、主单位等标注参数，才能获得合适的标注效果，否则需要按前面介绍的方法对标注样式进行调整，直至标注效果符合要求。如图 5.44 所示。

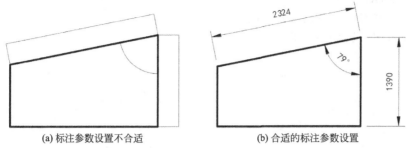

(a) 标注参数设置不合适   (b) 合适的标注参数设置

图 5.44　不同标注参数的标注效果

5.3.2　标注尺寸方法——线性标注

线性标注含折弯线性标注。

(1) 线性标注　线性标注的 AutoCAD 功能命令是 DIMLINEAR 或 DIMLIN、DLI。启动 DIMLINEAR 功能命令可以通过以下几种方式。

■ 打开【标注】下拉菜单，选择其中的【线性】命令选项。

■ 在"注释"选项卡中"标注"命令面板上，点击该命令面板上"线性"功能命令图标。

■ 在"命令"窗口处直接输入 DIMLINEAR 或 DIMLIN、DLI 并回车。

按前述方法启动线性标注功能命令 DIMLINEAR 后，按 AutoCAD 命令行提示，依次点击指定尺寸界线原点，再指定尺寸线位置即可得到线性标注。如图 5.45 所示。

命令：DIMLINEAR

指定第一个尺寸界线原点或＜选择对象＞：

指定第二条尺寸界线原点：

创建了无关联的标注。

指定尺寸线位置或

[多行文字(M)/文字(T)/角度(A)/水平(H)/垂直(V)/旋转(R)]：

标注文字＝1350

(2) 折弯线性标注　折弯线性标注是指在线性标注中的尺寸线上显示一个折弯图形符号，便于在标注带折弯图形尺寸时使用。需要注意的是，要使用折弯线性标注功能，需要提前使用线性标注功能先标注尺寸，然后使用折弯线性标注功能进行添加或删除折弯标注符号。

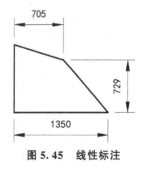

图 5.45　线性标注

折弯线性标注的功能命令是 DIMJOGLINE 或 DJL。启动 DIMJOGLINE 或 DJL 功能命令可以通过以下几种方式。

■ 打开【标注】下拉菜单，选择其中的【折弯线性】命令选项。

■ 在"注释"选项卡中"标注"命令面板上，点击该命令面板上"折弯线性"功能命令图标。

■ 在"命令"窗口处直接输入 DIMJOGLINE 或 DJL 并回车。

按前述方法启动折弯线性标注功能命令 DIMJOGLINE 或 DJL 后，按 AutoCAD 命令行提示，点击需要添加折弯符号的线性标注，再指定折弯符号位置即可得到折弯线性标注。如图 5.46 所示。

命令:DIMJOGLINE
选择要添加折弯的标注或[删除(R)]:
指定折弯位置(或按 ENTER 键):

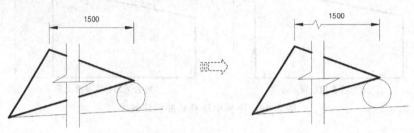

图 5.46　折弯线性标注

5.3.3　标注尺寸方法——对齐标注

对齐标注含折弯对齐标注。

(1) 对齐标注　对齐标注是指所标注的尺寸线与图形对象相平行,其 AutoCAD 功能命令是 DIMALIGNED 或 DIMALI、DAL。启动 DIMALIGNED 功能命令可以通过以下几种方式。

- 打开【标注】下拉菜单,选择其中的【对齐】命令选项。
- 在"注释"选项卡中"标注"命令面板上,点击该命令面板上"已对齐"功能命令图标(若命令面板上看不到对应的图标,可以点击"线性"图标下侧的小三角图标"▼",在弹出的下拉菜单中即可找到"已对齐"命令图标)。
- 在"命令"窗口处直接输入 DIMALIGNED 或 DIMALI、DAL 并回车。

按前述方法启动对齐标注功能命令 DIMLINEAR 后,按 AutoCAD 命令行提示,依次点击指定尺寸界线原点,再指定尺寸线位置即可得到对齐标注。如图 5.47 所示。

命令:DIMALIGNED
指定第一个尺寸界线原点或<选择对象>:
指定第二条尺寸界线原点:
创建了无关联的标注。
指定尺寸线位置或
[多行文字(M)/文字(T)/角度(A)]:
标注文字=736

(2) 折弯对齐标注　折弯对齐标注的使用与前述折弯线性标注是基本一样的,其功能命令是同一个,即 DIMJOGLINE 或 DJL,使用方法也完全一样。折弯对齐标注同样是需要先进行对齐标注后,然后才能进行折弯对齐标注。折弯对齐标注具体命令使用方法参照折弯线性标注。如图 5.48 所示。

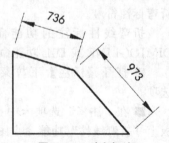

图 5.47　对齐标注

5.3.4　标注尺寸方法——弧长标注

弧长标注是对弧线进行尺寸标注。弧线尺寸在图形中显示为"⌒***"标注形式,例如"⌒2800"。

弧长标注 AutoCAD 功能命令是 DIMARC 或 DAR。启动 DIMARC 功能命令可以通过以下几种方式。

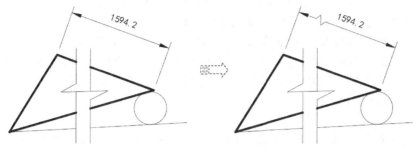

图 5.48　折弯对齐标注

■ 打开【标注】下拉菜单，选择其中的【弧长】命令选项。
■ 在"注释"选项卡中"标注"命令面板上，点击该命令面板上"弧长"功能命令图标（若命令面板上看不到对应的图标，可以点击"线性"图标下侧的小三角图标"▼"，在弹出的下拉菜单中即可找到"弧长"命令图标）。
■ 在"命令"窗口处直接输入 DIMARC 或 DAR 并回车。

按前述方法启动"弧长"标注功能命令 DIMARC 后，按 AutoCAD 命令行提示，依次点击选择"弧线段"或"多段线圆弧段"，再指定尺寸线位置即可得到"弧长"标注。如图 5.49 所示。

命令:DIMARC

选择弧线段或多段线圆弧段：

指定弧长标注位置或[多行文字(M)/文字(T)/角度(A)/部分(P)/引线(L)]：

标注文字＝1548

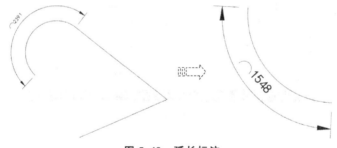

图 5.49　弧长标注

注意，圆形或椭圆形、椭圆弧、样条曲线等不能使用弧长功能命令 DIMARC 进行弧长标注。

5.3.5　标注尺寸方法——坐标标注

坐标标注是指所标注图形对象指定点的 X 或 Y 坐标，其 AutoCAD 功能命令是 DIMORDINATE 或 DOR。坐标标注沿一条简单的引线显示图形对象的 X 或 Y 坐标。这些标注也称为基准标注。AutoCAD 使用当前用户坐标系（UCS）确定测量的 X 或 Y 坐标，并且沿与当前 UCS 轴正交的方向绘制引线。按照通行的坐标标注标准，采用绝对坐标值。

启动 DIMORDINATE 功能命令可以通过以下几种方式。

■ 打开【标注】下拉菜单，选择其中的【坐标】命令选项。
■ 在"注释"选项卡中"标注"命令面板上，点击该命令面板上"坐标"功能命令图标（若命令面板上看不到对应的图标，可以点击"线性"图标下侧的小三角图标

"▼"，在弹出的下拉菜单中即可找到"坐标"命令图标)。

■ 在"命令"窗口处直接输入 DIMORDINATE 或 DOR 并回车。

按前述方法启动坐标标注功能命令 DIMORDINATE 后，即可按 AutoCAD 命令行提示，点击指定要标注坐标的位置点，再指定标注引线位置（分别在 X、Y 轴方向移动光标，则分别标注 X、Y 坐标数值大小），即可标注坐标数值。如图 5.50 所示。

● 命令：DIMORDINATE

指定点坐标：

指定引线端点或[X 基准(X)/Y 基准(Y)/多行文字(M)/文字(T)/角度(A)]：X

指定引线端点或[X 基准(X)/Y 基准(Y)/多行文字(M)/文字(T)/角度(A)]：

标注文字＝522875

● 命令：DIMORDINATE

指定点坐标：

指定引线端点或[X 基准(X)/Y 基准(Y)/多行文字(M)/文字(T)/角度(A)]：Y

指定引线端点或[X 基准(X)/Y 基准(Y)/多行文字(M)/文字(T)/角度(A)]：

标注文字＝352110

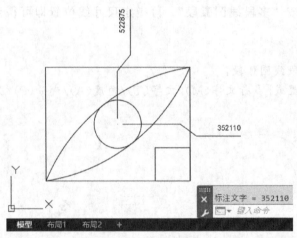

图 5.50　坐标标注

5.3.6　标注尺寸方法——半径标注

半径标注含折弯半径标注。

（1）半径标注　半径标注由一条具有指向圆或圆弧的带箭头的半径尺寸线组成。其 AutoCAD 功能命令是 DIMRADIUS 或 DRA。AutoCAD 标注半径数值大小显示为前面带一个字母 R 的数值文字，例如"R970.8"。

启动 DIMRADIUS 功能命令可以通过以下几种方式。

■ 打开【标注】下拉菜单，选择其中的【半径】命令选项。

■ 在"注释"选项卡中"标注"命令面板上，点击该命令面板上"半径"功能命令图标（若命令面板上看不到对应的图标，可以点击"线性"图标下侧的小三角图标"▼"，在弹出的下拉菜单中即可找到"半径"命令图标）。

■ 在"命令"窗口处直接输入 DIMRADIUS 或 DRA 并回车。

按前述方法启动半径标注功能命令 DIMRADIUS 或 DRA 后，按 AutoCAD 命令行提示，点击选择圆弧或圆，再指定标注尺寸线位置，即可标注半径数值。如图 5.51 所示。

命令:DIMRADIUS

选择圆弧或圆:

标注文字=1628

指定尺寸线位置或[多行文字(M)/文字(T)/角度(A)]:

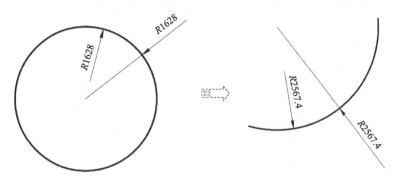

图 5.51　半径标注

（2）折弯半径标注　在进行半径标注时，可以创建折弯半径标注。折弯半径标注也称为缩放半径标注，当圆弧或圆的中心位于布局之外并且无法在其实际位置显示时，可以创建折弯半径标注，以更方便的位置指定标注的原点。

AutoCAD 折弯半径标注数值大小，与半径标注一样显示为前面带一个字母 R 的数值文字，例如 "R970.8"。

折弯半径标注的功能命令是 DIMJOGGED 或 DJO。启动 DIMJOGGED 或 DJO 功能命令可以通过以下几种方式。

■ 打开【标注】下拉菜单，选择其中的【折弯】命令选项。

■ 在 "注释" 选项卡中 "标注" 命令面板上，点击该命令面板上 "已折弯" 功能命令图标。

■ 在 "命令" 窗口处直接输入 DIMJOGGED 或 DJO 并回车。

按前述方法启动折弯半径标注功能命令 DIMJOGGED 后，按 AutoCAD 命令行提示，依次点击选择圆弧或圆，再指定尺寸线位置及折弯位置，即可得到折弯半径标注。如图 5.52 所示。

命令:DIMJOGGED

选择圆弧或圆:

指定图示中心位置:

标注文字=1909.2

指定尺寸线位置或[多行文字(M)/文字(T)/角度(A)]:

指定折弯位置:

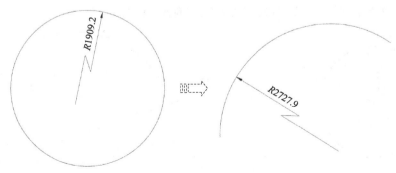

图 5.52　折弯半径标注

折弯的横向角度可以通过"标注样式"功能命令进行修改调整，启动"标注样式"功能命令后，弹出"标注样式管理器"中的选择"修改"或"新建"标注样式按钮，再在"修改标注样式"或"新建标注样式"对话框中的"符号与箭头"命令选项卡中，在"折弯半径标注"栏中设置其折弯角度大小。如图 5.53 所示。

另外，折弯线符号大小在屏幕上移动光标进行确定。如图 5.53 所示。

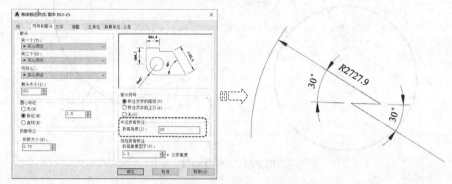

图 5.53　折弯角度大小设置

5.3.7　标注尺寸方法——直径标注

直径标注与半径标注类似，是标注圆或圆弧的直径大小。直径标注的 AutoCAD 功能命令是 DIMDIAMETER 或 DIMDIA，其缩略形式为 DDI。

AutoCAD 直径标注数值大小，与半径标注类似，显示为前面带一个符号"Φ"的数值文字，例如"$\Phi 970.8$"。

启动 DIMDIAMETER 命令可以通过以下几种方式。

■ 打开【标注】下拉菜单，选择其中的【直径】命令选项。

■ 在"注释"选项卡中"标注"命令面板上，点击该命令面板上"直径"功能命令图标。

■ 在"命令"窗口处直接输入 DIMDIAMETER 或 DIMDIA 或 DDI 并回车。

按前述方法启动直径标注功能命令 DIMDIAMETER 后，按 AutoCAD 命令行提示，依次点击选择圆弧或圆，再指定尺寸线位置，即可得到直径标注。需要注意的是，在指定直径标注尺寸线位置时，若光标移动至圆形或圆弧内侧，则直径标注形状类似半径标注；若光标移动至圆形或圆弧外侧，则直径标注为整个直径长度的形状。如图 5.54 所示。

命令:DIMDIAMETER

选择圆弧或圆:

标注文字＝2828.7

指定尺寸线位置或[多行文字(M)/文字(T)/角度(A)]:

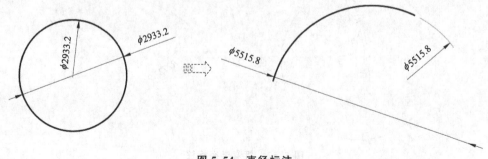

图 5.54　直径标注

注意，在进行直径标注时，若要将直径标注的文字尺寸数字放置在圆形或圆弧内侧，同时在文字两侧的尺寸线均已标注出来，标注直径尺寸线齐全，如图 5.55 所示的直径标注效果。则需要先按如下步骤进行标注样式"DIMSTYLE"设置"调整"选项卡中相关内容（图 5.56），然后进行直径标注 DIMDIAMETER 即可得到图所示直径标注效果。

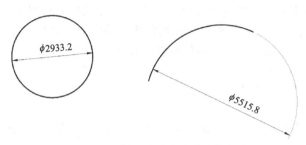

图 5.55　两侧尺寸线齐全的直径标注

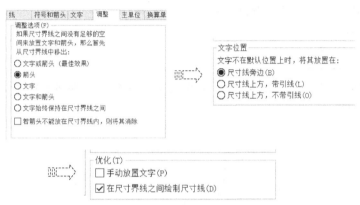

图 5.56　"调整"选项卡中的参数选择

① 启动标注样式功能命令"DIMSTYLE"，打开"标注样式管理器"对话框。

② 点击"标注样式管理器"对话框中的"修改"按钮，打开"修改标注样式管理器"对话框。

③ 在"修改标注样式管理器"对话框点击打开"调整"选项卡。

④ 在"调整"选项卡中，点击选择"调整选项（F）"选项栏中的"箭头""文字""文字和箭头""文字始终保持在尺寸界线之间"任意一项，建议选择第 2 项"箭头"即可。

⑤ 在"调整"选项卡中，点击选择"文字位置"选项栏中的"尺寸线旁边""尺寸线上方，不带引线"任意一项，建议选择"尺寸线旁边"即可。

⑥ 在"调整"选项卡中，点击选择"优化（T）"选项栏中的"在尺寸界线之间绘制尺寸线（D）"。一般情况下，只需要设置修改一下前述第④条的标注样式内容，其他几项内容使用默认的设置即可。

5.3.8　标注尺寸方法——角度标注

角度标注是对 2 条或以上的图形对象构成的角度进行标注。其 AutoCAD 功能命令是 DIMANGULAR 或 DAN。启动 DIMANGULAR 命令可以通过以下几种方式。

■ 打开【标注】下拉菜单，选择其中的【角度】命令选项。

■ 在"注释"选项卡中"标注"命令面板上，点击该命令面板上"角度"功能命令图标。

■ 在"命令"窗口处直接输入 DIMANGULAR 或 DAN 并回车。

按前述方法启动角度标注功能命令 DIMANGULAR 后，按 AutoCAD 命令行提示，依次点击指定组成角度的两条直线，再指定尺寸线位置，即可得到角度标注。如图 5.57 所示。

对大于 180°的角度标注，标注方法稍有不同。启动角度标注功能命令 DIMANGULAR 后，按 AutoCAD 命令行提示，先按回车键指定角度的定点，然后再指定角的第一个端点和角的第二个端点，即可完成大于 180°角的标注。如图 5.57 所示。

● 命令:DIMANGULAR

选择圆弧、圆、直线或<指定顶点>:

选择第二条直线:

指定标注弧线位置或[多行文字(M)/文字(T)/角度(A)/象限点(Q)]:

标注文字=137

● 命令:DIMANGULAR

选择圆弧、圆、直线或<指定顶点>:

指定角的顶点:

指定角的第一个端点:

指定角的第二个端点:

指定标注弧线位置或[多行文字(M)/文字(T)/角度(A)/象限点(Q)]:

标注文字=282

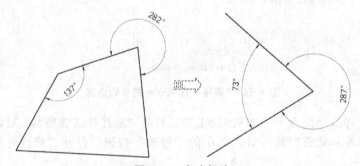

图 5.57　角度标注

运用角度标注可以对圆弧或圆形等图形对象进行角度标注，其标注方法与前述角图形的角度标注类似。启动角度标注功能命令 DIMANGULAR 后，按 AutoCAD 命令行提示，先选择圆弧或圆形，然后点击指定标注尺寸线位置（对圆形需再点击指定第二个端点位置，第一个端点位置为选择圆形的点击位置），即可完成圆弧或圆形的角度标注。如图 5.58 所示。

● 命令:DIMANGULAR

选择圆弧、圆、直线或<指定顶点>:

指定标注弧线位置或[多行文字(M)/文字(T)/角度(A)/象限点(Q)]:

标注文字=123

● 命令:DIMANGULAR

选择圆弧、圆、直线或<指定顶点>:

指定角的第二个端点:

指定标注弧线位置或[多行文字(M)/文字(T)/角度(A)/象限点(Q)]:

标注文字=91

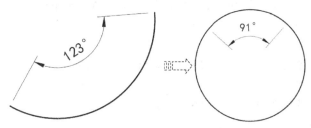

图 5.58　圆弧及圆形的角度标注

5.3.9　标注尺寸方法——基线标注

基线标注是指创建自相同基线测量的一系列相关标注，其 AutoCAD 功能命令为 DIM-BASELINE 或 DBA。一般情况下，在进行基线标注前，需使用线性标注、对齐标注或角度标注等功能命令先标注一个尺寸作为标注基准线（基准标注）。然后再启动基线标注功能命令进行基线标注。

启动基线标注功能命令 DIMBASELINE 可以通过以下几种方式。
■ 打开【标注】下拉菜单，选择其中的【基线】命令选项。
■ 在"注释"选项卡中"标注"命令面板上，点击该命令面板上"基线"功能命令图标。
■ 在"命令"窗口处直接输入 DIMBASELINE 或 DBA 并回车。

如前述，在使用基线标注前，先使用线性标注、对齐标注或角度标注等功能命令，标注一个尺寸作为标注基准线（基准标注）。然后按前述方法启动基线标注功能命令 DIMBASE-LINE。再按 AutoCAD 命令行提示，先选择基准标注，再依次点击标注位置点并指定尺寸线位置，即可得到基准标注。如图 5.59 所示。默认情况下，基线标注的标注样式是从上一个标注或选定标注继续进行标注。若要结束此命令，请按 Esc 键或按回车键。若要选择其他线性标注、坐标标注或角度标注作为基线标注的基准，重新进行基线标注，则按 Enter 键。

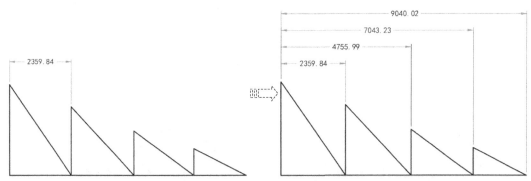

图 5.59　基准为线性标注等基线标注

使用对线性或对齐标注等标注基准标注后，再启动基线标注功能命令，点击标注位置点即可进行基线标注，如图 5.59 所示。
● 命令:DIMLINEAR
指定第一个尺寸界线原点或<选择对象>:
指定第二条尺寸界线原点:
指定尺寸线位置或
[多行文字(M)/文字(T)/角度(A)/水平(H)/垂直(V)/旋转(R)]:

标注文字＝2359.84[多行文字(M)/文字(T)/角度(A)/水平(H)/垂直(V)/旋转(R)]：

标注文字＝3202.6

● 命令：DIMBASELINE

指定第二个尺寸界线原点或[选择(S)/放弃(U)]＜选择＞：

标注文字＝4755.99

指定第二个尺寸界线原点或[选择(S)/放弃(U)]＜选择＞：

标注文字＝7043.23

指定第二个尺寸界线原点或[选择(S)/放弃(U)]＜选择＞：

标注文字＝9040.02

指定第二个尺寸界线原点或[选择(S)/放弃(U)]＜选择＞：

选择基准标注：

对基准标注为角度标注的情况，进行角度标注时点击选择角度线（如图 5.60 中的 *a*、*b*）位置先后顺序不同，得到的第 1 条尺寸界线与第 2 条尺寸界线的位置顺序也有所不同，在进行基准标注时基准线位置也有所不同，一般是以第 2 条尺寸界线的位置作为基本标注的基准线。如图 5.60 所示。

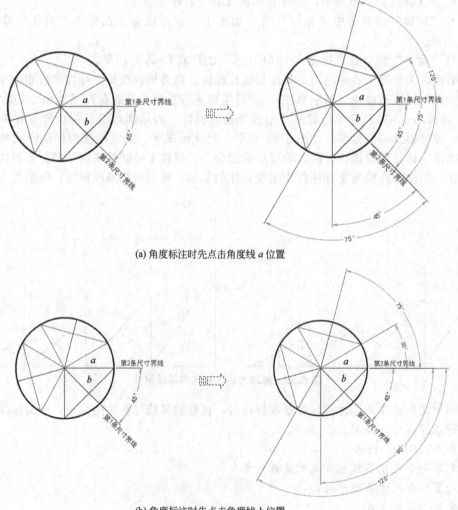

(a) 角度标注时先点击角度线 *a* 位置

(b) 角度标注时先点击角度线 *b* 位置

图 5.60　基准为角度标注的基线标注

● 命令：DIMANGULAR

选择圆弧、圆、直线或＜指定顶点＞：

选择第二条直线：

指定标注弧线位置或［多行文字(M)/文字(T)/角度(A)/象限点(Q)］：

标注文字＝45

● 命令：DIMBASELINE

指定第二个尺寸界线原点或［选择(S)/放弃(U)］＜选择＞：

标注文字＝30

指定第二个尺寸界线原点或［选择(S)/放弃(U)］＜选择＞：

标注文字＝75

指定第二个尺寸界线原点或［选择(S)/放弃(U)］＜选择＞：

标注文字＝120

指定第二个尺寸界线原点或［选择(S)/放弃(U)］＜选择＞：

标注文字＝150

指定第二个尺寸界线原点或［选择(S)/放弃(U)］＜选择＞：

选择基准标注：

尺寸界线已解除关联。

尺寸界线已解除关联。

尺寸界线已解除关联。

如第 5.3.1 小节有关所述，基线间距是指基线标注的标注尺寸线的距离大小。各个基线标注之间的间距，可以通过"标注样式"功能命令启动"标注样式管理器"对话框。在该对话框中"线"选项卡和"基线间距"栏设定基线标注之间的默认间距。如图 5.61 所示。

(a) 基线间距   (b) 基线间距设置方法

图 5.61　基准标注的间距及其设置方法

5.3.10　标注尺寸方法——连续标注

连续标注是指创建从上一个标注或选定标注的尺寸界线开始的标注，其 AutoCAD 功能命令为 DIMCONTINUE 或 DCO。与基准标注类似，在使用连续标注功能命令前，需使用线性标注、坐标标注或角度标注等功能命令先标注一个尺寸，作为连续标注的标注基准线（基准标注）。然后再启动连续标注功能命令来进行连续标注操作。

启动连续标注功能命令 DIMCONTINUE 可以通过以下几种方式。

■ 打开【标注】下拉菜单，选择其中的【连续】命令选项。

■ 在"注释"选项卡中"标注"命令面板上，点击该命令面板上"连续"功能命令图标。

■ 在"命令"窗口处直接输入 DIMCONTINUE 或 DCO 并回车。

如前述,在使用连续标注前,先使用线性标注、坐标标注或角度等功能命令标注一个尺寸作为标注基准线(基准标注)。然后按前述方法启动连续标注功能命令 DIMCONTINUE 或 DCO。再按 AutoCAD 命令行提示,先选择基准标注,再依次点击标注位置点并指定尺寸线位置,即可得到基准标注。如图 5.62 所示。默认情况下,连续标注的标注样式从上一个标注或选定标注继承。若要结束此命令,请按 Esc 键。若要选择其他线性标注、坐标标注或角度标注用作基线标注的基准,请按 Enter 键。

● 命令:DIMLINEAR

指定第一个尺寸界线原点或<选择对象>:

指定第二条尺寸界线原点:

指定尺寸线位置或

[多行文字(M)/文字(T)/角度(A)/水平(H)/垂直(V)/旋转(R)]:

标注文字=1610.5

● 命令:DIMCONTINUE

指定第二个尺寸界线原点或[选择(S)/放弃(U)]<选择>:

标注文字=1210.1

指定第二个尺寸界线原点或[选择(S)/放弃(U)]<选择>:

标注文字=1312.3

指定第二个尺寸界线原点或[选择(S)/放弃(U)]<选择>:

标注文字=1397.5

指定第二个尺寸界线原点或[选择(S)/放弃(U)]<选择>:

标注文字=1925.9

指定第二个尺寸界线原点或[选择(S)/放弃(U)]<选择>:

标注文字=1885.9

指定第二个尺寸界线原点或[选择(S)/放弃(U)]<选择>:

选择连续标注:

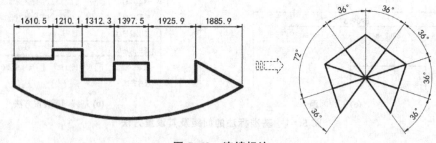

图 5.62 连续标注

5.3.11 标注尺寸方法——公差标注

公差也称形位公差或几何公差,形位公差是表示特征的形状、轮廓、方向、位置和跳动的允许偏差。AutoCAD 标注的形位公差形式如图 5.63 所示。

可以通过特征控制框来添加形位公差,这些框中包含单个标注的所有公差信息。特征控制框至少由两个组件组成。第一个特征控制框包含一个几何特征符号,表示应用公差的几何特征,例如位置、轮廓、形状、方向或跳动。形状公差控制直线度、平面度、圆度和圆柱度;轮廓控制直线和表面。在图例中,特征就是位置。

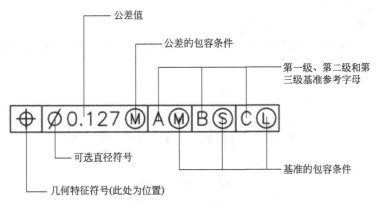

图 5.63　形位公差所示

创建形位公差的 AutoCAD 功能命令为 TOLERANCE 或 TOL。启动形位公差功能命令 TOLERANCE 可以通过以下几种方式。

■ 打开【标注】下拉菜单，选择其中的【公差】命令选项。

■ 在"命令"窗口处直接输入 TOLERANCE 或 TOL 并回车。

按前述方法启动形位公差功能命令 TOLERANCE 后，AutoCAD 系统弹出"形位公差"对话框，如图 5.64 所示。通过该对话框即可设置和输入形位公差相关参数，点击"确定"按钮后在绘图区域指定形位公差的标注位置即可。如图 5.65 所示。

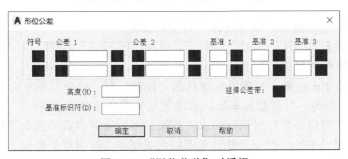

图 5.64　"形位公差"对话框

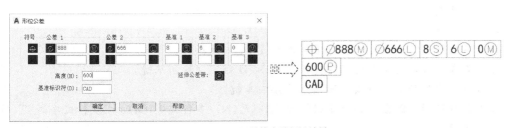

(a) 单排参数标注效果

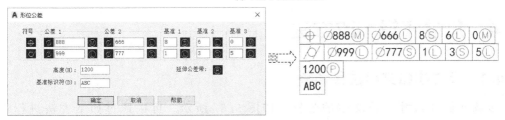

(b) 双排参数标注效果

图 5.65　标注形位公差

命令:TOLERANCE

输入公差位置:

此外,可以使用"LEADER"功能命令,创建带有引线的形位公差。具体操作方法和命令提示如下,如图 5.66 所示。

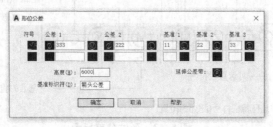

(a)输入相关参数

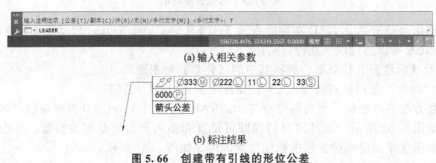

(b)标注结果

图 5.66 创建带有引线的形位公差

① 在命令提示下,输入"LEADER"后按回车键。

② 指定引线的起点。

③ 依次指定引线的第二、三点。

④ 依次按两次 Enter 键,分别执行默认的"注释"和"选项"命令选项。

⑤ 输入"T(公差)"后按回车键,启动创建公差功能命令。

⑥ 在弹出的"形位公差"对话框中输入或设置形位公差参数后点击"确定"按钮。

⑦ 在绘图区域点击标注形位公差位置即可完成创建带有引线的形位公差。

命令:LEADER

指定引线起点:

指定下一点:

指定下一点或[注释(A)/格式(F)/放弃(U)]＜注释＞:

指定下一点或[注释(A)/格式(F)/放弃(U)]＜注释＞:(按回车键)

输入注释文字的第一行或＜选项＞:(按回车键)

输入注释选项[公差(T)/副本(C)/块(B)/无(N)/多行文字(M)]＜多行文字＞:T(输入 T 后按回车键)

5.4 尺寸编辑修改方法

5.4.1 尺寸线和文字位置调整

要调整标注尺寸线及文字的位置,如图 5.67 所示,可以通过如下方法进行快速调整:

① 直接点击要调整的标注尺寸,选中的标注尺寸在特定位置显示带颜色的小方块。

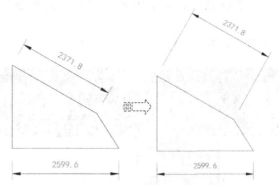

图 5.67　修改标注尺寸线及文字位置

② 点击箭头处的小方块，小方块颜色发生变化。

③ 移动光标调整尺寸线及文字的位置，再点击确定新位置。如图 5.68 所示。

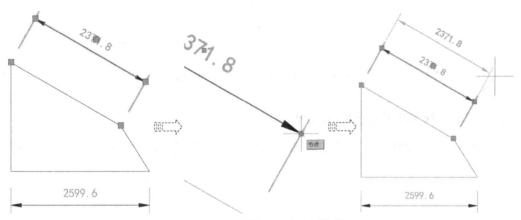

图 5.68　尺寸线及文字位置调整

5.4.2　标注文字高度颜色等修改

要修改标注尺寸的尺寸文字高度颜色等，如图 5.69 所示，可以通过如下方法进行快速修改。

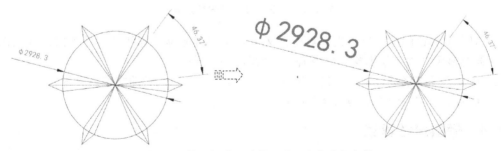

图 5.69　修改标注尺寸的尺寸文字高度颜色等

① 双击要修改的标注尺寸文字对象，文字切换到带方框轮廓线的修改模式，在绘图区域上侧同时显示"文字编辑器"命令面板。

② 在"文字编辑器"命令面板上，可以按需要重新设置标注尺寸的文字相关参数，包

括标注尺寸的文字高度、文字颜色、文字字体等。"文字编辑器"操作方法也可以参考第5.1.3小节内容。

③ 最后点击"关闭文字编辑器"图标。如图5.70所示。

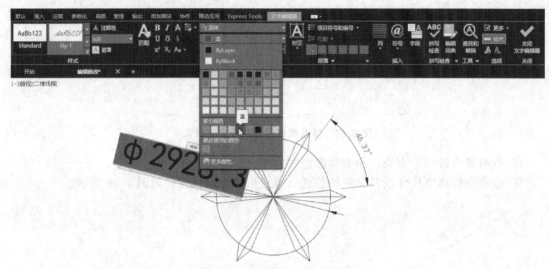

图5.70 标注尺寸的文字修改方法

5.4.3 标注尺寸的文字内容修改

要修改标注尺寸的尺寸文字内容，如图5.71所示，可以通过如下方法进行快速修改：

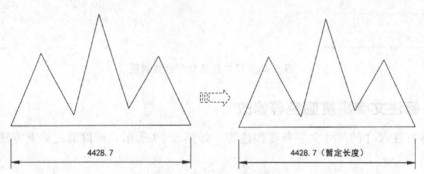

图5.71 标注尺寸文字内容修改

① 双击要修改的标注尺寸文字对象，文字切换到带方框轮廓线的修改模式。在绘图区域上侧同时显示"文字编辑器"命令面板。如图5.72所示。

② 在文字处直接进行修改，包括删除原有尺寸文字、输入新的文字内容等。

③ 最后点击"关闭文字编辑器"图标。

5.4.4 倾斜尺寸界线

通过标注尺寸编辑功能命令"DIMEDIT"，可以将标注尺寸的尺寸界线倾斜一定的角度。如图5.73所示，具体操作方法如下。

① 打开"标注"下拉菜单，在下拉菜单上选择"倾斜（Q）"命令选项。

② 点击要倾斜的标注尺寸后按回车键。

③ 再在命令窗口处按命令提示输入倾斜角度。

④ 按回车键结束操作。

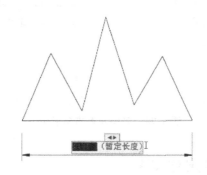

图 5.72　双击修改标注尺寸文字内容

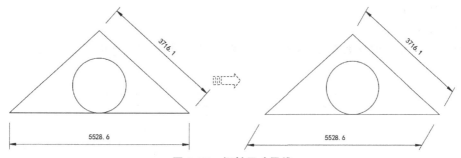

图 5.73　倾斜尺寸界线

也可以在命令窗口处输入标注尺寸编辑功能命令"DIMEDIT"后按回车键；再在命令窗口处按命令提示输入英文字母"O"按回车；然后选择要倾斜的标注尺寸再按回车键；在命令窗口处按命令提示输入倾斜角度后按回车键结束操作。

命令:DIMEDIT

输入标注编辑类型[默认(H)/新建(N)/旋转(R)/倾斜(O)]＜默认＞:O

选择对象:找到 1 个

选择对象:找到 1 个,总计 2 个

选择对象:

输入倾斜角度(按 ENTER 表示无):60

按前述倾斜 60°的尺寸界线,其倾斜角度方向如图 5.74(a) 所示。

若对已倾斜的尺寸界线再次进行倾斜,则其倾斜角并非再已倾斜角度上叠加,而是按与水平 X 轴成的夹角大小计算。例如,对前述已倾斜 60°的尺寸界线,再次执行倾斜功能命令，倾斜角度输入 80°，则第二次倾斜的尺寸界线倾斜效果如图 5.74(b)。

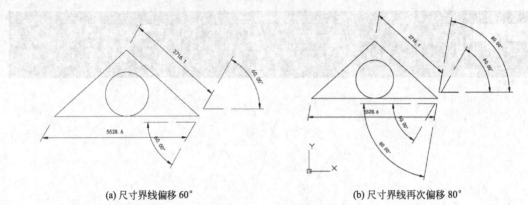

(a) 尺寸界线偏移 60°   (b) 尺寸界线再次偏移 80°

图 5.74　倾斜角度方向所示

5.4.5　对齐基线标注的尺寸文字

在使用基线标注功能命令进行尺寸标注后，得到的基线标注效果一般如图 5.75(a) 所示（线性标注与角度标注类似）。可以通过标注尺寸编辑功能命令 DIMEDIT 来进行调整，调整后的标注效果有如下几种方式，如图 5.75(b)～(d) 所示。

① 标注文字左侧对齐；

② 标注文字居中对齐；

③ 标注文字右侧对齐。

命令：DIMTEDIT

选择标注：

为标注文字指定新位置或[左对齐(L)/右对齐(R)/居中(C)/默认(H)/角度(A)]：L

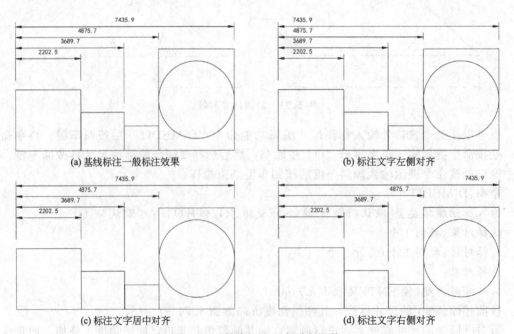

(a) 基线标注一般标注效果   (b) 标注文字左侧对齐

(c) 标注文字居中对齐   (d) 标注文字右侧对齐

图 5.75　基线标注文字对齐调整

5.4.6 翻转标注尺寸的箭头符号方向

通过使用标注快捷菜单，可以将标注尺寸的箭头造型进行方向翻转，如图 5.76 所示。注意一点，箭头翻转只能逐个进行翻转。其操作方法如下。

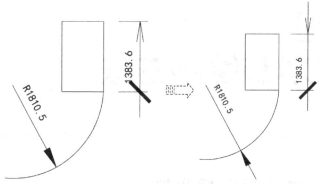

图 5.76 标注尺寸箭头翻转

① 先点击选中要翻转箭头的尺寸；
② 然后选中的尺寸线将显示带颜色的小方块；
③ 点击箭头处的小方块，其颜色发生改变；
④ 然后点击鼠标右键，屏幕弹出一个快捷菜单；
⑤ 在快捷菜单上选择"翻转箭头"选项即可完成，如图 5.77 所示。

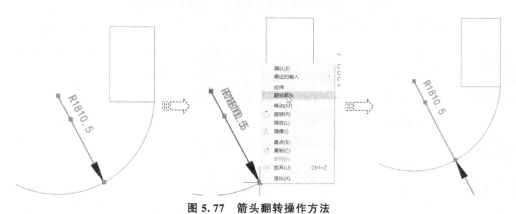

图 5.77 箭头翻转操作方法

第6章

环境工程
轴测图CAD绘制方法

6.0 本章操作讲解视频清单

本章各节相关功能命令操作讲解视频清单及其下载地址如表 6.0 所列。各个视频下载地址可以通过手机微信扫描表中相应二维码获取，获取下载地址后即可通过网络免费下载。

学习 CAD 绘图功能命令相关内容时，建议观看相应的操作讲解视频以后再进行操作练习，对尽快掌握相关知识及操作技能有帮助。

表 6.0　本章各个讲解视频清单及其播放或下载地址

视频名称	F1 进入等轴测图绘图模式方法		视频名称	F2 等轴测图中直线绘制方法	
	功能简介	进入等轴测图绘图模式		功能简介	等轴测图中直线绘制
	命令名称	ISODRAFT		命令名称	—
	章节内容	第 6.2.1 节		章节内容	第 6.2.2 节
视频名称	F3 等轴测图中圆形绘制方法		视频名称	F4 等轴测图中文字标注方法	
	功能简介	等轴测图中圆形绘制		功能简介	等轴测图中文字标注
	命令名称	—		命令名称	—
	章节内容	第 6.2.3 节		章节内容	第 6.3.1 节
视频名称	F5 等轴测图中尺寸标注方法		视频名称	F6 等轴测图中圆形半径直径标注方法	
	功能简介	等轴测图中尺寸标注		功能简介	等轴测图中圆形半径直径标注
	命令名称	—		命令名称	—
	章节内容	第 6.3.3 节		章节内容	第 6.3.4 节

注：使用手机扫描表中二维码，即可在手机上直接播放相应的操作讲解视频（建议横屏观看）。也可以使用手机扫描表中二维码，将视频文件转发到电脑端播放或下载后播放（参考方法：点击视频右上角的"…"符号，再点击弹出的"复制链接"，将链接地址发送至电脑端即可）。

本章将详细介绍环境工程轴测图 CAD 快速绘制方法。轴测图是通过二维图形反映物体的三维形状，具有较强的立体感，能帮人们更快捷更清楚地认识环境工程图构造。绘制一个环境工程轴测图实际是在二维平面图中完成，因此，相对三维图形操作更简单，易于掌握。

6.1 关于等轴测图绘制基本知识

轴测图是指将物体对象连同确定物体对象位置的坐标系，沿不平行于任一坐标面的方向，用平行投影法投射到单一投影面上所得到的图形。轴测图能同时反映物体长、宽、高三个方向的尺寸，富有立体感，在许多工程领域，常作为辅助性图样。如图6.1为常见的一些环境工程轴测图示意。

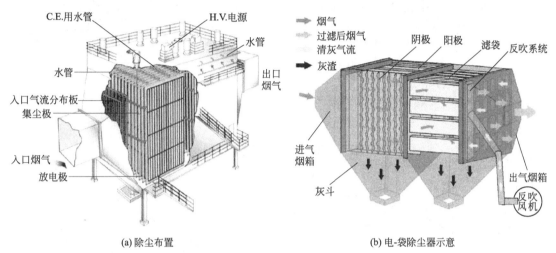

(a)除尘布置   (b) 电-袋除尘器示意

图6.1 常见环境工程轴测图示意

6.1.1 等轴测图绘图基础知识介绍

轴测图分为正轴测图（即等轴测图）和斜轴测图两大类，正轴测图——采用正投影法，斜轴测图——采用斜投影法。正投影图特点：形体的多数表面垂直或平行于投影面（正放），用正投影法得到，缺乏立体感，如图6.2(a) 所示。斜轴测图特点：不改变物体与投影面的相对位置（物体正放），用斜投影法作出物体的投影，如图6.2(b) 所示。工程上常用正等测轴测图和斜二测轴测图，如图6.2(c) 所示。

当物体上的三根直角坐标轴与轴测投影面的倾角相等时，用正投影法所得到的图形，称为正等测轴测图，简称正等测。正等测轴测图中的三个轴间角相等，都是120°，其中 Z 轴规定画成铅垂方向。正等测轴测图的坐标轴，简称轴测轴，如图6.2(d) 所示。

6.1.2 等轴测图基本绘制方法介绍

绘制平面立体轴测图的方法，有坐标法、切割法和叠加法三种。

（1）坐标法 坐标法是绘制轴测图的基本方法。根据立体表面上各顶点的坐标，分别画出它们的轴测投影，然后依次连接成立体表面的轮廓线。例如，根据三视图，画四棱柱的正等测轴测图步骤如下，如图6.3所示。

① 在两面视图中，画出坐标轴的投影；

② 画出正等测的轴测轴，$\angle X_1O_1Y_1 = \angle X_1O_1Z_1 = \angle Y_1O_1Z_1 = 120°$；

③ 量取 $O_12 = O2$，$O_14 = O4$；

④ 分别过 2、4 作 O_1Y_1、O_1X_1 的平行线，完成底面投影；

⑤ 过底面各顶点作 O_1Z_1 轴的平行线，长度为四棱柱高度；

⑥ 依次连接各顶点，完成正等测轴测图。

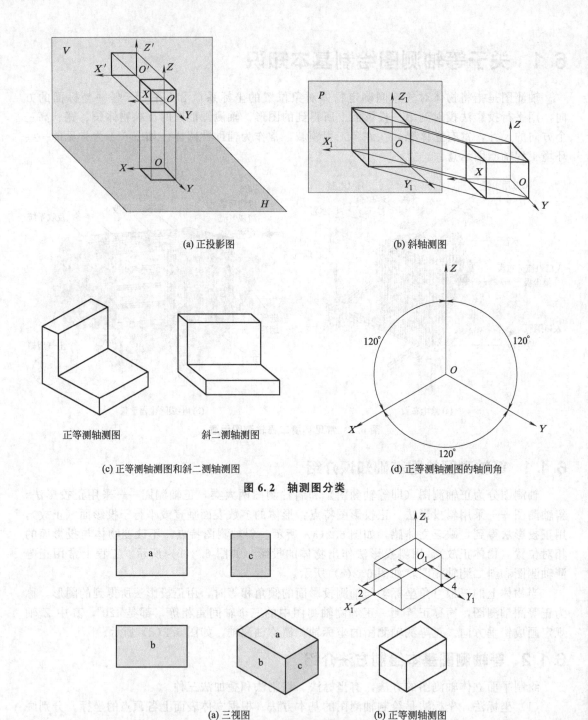

(a) 正投影图

(b) 斜轴测图

正等测轴测图

斜二测轴测图

(c) 正等测轴测图和斜二测轴测图

(d) 正等测轴测图的轴间角

图 6.2　轴测图分类

(a) 三视图

(b) 正等测轴测图

图 6.3　坐标法绘制轴测图

需要注意的是，不可见的虚线可不画出。

（2）切割法　有的形体可看成是由基本体截断、开槽、穿孔等变化而成的。画这类形体的轴测图时，可先画出完整的基本体轴测图，然后切去多余部分。例如，已知三视图 [图 6.4(a)]，画形体的正等轴测图。从投影图可知，该立体是在长方形箱体的基础上，逐步切去左上方的四棱柱、右前方的三棱柱和左下端方槽后形成的。绘图时先用坐标法画出长方形箱体，然后逐步切去各个部分，绘图步骤如图 6.4 所示。

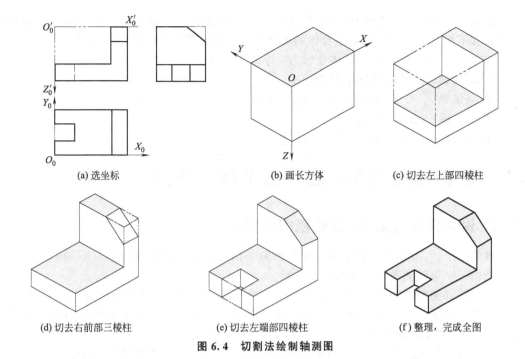

(a) 选坐标   (b) 画长方体   (c) 切去左上部四棱柱

(d) 切去右前部三棱柱   (e) 切去左端部四棱柱   (f) 整理，完成全图

图 6.4   切割法绘制轴测图

（3）叠加法   适用于叠加而形成的组合体，它依然以坐标法为基础，根据各基本体所在的坐标，分别画出各立体的轴测图。例如，已知三视图［图 6.5(a)］，绘制其轴测图。该组

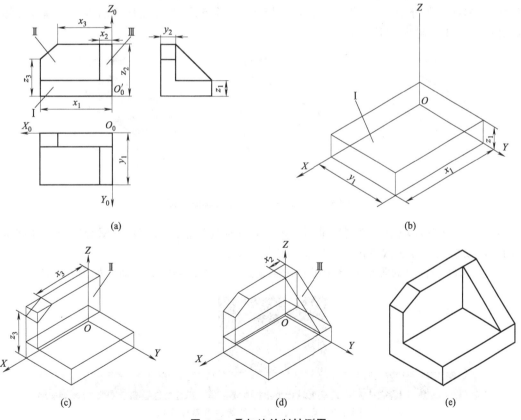

(a)   (b)

(c)   (d)   (e)

图 6.5   叠加法绘制轴测图

合体由底板Ⅰ、背板Ⅱ、右侧板Ⅲ三部分组成。利用叠加法，分别画出这三部分的轴测投影，擦去看不见的图线，即得该组合体的轴测图，绘制步骤如下，如图6.5所示：

① 在视图上定坐标，将组合体分解为三个基本形体；

② 画轴测轴，沿轴向分别量取坐标 x_1、y_1 和 z_1，画出形体Ⅰ；

③ 根据坐标 z_2 和 y_2 画形体Ⅱ；根据坐标 x_3 和 z_3 切割形体Ⅱ；

④ 根据坐标 x_2 画形体Ⅲ；

⑤ 擦去作图线，描粗加深，得到轴测图。

6.2 等轴测图 CAD 绘制基本操作方法

6.2.1 进入等轴测图 CAD 绘图模式方法

一般情况下，AutoCAD 设定的标准等轴测平面包括左等轴测平面、右等轴测平面、上等轴测平面三个等轴测平面，如图 6.6 所示。

① "左等轴测平面"：在左等轴测图中，正交模式下（按 F8 键切换正交模式），图形轮廓线与水平方向线夹角分别是 90°和 150°；正交模式下，绘制图形时光标移动方向、捕捉和栅格也是沿 90°和 150°轴对齐。

② "右等轴测平面"：在右等轴测图中，正交模式下，图形轮廓线与水平方向线夹角分别是 30°和 90°；正交模式下，绘制图形时光标移动方向、捕捉和栅格也是沿 30°和 90°轴向对齐。

③ "上等轴测平面"或"顶等轴测平面"：在顶等轴测图中，正交模式下，图形轮廓线与水平方向线夹角分别是 30°和 150°；正交模式下，绘制图形时光标移动方向、捕捉和栅格也是沿 30°和 150°轴向对齐。

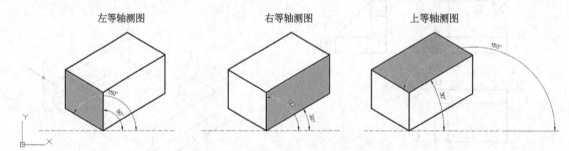

图 6.6 左、右、上三个等轴测平面

在 AutoCAD 环境中要绘制等轴测图形，首先应先激活进入等轴测图绘制模式才能进行绘制。可以按如下方法激活进入等轴测图绘制模式。

① 点击状态栏上的等轴测草图工具图标来选择所需的等轴测平面。如图 6.7 所示。

图 6.7 点击状态栏上的等轴测草图图标

② 使用等轴测草图设置功能命令"ISODRAFT"。即在命令窗口处输入命令"ISO-DRAFT"后按回车键，再按命令提示输入"L"、"R"或"T"后按回车键，分别进入对应的左、右或上等轴测平面绘制模式。

命令:ISODRAFT

输入选项[正交(O)/左等轴测平面(L)/顶部等轴测平面(T)/右等轴测平面(R)]<正交(O)>:L

进入等轴测图绘制模式后，可以按 F5 键或使用快捷组合"Ctrl+E"，依次在上、右、左三个等轴测平面之间进行切换，其光标形状如图 6.8 所示，分别对应"左等轴测平面""右等轴测平面""上等轴测平面"模式时的绘制光标。

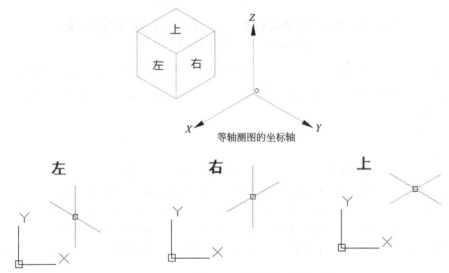

图 6.8 不同轴测平面中的光标形状示意

6.2.2 等轴测图绘制模式下直线 CAD 绘制方法

本节将以图 6.9 所示规格尺寸大小的长方体等轴测图为例，介绍在等轴测图绘制模式下直线 CAD 绘制方法。

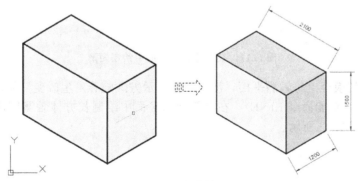

图 6.9 长方体轴测图

① 按第 6.2.1 小节方法，启动等轴测草图功能命令 ISODRAFT，进入等轴测图绘制模式，注意光标显示方式随着发生改变。启动功能命令后，按命令提示输入 L 或 R 或 T 按回车键进入等轴测绘图模式。在绘制时按 F8 键切换到正交模式（正交限制光标模式）。如

图 6.10 所示。

命令:ISODRAFT

输入选项［正交(O)/左等轴测平面(L)/顶部等轴测平面(T)/右等轴测平面(R)］＜正交(O)＞:L

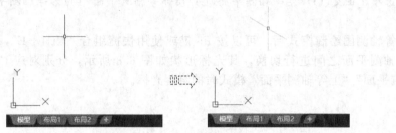

图 6.10 进入等轴测绘图模式

② 以输入 L 进入左等轴测平面为例,使用多段线功能命令 PLINE(或直线功能命令 LINE),在左等轴测平面中绘制长方体轴测图的左侧矩形轮廓。如图 6.11 所示。

命令:PLINE

指定起点:

当前线宽为 0.0000

指定下一个点或［圆弧(A)/半宽(H)/长度(L)/放弃(U)/宽度(W)］:

指定下一点或［圆弧(A)/闭合(C)/半宽(H)/长度(L)/放弃(U)/宽度(W)］:2100

指定下一点或［圆弧(A)/闭合(C)/半宽(H)/长度(L)/放弃(U)/宽度(W)］:1500

指定下一点或［圆弧(A)/闭合(C)/半宽(H)/长度(L)/放弃(U)/宽度(W)］:2100

指定下一点或［圆弧(A)/闭合(C)/半宽(H)/长度(L)/放弃(U)/宽度(W)］:(回车)

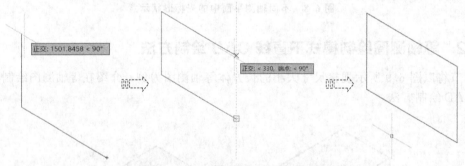

图 6.11 在左等轴测平面中绘制矩形

③ 按 F5 键切换至上等轴测平面,注意光标显示方式随着发生改变。使用多段线功能命令 PLINE(或直线功能命令 LINE),在上等轴测平面中绘制长方体轴测图的上侧矩形轮廓 3 个边即可。如图 6.12 所示。

命令:PLINE

指定起点:

当前线宽为 0.0000

指定下一个点或［圆弧(A)/半宽(H)/长度(L)/放弃(U)/宽度(W)］:1200

指定下一点或［圆弧(A)/闭合(C)/半宽(H)/长度(L)/放弃(U)/宽度(W)］:2100

指定下一点或［圆弧(A)/闭合(C)/半宽(H)/长度(L)/放弃(U)/宽度(W)］:1200

指定下一点或［圆弧(A)/闭合(C)/半宽(H)/长度(L)/放弃(U)/宽度(W)］:(回车)

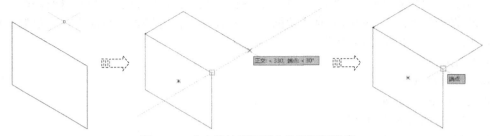

图 6.12　在上等轴测平面中绘制矩形轮廓

④ 再按 F5 键切换至右等轴测平面，注意光标显示方式随着发生改变。使用多段线功能命令 PLINE（或直线功能命令 LINE），在右等轴测平面中绘制长方体轴测图的右侧矩形轮廓 2 个边即可。如图 6.13 所示。

命令：LINE

指定第一个点：

指定下一点或[放弃(U)]：1500

指定下一点或[放弃(U)]：1200

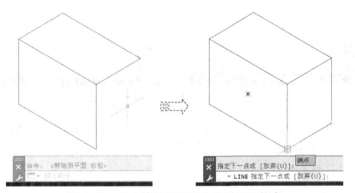

图 6.13　在上等轴测平面中绘制矩形轮廓

⑤ 长方体轴测图绘制完成，如图 6.13 所示。

⑥ 对于长方体轴测图中绘制倾斜的直线，例如在上轴测图中绘制连接短边与长边的直线，其绘制方法也是一样的。如图 6.14 所示。

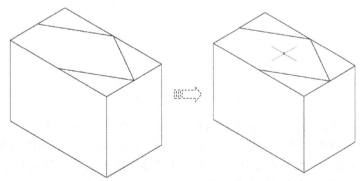

图 6.14　在长方体轴测图中绘制斜线

⑦ 按下 F5 键，切换到上等轴测平面图中（若在左、右等轴测平面图中绘制斜线，继续按 F5 键切换到相应的轴测平面图中即可），注意光标显示方式随着发生改变。

⑧ 结合捕捉功能（按 F3 键），并使用 F8 键关闭正交模式（正交限制光标模式）。然后使用多段线功能命令 PLINE（或直线功能命令 LINE），在上等轴测平面中点击绘制连接矩形长短边的斜线。如图 6.15 所示。

命令：LINE
指定第一个点：
指定下一点或[放弃(U)]：
指定下一点或[放弃(U)]：
指定下一点或[闭合(C)/放弃(U)]：
指定下一点或[闭合(C)/放弃(U)]：

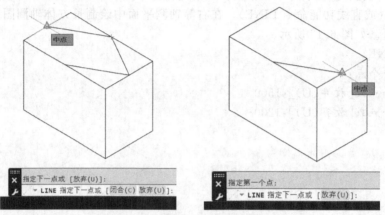

图 6.15　在上等轴测图中绘制斜线

⑨ 其他正方体或多面体等轴测图绘制方法类似。如图 6.16 所示。按前述方法可以自行练习一下图中所示轴测图绘制（注意绘制斜线时结合使用 F8 键、F3 键）。

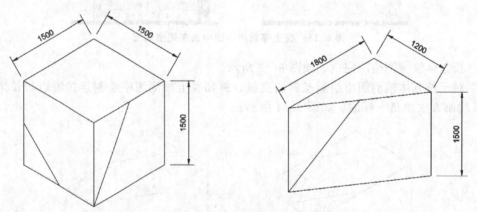

图 6.16　对应练习案例

⑩ 特别强调说明一点，在等轴测图中，在正交模式下使用复制（COPY）与偏移（OFFSET）这两个功能命令得到的新直线位置是不同的。即使复制距离与偏移距离数值大小一样，二者创建的新直线位置还是不一样。这是等轴测图的各个等轴测平面与 X 轴方向有一定角度（30°、90°、150°）导致的现象。

例如，对长方体轴测图中的边线 a，分别使用复制（COPY）与偏移（OFFSET）这两个功能命令进行操作，复制距离为 900，偏移距也是 900，得到的直线图形分别为直线 b 和直线 c，二者位置有所不同。如图 6.17 所示。

● 命令:COPY

选择对象:找到 1 个

选择对象:

当前设置: 复制模式＝多个

指定基点或[位移(D)/模式(O)]＜位移＞:

指定第二个点或[阵列(A)]＜使用第一个点作为位移＞:900

指定第二个点或[阵列(A)/退出(E)/放弃(U)]＜退出＞:

● 命令:OFFSET

当前设置:删除源＝否图层＝源　OFFSETGAPTYPE＝0

指定偏移距离或[通过(T)/删除(E)/图层(L)]＜0.0000＞:900

选择要偏移的对象,或[退出(E)/放弃(U)]＜退出＞:

指定要偏移的那一侧上的点,或[退出(E)/多个(M)/放弃(U)]＜退出＞:

选择要偏移的对象,或[退出(E)/放弃(U)]＜退出＞:

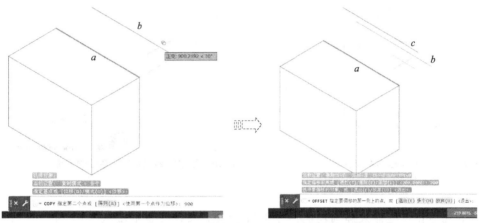

图 6.17　复制（COPY）与偏移（OFFSET）得到的直线 *b* 与 *c*

6.2.3　等轴测图绘制模式下圆形 CAD 绘制方法

由于圆形的轴测投影是椭圆形（称"等轴测圆"），在轴测图中若使用圆形功能命令来绘制，得到的图形效果不是圆形。因此，在等轴测图中绘制圆形图形是使用椭圆形功能命令"ELLIPSE"中的"等轴测图（I）"来进行绘制的。如图 6.18 所示。

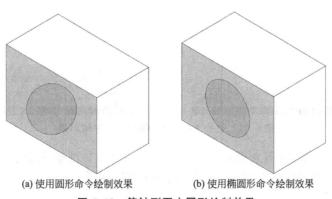

(a) 使用圆形命令绘制效果　　　(b) 使用椭圆形命令绘制效果

图 6.18　等轴测图中圆形绘制效果

当圆形位于不同的轴测面（左等轴测平面、右等轴测平面、上等轴测平面）时，椭圆长、短轴的投影位置是不相同的。

命令：ELLIPSE

指定椭圆轴的端点或[圆弧(A)/中心点(C)/等轴测圆(I)]：I(此处输入I绘制等轴测圆形)

指定等轴测圆的圆心：

指定等轴测圆的半径或[直径(D)]：150

下面以图6.19长方体等轴测图顶面绘制一个半径为500mm圆形造型为例，介绍其绘制操作方法如下。

① 长方体轴测图使用前面第6.2.2小节的等轴测图即可。先按前面介绍的方法进入等轴测图绘图模式。然后按"F5"键切换至"上等轴测平面"，或"等轴测平面 俯视"。如图6.20所示。

命令：<等轴测平面 俯视>

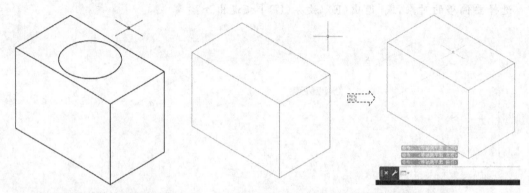

图6.19　长方体等轴测图顶面
　　　　绘制圆形

图6.20　按F5键切换至上等轴测平面

② 在命令窗口处输入椭圆功能命令ELLIPSE，按回车键后输入"I"执行等轴测圆绘制。再通过捕捉及自动追踪指定等轴测圆的圆心位置，最后输入半径数值后回车即可。如图6.21所示。

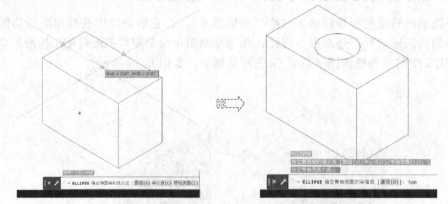

图6.21　执行ELLIPSE命令绘制等轴测圆

需要注意的是，此处进行椭圆形绘制，只能在命令窗口处输入命令ELLIPSE，不能使用其他方式启动椭圆绘制功能命令，否则绘制不了等轴测圆。

命令：ELLIPSE

指定椭圆轴的端点或[圆弧(A)/中心点(C)/等轴测圆(I)]:I(此处输入 I 绘制等轴测圆形)

指定等轴测圆的圆心:

指定等轴测圆的半径或[直径(D)]:500(输入半径数值)

③ 可以使用圆形功能命令 CIRCLE 来绘制一个圆形,比较一下两者绘制的等轴测圆形效果。如图 6.22 所示。

命令:CIRCLE

指定圆的圆心或[三点(3P)/两点(2P)/切点、切点、半径(T)]:

指定圆的半径或[直径(D)]<0.0000>: 500

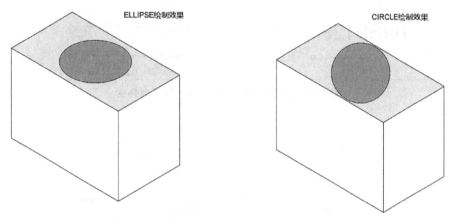

ELLIPSE绘制效果   CIRCLE绘制效果

图 6.22　ELLIPSE 与 CIRCLE 命令绘制的圆形效果对比

6.3　等轴测平面图中文字与尺寸标注方法

由于在等轴测图中的三个轴测平面(左、右和上等轴测平面)与 X 轴方向有一定的角度,因此,等轴测图中的文字和尺寸标注,与在二维平面中是有所不同的。

6.3.1　等轴测平面图中文字 CAD 标注方法

为了使某个等轴测平面中的文字看起来像是在该轴测平面内,必须根据各轴测平面的位置,通过文字样式功能将文字倾斜某个角度值(倾斜角度在文字样式对话框中设置,如图 6.23 所示),然后再旋转一定的角度,以使它们的外观与等轴测平面图协调起来,方向一致标注效果较好,如图 6.24 右图所标注的文字。因为按二维平面绘图时的文字标注方法进行标注,不设置文字倾斜角度,得到的文字轴测立体感不强,得到如图 6.24 左图所标注的文字。

一般情况下进行轴测图中文字标注时,要求左、右和上等轴测平面设置倾斜角度分别如下,注意角度有正负数值。

● 在左等轴测平面或<等轴测平面 左视>中,文字样式对话框中倾斜角设置为"-30°",同时文字标注时需旋转"-30°"角。

● 在右等轴测平面或<等轴测平面 右视>中,文字样式对话框中倾斜角设置为"30°",同时文字标注时需旋转"30°"角。

● 在上等轴测平面或<等轴测平面 俯视>中,文字样式对话框中倾斜角若设置为"-30°",则文字标注时旋转角为"30°";文字样式对话框中倾斜角若设置为"30°"倾斜角,则文字标注时旋转角为"-30°"。如图 6.25 所示。

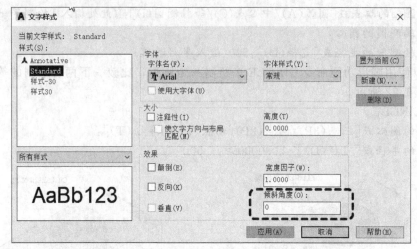

图 6.23 文字样式对话框设置文字倾斜角度

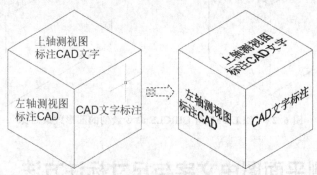

图 6.24 等轴测图中文字标注效果

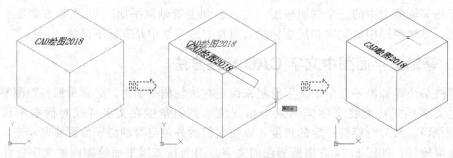

(a) 文字样式设置 −30°倾斜角、旋转角为 30°

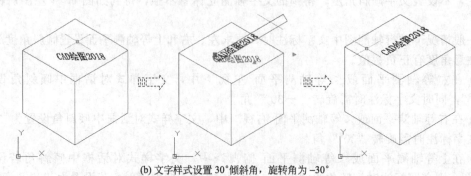

(b) 文字样式设置 30°倾斜角，旋转角为 −30°

图 6.25 上等轴测平面中文字角度设置方法

以图 6.26 正方体轴测图中右等轴测平面图中进行文字标注为例，介绍等轴测图中文字标注操作方法如下，其他两个等轴测平面中的文字标注方法类似：

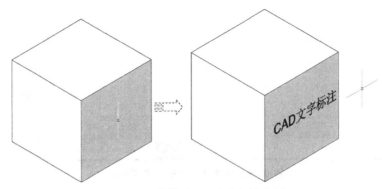

图 6.26　等轴测平面文字标注案例

① 正方体轴测图绘制方法参见第 6.2.2 节介绍。

② 使用"文字样式 STYLE"功能设置文字倾斜角度。

③ 打开"格式"下拉菜单中选择"文字样式"命令选项（或在命令窗口处输入 STYLE 后回车），弹出"文字样式"对话框。再在对话框中"效果"选项栏的"倾斜角度"文本框中，点击输入倾斜角度数值，例如 30。不同等轴测平面（左、右和上等轴测平面）需设置不同的倾斜角度，倾斜角度可以为正或负值（如 30、−30 等），具体要求参见上述内容。然后单击"应用"按钮，再点击"置为当前"，最后关闭"文字样式"对话框。倾斜角度数值设置完成。如图 6.27 所示。

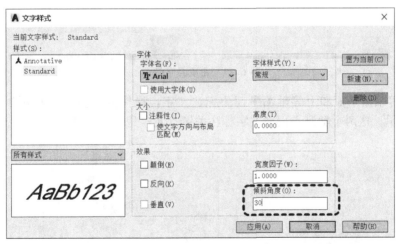

图 6.27　设置文字倾斜角度

④ 按 F5 键切换到右等轴测平面中，然后使用文字标注功能命令 TEXT 进行文字标注。在命令提示"指定文字的旋转角度 <0>："中输入"30"。如图 6.28 所示。

命令：TEXT

当前文字样式："Standard"　文字高度：100.0000　注释性：否　对正：左

指定文字的起点或[对正(J)/样式(S)]：

指定高度 <100.0000>：150

指定文字的旋转角度 <0>：30

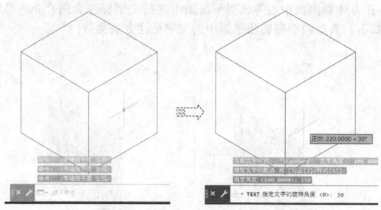

图 6.28 使用 TEXT 进行文字标注

⑤ 输入文字内容后回车结束输入，完成在右等轴测平面中文字标注。如图 6.29 所示。

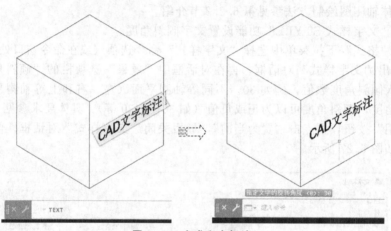

图 6.29 完成文字标注

⑥ 在左等轴测平面和上等轴测平面中标注文字，操作方法类似，可以自行练习一下，如图 6.30 所示。这两个轴测平面中文字标注关键点同样是角度的设置。

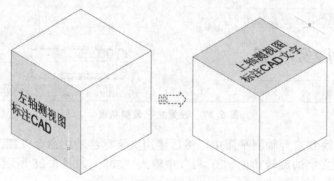

图 6.30 其他轴测平面文字标注

a. 在左等轴测平面或＜等轴测平面 左视＞中，文字样式需设置"—30°"倾斜角，同时文字标注时需旋转"—30°"角。

b. 在上等轴测平面或＜等轴测平面 俯视＞中，文字样式对话框中倾斜角若设置为"—30°"，则文字标注时旋转角为"30°"；文字样式对话框中倾斜角若设置为"30°"，则文字标注时旋转角为"－30°"。

命令:TEXT

当前文字样式:"Standard" 文字高度: 100.0000 注释性:否 对正: 左

指定文字的起点或[对正(J)/样式(S)]:

指定高度 <100.0000>:150

指定文字的旋转角度 <0>:－30

6.3.2 等轴测平面图中尺寸 CAD 标注方法

为了让某个轴测面内的尺寸标注看起来像是在这个轴测面中,就需要将尺寸线、尺寸界线分别倾斜一定的角度(有时可能需要二次倾斜才能得到合适的标注效果),以使它们与相应的轴测平面平行,才能使标注尺寸整体的外观具有立体感。进行标注尺寸倾斜可以使用尺寸编辑功能命令"DIMEDIT"中的倾斜选项功能。

此外,等轴测图中线性尺寸的尺寸界线应平行于轴测轴,而 AutoCAD 中用"线性标注"功能命令"DIMLINEAR"在任何图上标注的尺寸线都是水平或竖直的。因此,在标注轴测图尺寸时,除竖直方向可以使用线性功能命令进行尺寸标注外,其他方向需要用"对齐标注"功能命令"DIMALIGNED"来进行尺寸标注。

下面以图 6.31 长方体轴测图尺寸标注为例,介绍在不同等轴测平面图(左、右和上等轴测平面)中尺寸标注的操作方法。

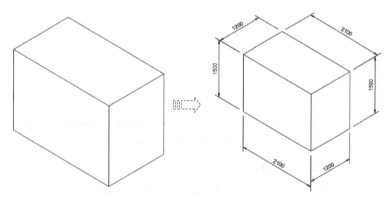

图 6.31 长方体轴测图标注尺寸效果

① 以右等轴测平面图进行尺寸标注为例进行标注操作。启动进入等轴测图绘图模式,按 F5 键切换到右等轴测平面图,然后使用"对齐标注"功能命令进行尺寸标注。如图 6.32 所示。

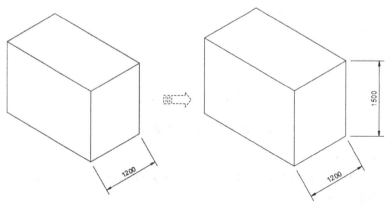

图 6.32 使用"对齐标注"标注尺寸

命令：DIMALIGNED

指定第一个尺寸界线原点或＜选择对象＞：

指定第二条尺寸界线原点：

指定尺寸线位置或

［多行文字(M)/文字(T)/角度(A)］：

标注文字＝1200

② 使用尺寸编辑功能命令"DIMEDIT"选择倾斜选项进行标注尺寸倾斜。先对 1500 标注尺寸进行倾斜。倾斜角度"30"度。如图 6.33 所示。

命令：DIMEDIT

输入标注编辑类型［默认(H)/新建(N)/旋转(R)/倾斜(O)］＜默认＞：O

选择对象：找到 1 个

选择对象：

输入倾斜角度(按 ENTER 表示无)：30

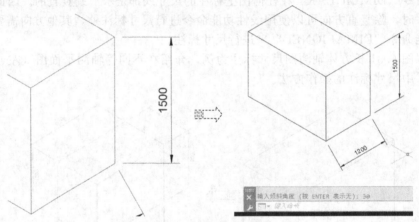

图 6.33　倾斜尺寸标注

③ 再对 1200 标注尺寸进行倾斜，先倾斜"－30"度角，然后再次倾斜"90"度角，即可得到位于右等轴测平面上的尺寸合适标注效果。如图 6.34 所示。

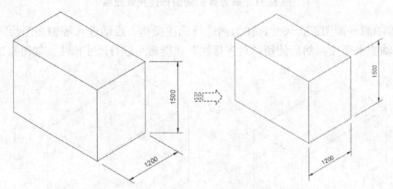

图 6.34　对 1200 标注尺寸进行二次倾斜

● 命令：DIMEDIT

输入标注编辑类型［默认(H)/新建(N)/旋转(R)/倾斜(O)］＜默认＞：O

选择对象：找到 1 个

选择对象：

输入倾斜角度(按 ENTER 表示无)：-30

● 命令：DIMEDIT

输入标注编辑类型［默认(H)/新建(N)/旋转(R)/倾斜(O)］＜默认＞：O

选择对象：找到 1 个

选择对象：

输入倾斜角度(按 ENTER 表示无)：90

④ 另外两个等轴测平面图（左、上等轴测平面图）的尺寸标注方法类似，按前面介绍方法自行练习标注。例如，左等轴测平面图的尺寸标注 1500、2100，分别倾斜-30、90 度角即可；上等轴测平面图的尺寸标注 1500、1200，分别倾斜 30、90 度角即可。如图 6.35 所示。

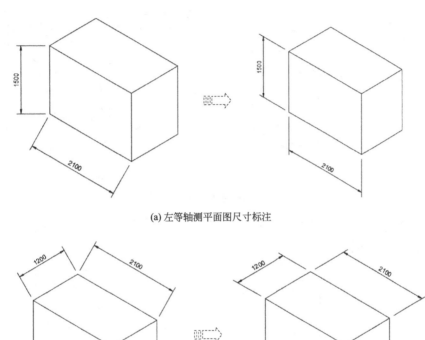

(a) 左等轴测平面图尺寸标注

(b) 上等轴测平面图尺寸标注

图 6.35 左、上等轴测平面图尺寸标注

6.3.3 等轴测平面图中圆形的半径或直径标注方法

由于等轴测图中的圆形是使用椭圆形功能命令 ELLIPSE 来进行绘制，因此，在圆形标注半径或直径尺寸时，不能使用"半径标注"或"直径标注"功能命令来进行标注。如图 6.36 所示。

在等轴测平面图中，一般是使用对齐功能命令对圆形半径或直径尺寸标注，然后进行尺寸倾斜得到合适的标注效果。以图 6.37 所绘制的圆形半径或直径标注尺寸为例，其标注操作如下。

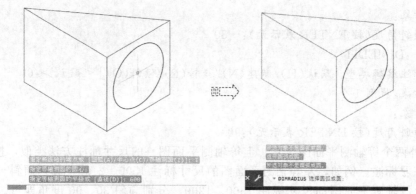

图 6.36 等轴测图中的圆形不适用半径或直径标注命令

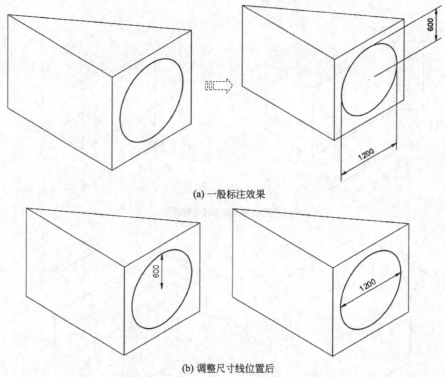

(a) 一般标注效果

(b) 调整尺寸线位置后

图 6.37 轴测图中圆形的半径直径标注

① 按第 6.2 节介绍的方法绘制完成图 6.38 所示三棱柱轴测图。按 F5 键切换到圆形所在的右等轴测平面图中。

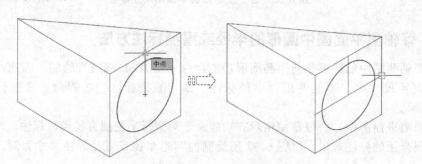

图 6.38 绘制直线定位半径直径位置点

② 由于圆形是使用椭圆形功能命令绘制，不便于捕捉定位其象限点。因此，绘制直线作为辅助线捕捉定位等轴测图中圆形的直径和半径位置点。如图 6.38 所示。

命令：LINE

指定第一个点：

指定下一点或[放弃(U)]：

指定下一点或[放弃(U)]：

③ 使用对齐功能命令"DIMALIGNED"对圆形半径或直径尺寸标注。如图 6.39 所示。

命令：DIMALIGNED

指定第一个尺寸界线原点或<选择对象>：

指定第二条尺寸界线原点：

指定尺寸线位置或

[多行文字(M)/文字(T)/角度(A)]：

标注文字＝1200

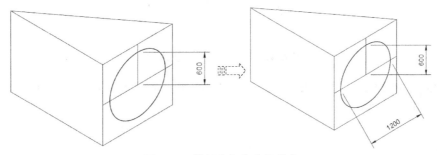

图 6.39　捕捉半径和直径长度

④ 使用倾斜尺寸功能命令对标注的尺寸界线进行第一次倾斜。有关尺寸界线倾斜使用方法参见第 6.3.2 节内容。如图 6.40 所示。

● 命令：DIMEDIT

输入标注编辑类型[默认(H)/新建(N)/旋转(R)/倾斜(O)]<默认>：O

选择对象：找到 1 个

选择对象：

输入倾斜角度(按 ENTER 表示无)：30

● 命令：DIMEDIT

输入标注编辑类型[默认(H)/新建(N)/旋转(R)/倾斜(O)]<默认>：O

选择对象：找到 1 个

选择对象：

输入倾斜角度(按 ENTER 表示无)：－30

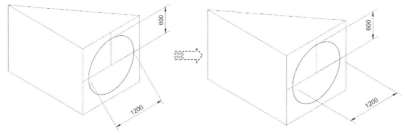

图 6.40　尺寸界线进行倾斜

⑤ 再次对标注效果不合适的尺寸界线（如 1200 尺寸线）倾斜 90°，即可得到需要的尺寸标注效果。如图 6.41 所示。最后删除（ERASE）辅助线即可。

命令:DIMEDIT

输入标注编辑类型［默认(H)/新建(N)/旋转(R)/倾斜(O)］＜默认＞:O

选择对象:找到 1 个

选择对象:

输入倾斜角度(按 ENTER 表示无):90

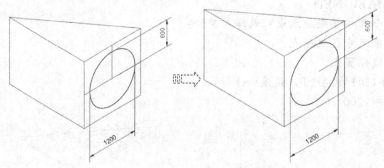

图 6.41　再次倾斜尺寸界线 90°

⑥ 点击选中尺寸线，再点击尺寸线位置的小方块，移动光标调整尺寸线位置到圆形直径位置。如图 6.42 所示。

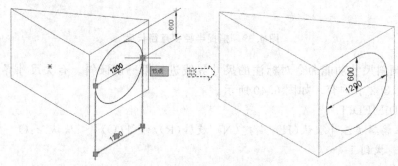

图 6.42　调整尺寸线位置

第7章

环境工程 CAD图打印与转换输出

7.0 本章操作讲解视频清单

本章各节相关功能命令操作讲解视频清单及其下载地址如表 7.0 所列。各个视频下载地址可以通过手机微信扫描表中相应二维码获取，获取下载地址后即可通过网络免费下载。

学习 CAD 绘图功能命令相关内容时，建议观看相应的操作讲解视频后再进行操作练习，对尽快掌握相关知识及操作技能有帮助。

表 7.0　本章各个讲解视频清单及其播放或下载地址

视频名称	G1 在模型空间中布置图框方法		视频名称	G2 在布局中布置图框方法	
	功能简介	在模型空间中布置图框		功能简介	在布局中布置图框
	命令名称	—		命令名称	—
	章节内容	第 7.1.1 节		章节内容	第 7.1.2 节
视频名称	G3 启动图形打印功能方法		视频名称	G4 图形打印设置方法	
	功能简介	启动图形打印功能		功能简介	图形打印设置
	命令名称	PLOT		命令名称	PLOT
	章节内容	第 7.2.1 节		章节内容	第 7.2.2 节
视频名称	G5 打印预览及开始打印		视频名称	G6 打印输出 PDF 格式文件方法	
	功能简介	打印预览及开始打印		功能简介	打印输出 PDF 格式文件
	命令名称	PLOT		命令名称	PLOT
	章节内容	第 7.2.3/7.2.4 节		章节内容	第 7.3.1 节
视频名称	G7 打印输出 JPG 格式文件方法		视频名称	G8 打印输出 BMP 格式文件方法	
	功能简介	打印输出 JPG 格式文件		功能简介	打印输出 BMP 格式文件
	命令名称	PLOT		命令名称	PLOT
	章节内容	第 7.3.2 节		章节内容	第 7.3.3 节

视频名称		G9 使用抓屏键复制 CAD 图到 WORD 中方法	视频名称		G10 使用 PDF 文件将 CAD 图复制到 WORD 中方法
	功能简介	使用抓屏键复制 CAD 图到 WORD 中		功能简介	使用 PDF 文件将 CAD 图复制到 WORD 中
	命令名称	—		命令名称	—
	章节内容	第 7.4.1 节		章节内容	第 7.4.2 节
视频名称		G11 使用 JPG 文件将 CAD 图复制到 WORD 中方法			
	功能简介	使用 JPG 文件将 CAD 图复制到 WORD 中			
	命令名称	—			—
	章节内容	第 7.4.3 节			

注：使用手机扫描表中二维码，即可在手机上直接播放相应的操作讲解视频（建议横屏观看）。也可以使用手机扫描表中二维码，将视频文件转发到电脑端播放或下载后播放（参考方法：点击视频右上角的"…"符号，再点击弹出的"复制链接"，将链接地址发送至电脑端即可）。

　　各种 CAD 图形绘制完成后，需要打印输出，即打印成图纸供使用。此外，CAD 图形还可以输出为其他格式电子数据文件（如 PDF 格式文件、JPG 和 BMP 格式图像文件等），供 WORD 文档使用，方便设计方案编制，实现 CAD 图形与 WORD 文档互通共享。

7.1　环境工程 CAD 图形图框布置方法

　　CAD 图形绘制完成后，布置图框是必不可少的一个步骤。本节介绍 CAD 图纸图框设置方法。

7.1.1　在模型空间中布置图框方法

　　在模型空间中布置图框的方法如下。

　　① 建立一个图框文件，例如 "CAD 图框 .dwg"，提前准备好一个标准图框保存在图框文件中。图框绘制方法在此从略。如图 7.1 所示。

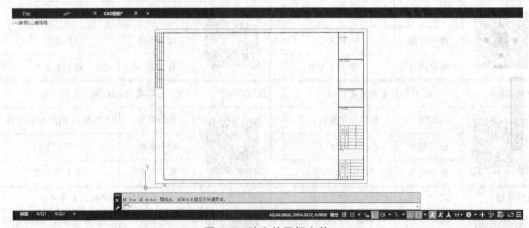

图 7.1　独立的图框文件

　　② 在要插入图框的图形中，点击"插入"下拉菜单，选择"DWG 参照"命令选项，屏幕弹出"选择参照文件"对话框。如图 7.2 所示。

图 7.2 选择插入"DWG 参照"

③ 在"选择参照文件"对话框中选择图框文件，例如选择"CAD 图框 . dwg"文件。然后点击"选择参照文件"对话框中的"打开"按钮。

④ 屏幕弹出"附着外部参照"对话框，在该对话框中，一般不用进行设置，使用默认设置选项即可。其中："插入点"选项内容下面的"□在屏幕上指定"点击勾选"√"；"比例"选项内容下面的"□在屏幕上指定"则可以不用点击勾选"√"。然后点击"确定"按钮。如图 7.3 所示。

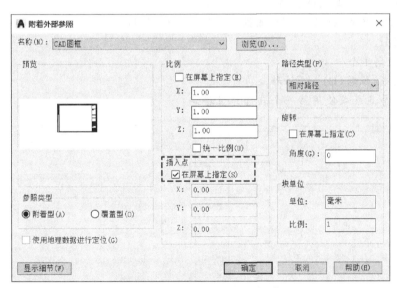

图 7.3 "附着外部参照"对话框

⑤ 点击"附着外部参照"对话框中"确定"按钮后，系统自动切换到图形绘图模型空间中，在绘图区域点击指定插入图框的位置点，完成图框插入。如图 7.4 所示。

命令：XATTACH

外部参照"CAD 图框"已定义。

使用现有定义。

指定插入点或［比例（S）/X/Y/Z/旋转（R）/预览比例（PS）/PX（PX）/PY（PY）/PZ（PZ）/预览旋转（PR）］：

⑥ 使用缩放视图 ZOOM 功能命令缩放、平移视图，观察图框与图形的位置及大小等关系。若相对关系不合适，可以使用移动 MOVE、缩放 SCALE 等功能命令对图框进行调整、修改。如图 7.5 所示。

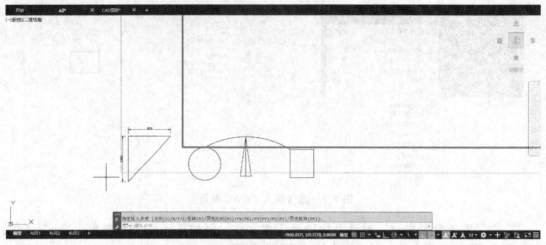

图 7.4 点击指定插入图框的位置点

● 命令：SC

SCALE 找到 1 个

指定基点：

指定比例因子或[复制(C)/参照(R)]:0.2

命令：指定对角点或[栏选(F)/圈围(WP)/圈交(CP)]：

● 命令：M

MOVE 找到 1 个

指定基点或[位移(D)]<位移>：

指定第二个点或<使用第一个点作为位移>：

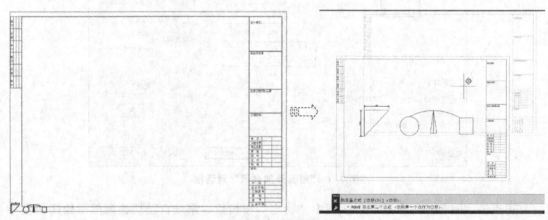

图 7.5 调整图框

⑦ 图框调整完成后，完成模型空间下图形的图框布置。保存图形文件，并可以准备打印输出。如图 7.6 所示。

7.1.2 在布局中布置图框方法

在布局中布置图框的方法与在模型空间中布置方法基本一样，略有差异。

① 同样先建立一个图框文件，例如"CAD 图框.dwg"，提前准备好一个标准图框保存在图框文件中。图框绘制方法在此从略。图框文件参见图 7.1。

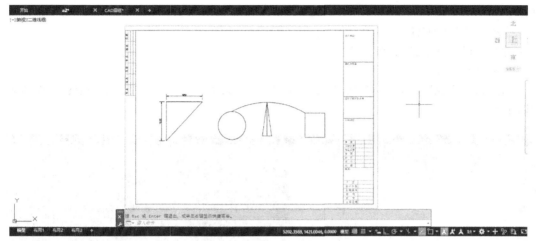

图7.6 完成模型空间下图框布置

② 在屏幕左下角点击"布局1"选项卡，切换到布局中。点击"插入"下拉菜单，选择"DWG 参照"命令选项，屏幕弹出"选择参照文件"对话框。在"选择参照文件"对话框中选择图框文件，例如选择"CAD 图框.dwg"文件。如图7.7所示。

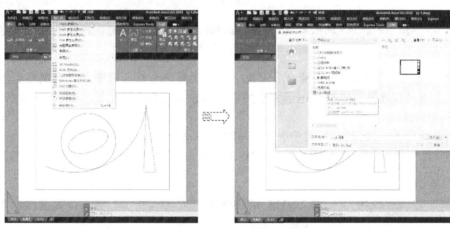

图7.7 选择图框文件插入

③ 点击"选择参照文件"对话框中的"打开"按钮。屏幕弹出"附着外部参照"对话框，在该对话框中，一般不用进行设置，使用默认设置选项即可。其中："插入点"选项内容下面的"□在屏幕上指定"点击勾选"√"；"比例"选项内容下面的"□在屏幕上指定"则可以不用点击勾选"√"。然后点击"确定"按钮。如图7.8所示。

④ 点击"附着外部参照"对话框中"确定"按钮后，系统自动切换到布局中，在布局中点击指定插入图框的位置点，完成图框插入。但屏幕上可能看不到图框，这是由于图框位于布局图纸空间范围之外，甚至屏幕显示范围外。如图7.9

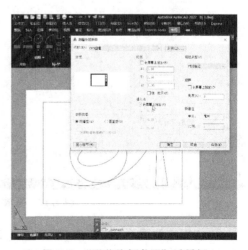

图7.8 "附着外部参照"对话框

所示。

命令:XATTACH

外部参照"CAD 图框"已定义。

使用现有定义。

指定插入点或[比例(S)/X/Y/Z/旋转(R)/预览比例(PS)/PX(PX)/PY(PY)/PZ(PZ)/预览旋转(PR)]:

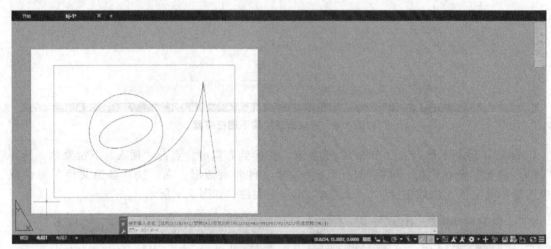

图 7.9 插入图框后未看到图框

⑤ 使用缩放视图 ZOOM 功能命令缩放、平移观察整个布局视图，直至观察到图框。看到图框位于布局较远处，图框与图形大小关系差异较大才会有此情况。如图 7.10 所示。

命令:ZOOM

指定窗口的角点，输入比例因子(nX 或 nXP)，或者

[全部(A)/中心(C)/动态(D)/范围(E)/上一个(P)/比例(S)/窗口(W)/对象(O)]<实时>:A

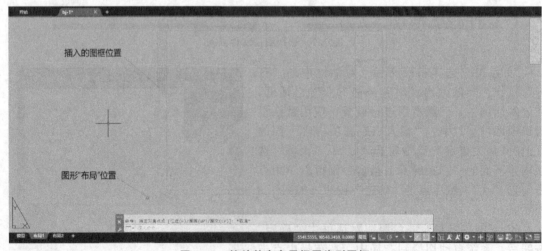

图 7.10 缩放整个布局视图找到图框

⑥ 使用缩放图形 SCALE、移动图形 MOVE 等功能命令对图框进行调整、修改，直至图框与布局的图纸空间大小一致。如图 7.11 所示。

● 命令:SC

SCALE

选择对象:找到 1 个

选择对象:

指定基点:

指定比例因子或[复制(C)/参照(R)]:R

指定参照长度＜693.6636＞： 指定第二点:

指定新的长度或[点(P)]＜297.2898＞:

● 命令:M

MOVE 找到 1 个

指定基点或[位移(D)]＜位移＞:

指定第二个点或＜使用第一个点作为位移＞:

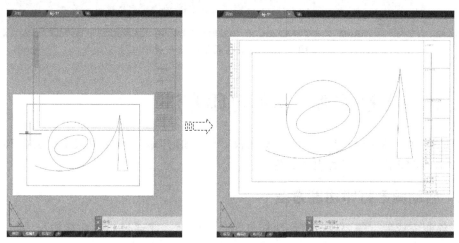

图 7.11 图框与布局的图纸空间大小一致

⑦ 先点击布局中图纸空间的矩形方框轮廓线,再点击任意一个轮廓线出现的蓝色小方框,移动光标将布局矩形轮廓线位置调整至与图框内侧轮廓线位置一致。如图 7.12 所示。

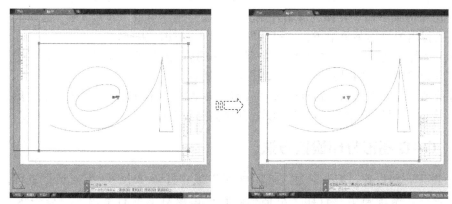

图 7.12 调整图纸空间轮廓线与图框位置一致

⑧ 二者位置一致后,即完成布局下图形的图框布置。保存图形文件,并可以准备打印输出。如图 7.13 所示。

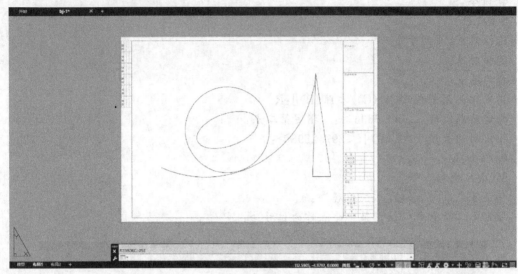

图 7.13　完成布局下图框布置

7.2　环境工程 CAD 图形打印方法

CAD 图形打印是指利用打印机或绘图仪，将图形打印到纸质图纸上，或打印输出为 PDF、JPG、BMP 格式等各种电子文件。

7.2.1　启动图形打印功能方法

图形绘制完成后，需要通过打印功能打印到纸张上，或通过打印功能输出为电子文件。图形打印功能命令为"PLOT"，启动打印功能有如下几种方法。

■ 打开【文件】下拉菜单，选择【打印】命令选项。如图 7.14(a) 所示。

■ 在屏幕左上角功能区中，单击【打印】命令图标 🖶 。如图 7.14(b) 所示。

■ 在"命令"窗口处直接输入打印功能命令"PLOT"命令。如图 7.14(c) 所示。

■ 使用命令组合键"Ctrl+P"，即同时按下"Ctrl"和"P"按钮键。

■ 使用快捷菜单命令，即在屏幕左下角"模型"选项卡或"布局＊＊"选项卡上单击鼠标右键，在弹出的快捷菜单中单击"打印"。如图 7.14(d) 所示。

执行上述操作后，AutoCAD 将弹出"打印-模型"或"打印-布局＊＊"对话框（对应图形绘图状态为"模型""布局＊＊"）。如图 7.15 所示。

在进行图形打印输出前，需要通过"打印"对话框进行相关打印参数设置，然后才能进行打印。"打印"对话框相关打印参数设置方法参见后面小节。

7.2.2　CAD 图形打印设置方法

CAD 图形打印设置，需要通过"打印-模型"或"打印-布局＊＊"对话框进行。启动打印功能命令后，系统弹出"打印"对话框。若单击该对话框右下角的"更多选项"按钮"⊘"图标，可以在"打印"对话框中显示更多打印选项或隐藏右侧内容部分选项，如图 7.16 所示。

"打印"对话框相关打印参数设置方法如下。

(a) 使用文件下拉菜单   (b) 点击功能区中"打印"

(c) 命令窗口输入   (d) 使用快捷菜单

图 7.14　启动打印设置方法

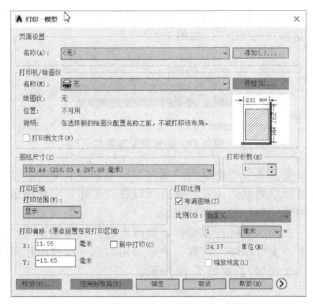

图 7.15　隐藏部分内容的打印对话框

　　打印对话框主要包括"页面设置""打印机/绘图仪""图纸尺寸""打印区域""打印偏移""打印样式表""着色视口选项""打印选项""图形方向"等选项内容。各个选项单功能含义和设置方法如下所述。

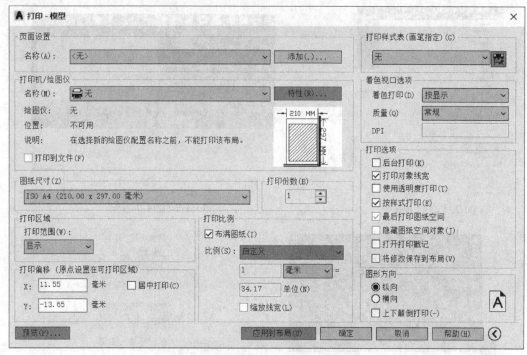

图 7.16 内容全部显示的打印对话框

(1) 页面设置　页面设置实际上是包括"打印"对话框中全部已设置的参数选项内容，包括"打印机/绘图仪""图纸尺寸""打印区域""打印偏移""打印样式表""着色视口选项""打印选项""图形方向"等。

一般情况下，该页面设置选项栏可以不进行任何操作，按系统默认参数，即使用"名称（A）"右侧长方框中显示"＜无＞"。如图 7.17 所示。

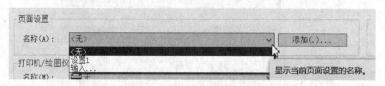

图 7.17　页面设置选项栏

若要修改，在"页面设置"栏中点击"名称"右侧长方框中的"∨"图标，打开下拉列表，列出当前图形中已保存的页面设置名称。可以在"名称"右侧单击"添加"按钮，将基于当前各项设置参数创建一个新的页面设置。

若前面已经进行一次图形文件打印操作，则再次进行打印操作时，点击打开"名称"栏列表将增加一个"＜上一次打印＞"内容，表示采用与前一次打印相同的页面设置（包括打印机名称、图幅大小、比例等）。如图 7.18 所示。

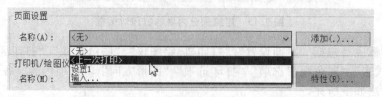

图 7.18　采用"＜上一次打印＞"页面设置

注意，要删除页面设置中的某个页面设置名称，则需要使用"页面管理器"功能命令"PAGESETUP"。在命令窗口处输入"PAGESETUP"后回车，再在弹出的"页面管理器"对话框中，点击选中要删除的页面设置名称，再点击鼠标右键，在弹出的快捷菜单上选择"删除"即可。如图 7.19 所示。

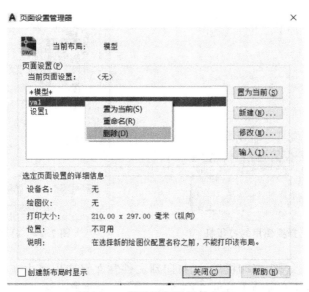

图 7.19　删除页面设置的方法

（2）打印机/绘图仪　该选项是选择指定打印图形文件的打印设备，该打印设备需要在绘图电脑中已连接安装。在 AutoCAD 中，Windows 系统打印设备称为打印机，非系统打印设备称为绘图仪。

在打印机/绘图仪选项栏下，点击"名称"右侧长方框右端的"∨"图标，打开下拉列表，列出当前绘图电脑中已安装连接的打印机或绘图仪名称（包括虚拟打印机），右侧显示的图形是打印预览简图。如图 7.20 所示。其中部分类型打印机（如名称为 Microsoft XPS Document Writer、Adobe PDF 等）的作用是打印输出图形文件的电子格式文件，不打印在具体纸张上，此种类型打印机称为"虚拟打印机"。

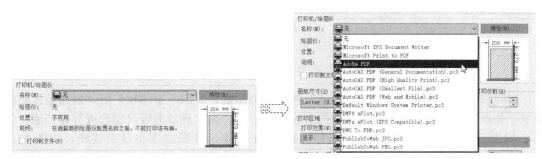

图 7.20　打印机/绘图仪选项栏

点击选择要使用的打印机名称，例如选择"Microsoft XPS Document Writer"，该打印机名称将显示在长方框中，在进行图形打印时将使用该打印机进行打印。如图 7.21 所示。其中后缀 PC3 为绘图仪配置（PC3，Autodesk HDI 绘图仪配置文件）文件类型虚拟打印机，是供打印电子文件为 *.PC3 格式时选择使用。

选择打印机后，长方框右侧"特性"按钮将由灰色显示转为正常黑色显示，点击该"特性"按钮，将弹出"打印机/绘图仪配置编辑器"对话框，通过该对话框可以对打印机/绘图仪的打印参数进行修改设置。如图 7.22 所示。

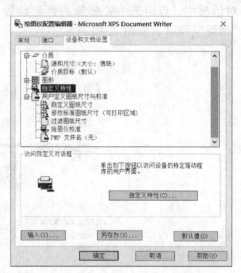

图 7.21　点击选择要使用的打印机　　　　　图 7.22　打印机设置对话框

（3）打印到文件　选择打印机后，"打印到文件"文字选项将由灰色显示转为正常黑色显示，此时可以点击其左侧的小方框进行勾选"☑"或取消勾选"□"。

"打印到文件"选项是指可以将图形文件输出为文件类型为"＊.plt"格式的电子文件，而不是绘图仪或打印机打印到纸张上。如图 7.23 所示。

目前这个功能使用比较少，因为可以将图形输出为 PDF 格式电子文件了。

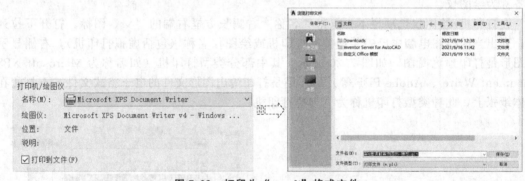

图 7.23　打印为"＊.plt"格式文件

（4）有效打印区域预览　在"特性"按钮下侧位置，显示一个小预览图，该预览图是精确显示相对于图纸尺寸和可打印区域的有效打印区域，提示显示图纸尺寸和可打印区域。如图 7.24 所示。若图形比例大，打印边界超出图纸范围，该预览图将显示红线，如图 7.24 右图。

（5）图纸尺寸　"图纸尺寸"选项栏主要是选择图形打印的图幅大小，如 A4、A3、A1等。点击"图纸尺寸"下侧的长方框右端的"∨"图标，打开下拉列表，列出当前已选中的打印机或绘图仪可以使用的图幅名称。根据实际图形对象点击选择即可。如图 7.25 所示。

（6）打印区域　打印区域选项栏主要是选择要打印的图形范围，即"打印范围"，是需要打印的那些图形内容。"打印范围"选项包括"窗口""范围""图形界限""显示"等几种打印方式。最常用的方式是"窗口"和"显示"。如图 7.26 所示。

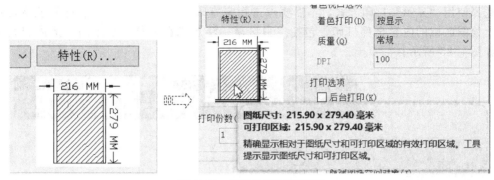

图 7.24　有效打印区域预览

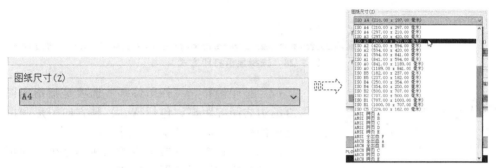

图 7.25　选择打印图纸尺寸

　　①"窗口"：是指利用鼠标点击确定一个矩形轮廓线（窗口）范围，在该矩形轮廓线（窗口）范围内部的图形将打印输出。如果选择使用"窗口"打印方式，点击"窗口"按钮后 AutoCAD 软件系统自动切换到绘图区域，此时需使用光标指定 2 个点位置来确定矩形轮廓线（窗口）范围。在点击矩形轮廓线（窗

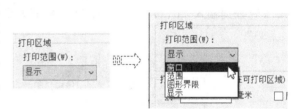

图 7.26　打印区域方式选择

口）第 2 点位置后，AutoCAD 软件系统自动切换回"打印"对话框，在"打印范围"右侧将显示一个"窗口"按钮。可以点击"窗口"按钮切换到绘图区域进行矩形轮廓线（窗口）范围选择。如图 7.27 所示。

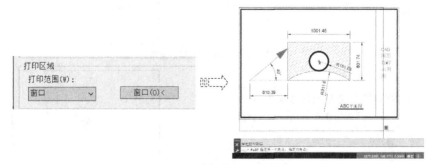

图 7.27　选择窗口打印方式

　　②"显示"：是指电脑屏幕上 AutoCAD 软件绘图区域显示范围内的图形将打印输出。

如果选择使用"显示"打印方式，不需要点击指定打印范围，AutoCAD 软件系统将显示在屏幕上绘图区域的内容全部打印，包括空白区域。注意未在屏幕上显示的图形内容则不打印。如图 7.28 所示。

图 7.28　选择显示打印方式

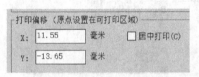

图 7.29　"打印偏移"选项

（7）打印偏移　"打印偏移"选项是指指定图形和图纸的边之间的距离，包括 X、Y 轴方向图形和图纸的边之间的距离、居中打印。如图 7.29 所示。

① X、Y 距离：在方框内输入距离数值，即可指定与 X、Y 轴方向图形和图纸的边之间的距离。例如，在相同的打印区域范围、打印图幅及打印比例情况下，"X、Y"分别输入"0、0"和"50、50"数值大小的某个图形打印效果如图 7.30(a) 所示。

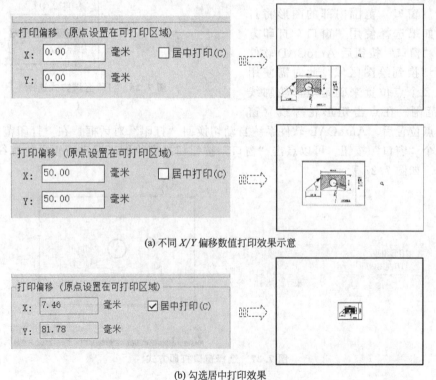

(a) 不同 X/Y 偏移数值打印效果示意

(b) 勾选居中打印效果

图 7.30　"打印偏移"选项效果

② 居中打印。点击勾选"居中打印"左侧的方框"□"，可以在图纸上中心位置居中进行图形打印。打印效果如图 7.30(b) 所示。

(8) 打印份数　是指设置要打印图形的份数，从 1 份至多份，份数无限制。点击方框内直接输入数字或点击上下箭头调整，若是打印到电子文件时，此选项为灰色显示不可用。如图 7.31 所示。

图 7.31　打印份数设置

(9) 打印比例　设置图形打印的比例大小。在绘图时图形单位一般是以 mm（毫米）为单位，按 1∶1 进行图形绘制的。例如，图形长 1m（或 1000mm），绘制时绘制的图形长度为 1000mm。因此，打印图形是可以使用任何需要的比例进行打印，包括按布满图纸范围打印、自行定义打印比例大小（例如 1∶5、1∶100 等）。如图 7.32 所示。

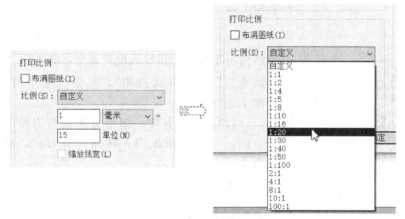

图 7.32　打印比例设置

布满图纸是 CAD 软件系统自动计算布满整个图纸页面区域的比例，并按此比例进行打印。点击勾选"布满图纸"前面的方框"□"为"☑"即可使用此种比例方式打印。

(10) 打印样式表　选择是否使用在打印样式表中已定义的打印样式进行打印。

一般地，要将图形打印为黑白颜色的图纸，只需选择其中的"monochrome.ctb"样式即可；若要按图面显示各个图形颜色进行打印，简单理解为打印彩色图纸，则只需选择"无"即可。如图 7.33 所示。

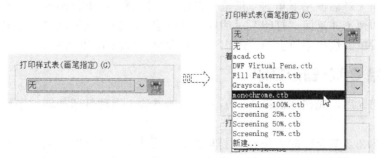

图 7.33　打印样式表选择

（11）着色视口选项　仅当图形空间为"模型"选项卡置为当前时，着色视口选项才可用。点击着色打印右侧方框右端的"∨"图标，可打开显示着色打印选项列表。如图 7.34 所示。

一般情况下，这个选项不需进行设置，使用默认的设置即可。

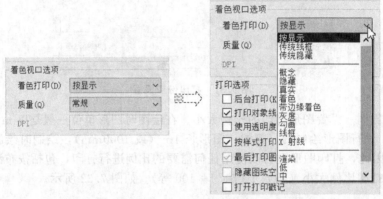

图 7.34　着色视口选项

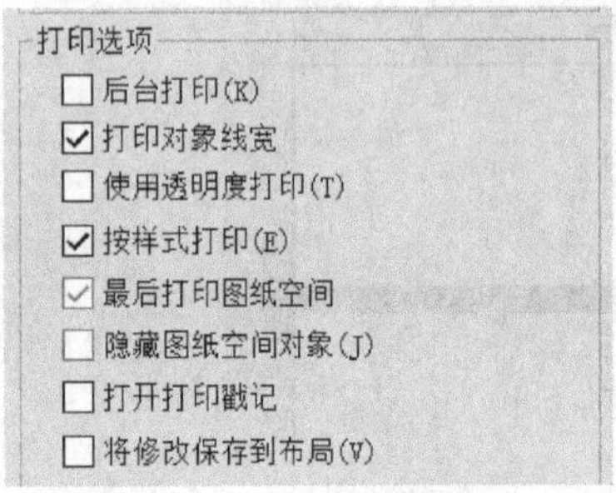

（12）打印选项　打印选项包括多个选项内容，一般情况下选择使用默认设置即可，即勾选"☑打印对象线宽""☑按样式打印"，其他选项不勾选"□"。如图 7.35 所示。

（13）图形方向　图形方向是指定用于打印图形的方向，主要包括纵向、横向两种方式，如图 7.36（a）所示。

① 纵向：使图纸的短边位于图形页面顶部并打印图形。如果图形是在竖直方向上的，选择"纵向"。如图 7.36（b）所示。

图 7.35　打印选项选择

② 横向：使图纸的长边位于图形页面顶部并打印图形。如果要水平打印图形，选择"横向"。如图 7.36（c）所示。

另外"上下颠倒打印（一）"选项，是指定是否上下颠倒打印图形。如图 7.37 所示。即要将图形旋转 180°，先选择"纵向"或"横向"，然后选择"上下颠倒打印"。选择方法是点击"上下颠倒打印（一）"左侧的"□"勾选上"☑"。

7.2.3　CAD 图形打印效果预览

点击"打印"对话框左下角的"预览"按钮，可以预览图形打印效果。如图 7.38 所示。

要退出打印预览并返回"打印"对话框，可以按 Esc 键；也可以在预览图任意位置单击鼠标右键，然后单击快捷菜单上的"退出"选项即可。如图 7.39 所示。

7.2.4　开始 CAD 图形打印

图形绘制完成后，先按前面第 7.2.1 节介绍的方法，启动打印功能，进行"打印"相关参数设置。

然后按第 7.2.2 节介绍的方法预览打印效果。若打印预览效果不符合要求，按取消键"Esc"返回打印对话框中对相关打印参数进行重新设置，直至符合要求。

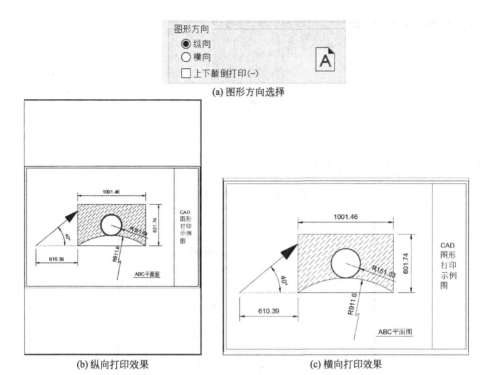

(a) 图形方向选择

(b) 纵向打印效果

(c) 横向打印效果

图 7.36　图形方向打印效果

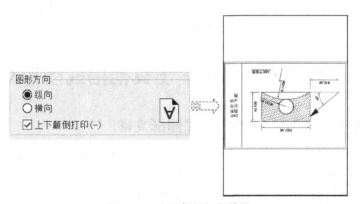

图 7.37　上下颠倒打印效果

图 7.38　预览功能按钮

　　若打印预览效果符合要求，可以按取消键"Esc"返回打印对话框中，再点击打印对话框中的"确定"按钮，即可进行图形打印了。也可以在预览图中点击鼠标右键，单击快捷菜单上的"打印"选项也可以进行图形打印。如图 7.40 所示。

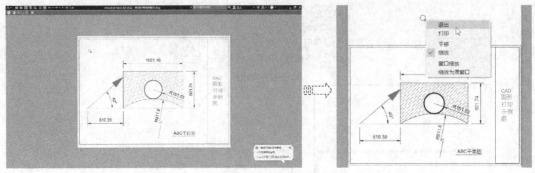

图 7.39 打印效果预览

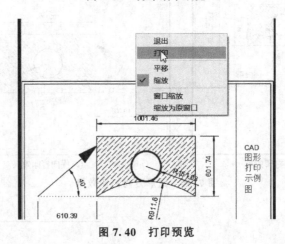

图 7.40 打印预览

7.3 环境工程 CAD 图形输出其他格式图形文件方法

7.3.1 CAD 图形输出为 PDF 格式图形文件

PDF 格式数据文件是指 Adobe 便携文档格式（portable document format，PDF）文件。PDF 是进行电子信息交换的标准，可以轻松分发 PDF 文件，以在 Adobe Reader 软件（注：Adobe Reader 软件可从 Adobe 公司网站免费下载获取）中查看和打印。此外，使用 PDF 文件的图形，不需安装 AutoCAD 软件，可以与任何人共享图形数据信息，浏览图形数据文件。

AutoCAD 输出图形数据 PDF 格式文件方法如下：

① 启动打印功能命令。

例如，在命令窗口处输入命令"plot"启动打印功能，弹出"打印"对话框。

② 在"打印"对话框中进行打印设置，包括图纸尺寸、比例等。如图 7.41 所示。

③ 选择打印机使用"DWG to PDF. pc3"或"Adobe PDF"（注：使用"Adobe PDF"方法需要安装专业软件 Adobe Acrobat）。

具体是在"打印"对话框的"打印机/绘图仪"下的"名称"框中，从"名称"列表中选择"DWG to PDF. pc3"或"Adobe PDF"作为打印机。如图 7.42 所示。

④ 打印区域通过"窗口"选择图形打印范围。如图 7.43 所示。

⑤ 点击"预览"按钮进行打印效果预览。如图 7.44 所示。

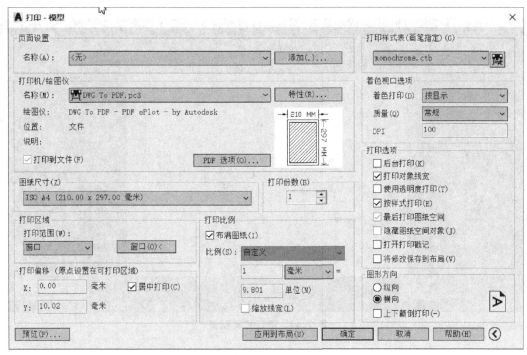

图 7.41　进行打印设置

图 7.42　选择 DWG to PDF.pc3 或 Adobe PDF

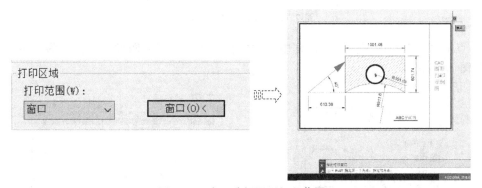

图 7.43　窗口选择图形打印范围

⑥ 按 Esc 键返回"打印"对话框中，点击"打印"对话框中的"确定"按钮。

⑦ 屏幕弹出"浏览打印文件"对话框。在"浏览打印文件"对话框中，选择一个 PDF 文件保存位置，并在该对话框中输入 PDF 文件的文件名。如图 7.45 所示。

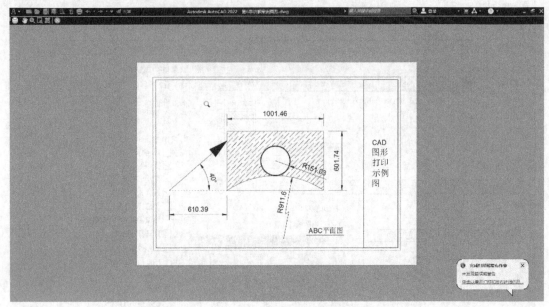

图 7.44　进行打印预览

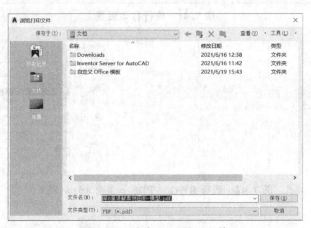

图 7.45　输出 PDF 图形文件

⑧ 点击"浏览打印文件"对话框中的"保存"按钮，完成图形打印输出为 PDF 电子文件。如图 7.46 所示。

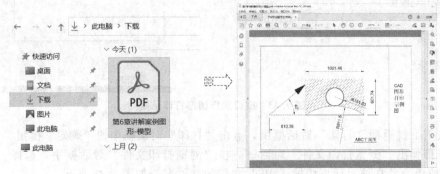

图 7.46　图形 PDF 电子文件

7.3.2　CAD 图形输出为 JPG 格式图形文件

AutoCAD 可以将图形打印输出为 JPG 格式电子文件。具体操作方法如下。

① 启动打印功能命令。

例如，在命令窗口处输入命令"plot"启动打印功能，弹出"打印"对话框。

② 按第 7.1.2 小节方法在"打印"对话框中进行打印设置，包括图纸尺寸（本案例采用居中打印）、比例（本案例采用布满图纸方式）等。

③ 选择打印机使用"PublishToweb JPG. pc3"。

具体是在"打印"对话框的"打印机/绘图仪"下的"名称"框中，从"名称"列表中选择"PublishToweb JPG. pc3"作为打印机。如图 7.47 所示。

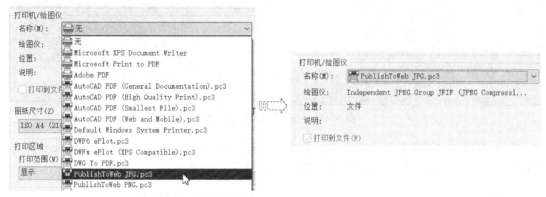

图 7.47　选择打印机"PublishToweb JPG. pc3"

④ 选择"PublishToWeb JPG. pc3"作为打印机后，AutoCAD 软件系统有时会弹出"绘图仪配置不支持当前布局的图纸尺寸"之类的提示。此时可以点击选择"使用自定义图纸尺寸并将其添加到绘图仪配置"。然后再在图纸尺寸列表中选择合适的尺寸（注意该尺寸使用像素单位）。如图 7.48 所示。

图 7.48　选择图纸尺寸

⑤ 然后打印区域通过"窗口"方式选择出 JPG 格式文件的图形范围。然后点击"预览"观察打印效果。如图 7.49 所示。

⑥ 按"Esc"键返回"打印"对话框，点击"确定"按钮开始打印输出电子文件。

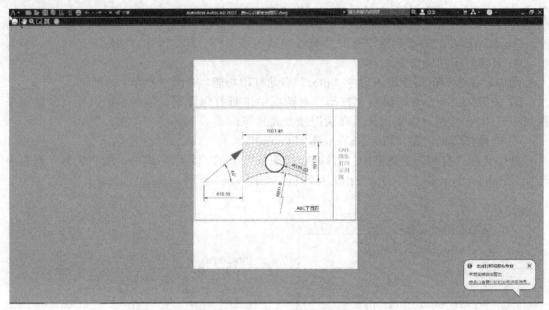

图 7.49　"预览"观察打印效果

⑦ 在弹出的"浏览打印文件"对话框中，选择一个保存电子文件的位置并输入文件名。然后单击"保存"完成 JPG 格式电子文件输出。如图 7.50 所示。

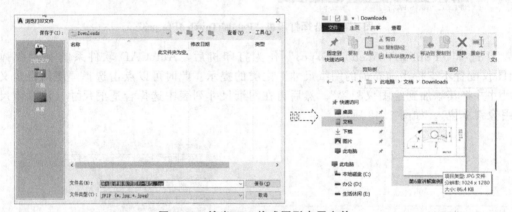

图 7.50　输出 JPG 格式图形电子文件

7.3.3　CAD 图形输出为 BMP 格式图形文件

AutoCAD 也可以将图形打印输出为 BMP 格式电子文件。具体操作方法如下。

① 打开文件下拉菜单，选择"输出"命令选项，弹出"输出数据"。如图 7.51 所示。

② 在"输出数据"对话框中，选择一个保存文件位置，并输入文件的文件名。然后在文件类型中选择"位图（*.bmp）"，接着单击"保存"。如图 7.52 所示。

③ 软件自动返回图形绘图窗口，按命令提示选择输出为 BMP 格式电子文件的图形范围，最后按回车即可。如图 7.53 所示。

命令：EXPORT

选择对象或＜全部对象和视口＞：指定对角点：找到 19 个

选择对象或＜全部对象和视口＞：

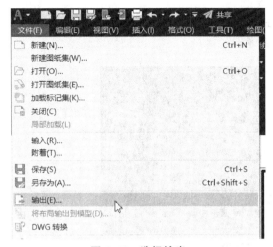

图 7.51　选择输出

图 7.52　选择 bmp 格式类型

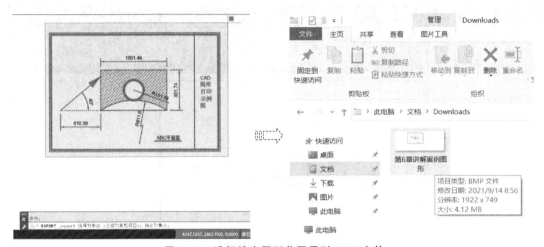

图 7.53　选择输出图形范围得到 BMP 文件

7.4　环境工程 CAD 图形应用到 WORD 文档方法

本节将介绍如何将环境工程 CAD 图形应用到 WORD 文档中，轻松实现 CAD 图形的文档应用功能。

7.4.1　使用抓屏"Prtsc"键复制图形到 WORD 中

电脑键盘上的抓屏幕功能键即"Prtsc"键，不同的键盘标注形式可能有所不同，但其功能是一样的。抓屏幕功能键常见标注为"prt sc/sysrq""PrtSc/SysRq""Prtsc""Prtscr""Print Screen"等形式。如图 7.54 所示。

使用抓屏"Prtsc"键复制 CAD 图形到 WORD 中方法如下：

① CAD 绘制完成图形后，使用视图缩放功能命令 ZOOM，将要使用的图形范围放大充满整个屏幕绘图区域。如图 7.55 所示。

命令:ZOOM

指定窗口的角点,输入比例因子(nX 或 nXP),或者
[全部(A)/中心(C)/动态(D)/范围(E)/上一个(P)/比例(S)/窗口(W)/对象(O)]＜实时＞:
按 Esc 或 Enter 键退出,或单击右键显示快捷菜单。

图 7.54 "Prtsc"键位置和形式

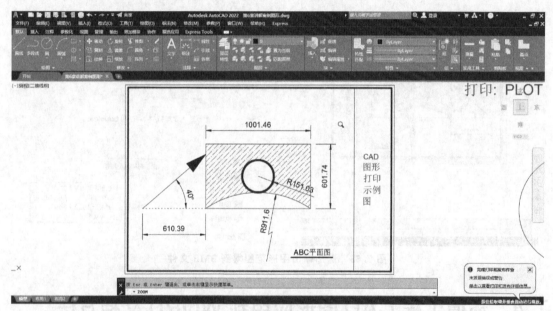

图 7.55 调整图形显示范围

② 按下键盘上的抓屏功能键"Prtsc"按键,将当前计算机屏幕上所有显示的图形复制到 Windows 系统的剪贴板上了。

然后切换到 WORD 文档窗口中,使用 WORD 文档中粘贴功能进行图片粘贴。方法是点击右键,在快捷键上选择"粘贴"或按"Ctrl＋V"组合键。图形图片即可复制到 WORD 文档光标位置。如图 7.56 所示。

③ 在 WORD 文档窗口中,点击图形图片,在"格式"菜单下选择图形工具的"裁剪"。如图 7.57 所示。

④ 移动光标至图形图片另外边或对角处,点击光标拖动即可进行裁剪。如图 7.58 所示。

⑤ 按回车键确认裁剪,完成将 CAD 图形图片插入 WORD 操作,可以在 WORD 文档中进行图片移动、缩放等操作。如图 7.59 所示。

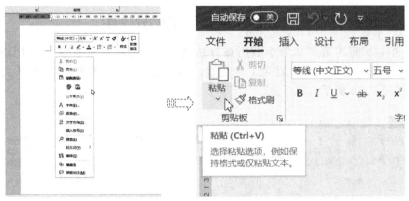

图 7.56　使用 WORD 文档中粘贴功能

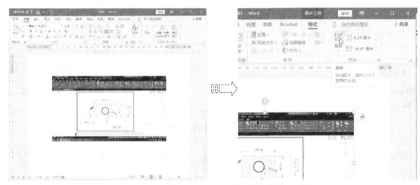

图 7.57　执行 WORD 的"裁剪"工具

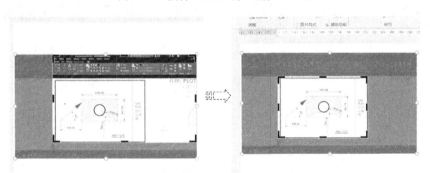

图 7.58　拖动光标进行图形图片裁剪

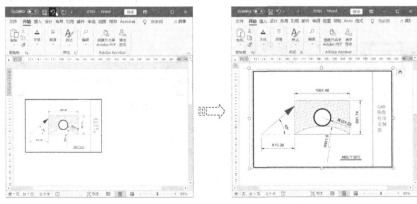

图 7.59　完成图形图片裁剪

7.4.2 通过输出 PDF 格式文件复制到 WORD 中

① 先按照本章前述第 7.2.1 小节所述方法将 CAD 绘制的图形输出为 PDF 格式文件，输出的图形文件保存到电脑某个目录下，例如，本章案例 CAD 图形输出 PDF 文件为"讲解图形 pdf"。如图 7.60 所示。

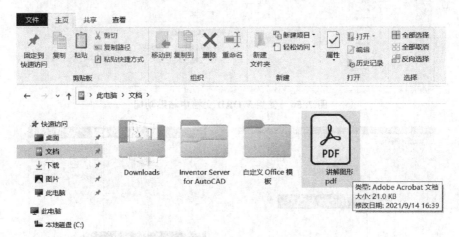

图 7.60　将图形输出为 PDF 格式文件

② 打开 WORD 软件，在菜单栏中打开"插入"菜单，然后在右侧找到"对象"命令图标。如图 7.61 所示。

图 7.61　点击打开"插入"菜单

③ 点击打开"对象"图标右侧的"∨"，在下拉列表中点击"对象..."。弹出"对象"对话框。如图 7.62 所示。

图 7.62　点击打开"对象"对话框

④ 在"对象"对话框中选择"Adobe Acrobat 文档"或"Adobe Acrobat PDFXML Document"。如图 7.63 所示。

图 7.63 选择"Adobe Acrobat 文档"

⑤ 点击"对象"对话框中的"确定"按钮,切换到"打开"对话框。在"打开"对话框中选择 PDF 格式文件,例如前面输出的图形文件"讲解图形 pdf"。如图 7.64 所示。

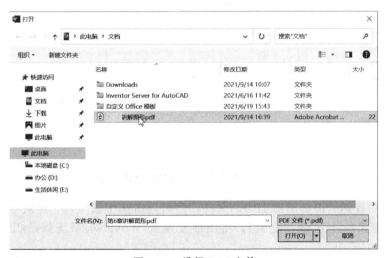

图 7.64 选择 PDF 文件

⑥ 点击"打开"对话框中的"打开"按钮。完成 PDF 文件"讲解图形 pdf"插入到 WORD 中。在 WORD 中根据需要对图片进行调整即可。如图 7.65 所示。

7.4.3 通过输出 JPG/BMP 格式文件复制到 WORD 中

① 先按照本章前述第 7.3.2～7.3.3 小节所述方法将 CAD 绘制的图形输出为 JPG/BMP 格式文件,输出的图形文件保存电脑某个目录下,例如,本章案例 CAD 图形输出 JPG 格式文件为"讲解图形 JPG"。如图 7.66 所示。

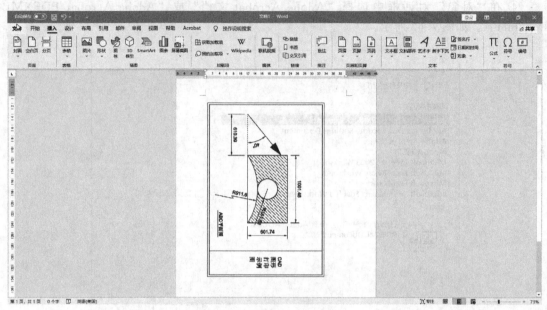

图 7.65　插入 PDF 文件

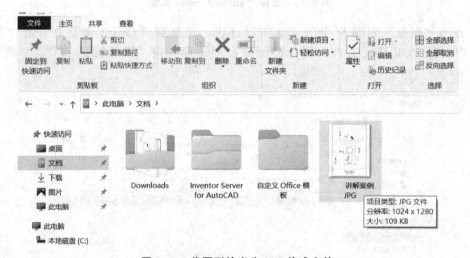

图 7.66　将图形输出为 JPG 格式文件

②　在电脑中找到"讲解图形 JPG"文件，然后点击选中该文件，然后点击右键弹出快捷菜单，在快捷菜单上选择"复制"，将图形复制到 Windows 系统剪贴板中。如图 7.67所示。

③　切换到 WORD 文档中，在需要插入图形的地方点击右键选择快捷菜单中的"粘贴"或按"Ctrl＋V"组合键。将剪贴板上的 JPG 格式图形图片文件复制到 WORD 文档中光标位置。如图 7.68 所示。

④　若插入的图片比较大，需要调整其大小，以适合 WORD 窗口使用。利用 WORD 文档中的图形工具"裁剪"进行调整，或利用设置对象格式进行拉伸调整，使其符合使用要求。如图 7.69 所示。

⑤　BMP 格式的图形图片文件应用到 WORD 中的方法与上述 JPG 格式文件操作方法相同。限于篇幅，BMP 格式图片的具体操作过程在此从略。

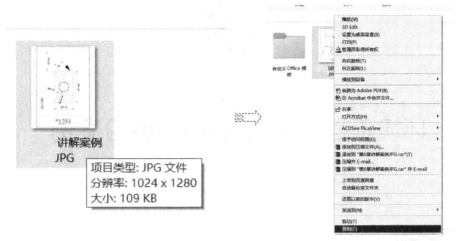

图 7.67　复制 JPG 图形 JPG 文件

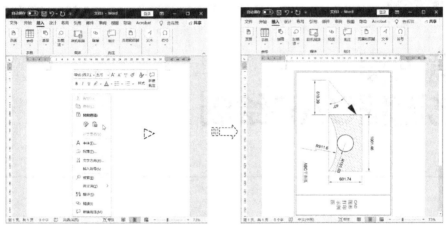

图 7.68　粘贴图形图片文件到 WORD 文档中

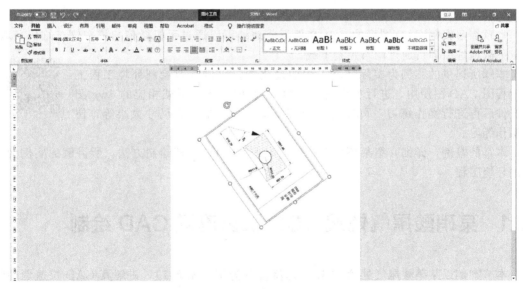

图 7.69　根据需要调整图片大小及方向

下篇
环境工程CAD绘图操作练习案例

第**8**章

环境工程
工艺流程CAD绘制

8.0　本章练习案例 dwg 图形文件

本章练习案例 CAD 图形的 dwg 文件下载地址可以通过手机微信扫描右侧二维码获取，获取下载地址后即可通过网络免费下载。

本章所提供的案例为实际环境工程的简化图，仅供练习绘制环境工程工艺流程图 CAD 图使用。进行本章案例 CAD 绘图时，建议下载相应的 dwg 图形文件后再进行操作练习，可以清楚观察各个图形的形状、尺寸大小等，便于操作练习。

本章的案例，详细介绍某环境工程工艺流程图 CAD 快速绘制方法，所讲解的实例为常见的环境工程。

8.1　某硝酸尾气处理 SCR 工艺流程 CAD 绘制

本节案例以某硝酸尾气处理 SCR 工艺流程图为例（图 8.1），讲解其 CAD 快速调用绘制方法。

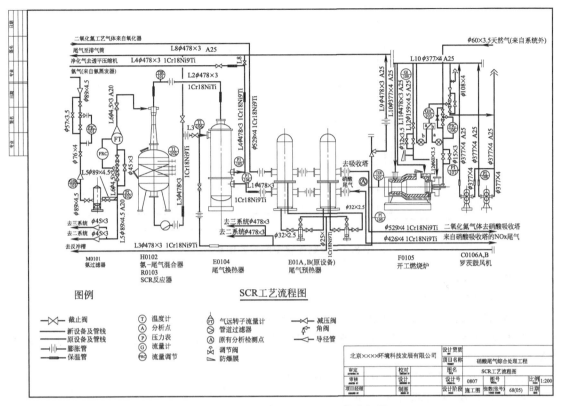

图 8.1　某硝酸尾气处理 SCR 工艺流程图

（1）绘制流程图的起始图轮廓线。

操作方法：箭头造型可以使用 PLINE 命令、设置不同宽度即可得到。

操作命令：LINE、PLINE、OFFSET、TRIM、ZOOM、PAN、CHAMFER 等。

命令：PLINE

指定起点：

当前线宽为 0.0000

指定下一个点或［圆弧（A）/半宽（H）/长度（L）/放弃（U）/宽度（W）］：

指定下一点或［圆弧（A）/闭合（C）/半宽（H）/长度（L）/放弃（U）/宽度（W）］:W

指定起点宽度＜0.0000＞:3

指定端点宽度＜3.0000＞:0

指定下一点或［圆弧（A）/闭合（C）/半宽（H）/长度（L）/放弃（U）/宽度（W）］：

指定下一点或［圆弧（A）/闭合（C）/半宽（H）/长度（L）/放弃（U）/宽度（W）］:W

指定起点宽度＜0.0000＞:0

指定端点宽度＜0.0000＞:0

指定下一点或［圆弧（A）/闭合（C）/半宽（H）/长度（L）/放弃（U）/宽度（W）］：

指定下一点或［圆弧（A）/闭合（C）/半宽（H）/长度（L）/放弃（U）/宽度（W）］:(回车)

操作示意：图 8.2。

（2）绘制流程图中相关设备造型如膨胀管、分析计等。

操作方法：相同的可以进行复制即可得到。

操作命令：LINE、PLINE、OFFSET、MIRROR、OFFSET、CHAMFER、COPY、

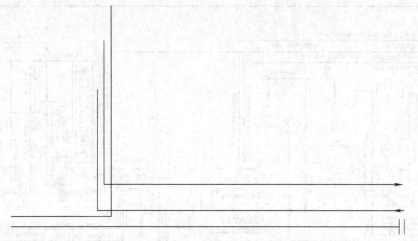

图 8.2　绘制流程图的起始图轮廓线

CIRCLE、TEXT 等。

命令:CHAMFER

("修剪"模式)当前倒角距离 1=0.0000,距离 2=0.0000

选择第一条直线或[放弃(U)/多段线(P)/距离(D)/角度(A)/修剪(T)/方式(E)/多个(M)]: D

指定 第一个 倒角距离 <0.0000>:0

指定 第二个 倒角距离 <0.0000>:0

选择第一条直线或[放弃(U)/多段线(P)/距离(D)/角度(A)/修剪(T)/方式(E)/多个(M)]:

选择第二条直线,或按住 Shift 键选择直线以应用角点或[距离(D)/角度(A)/方法(M)]:

选择第二条直线,或按住 Shift 键选择直线以应用角点或[距离(D)/角度(A)/方法(M)]:

操作示意: 图 8.3。

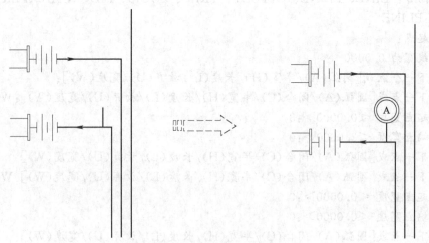

图 8.3　绘制膨胀管、分析计

(3) 绘制流程图中的尾气预热器设备轮廓造型。

操作方法: 该设备造型左右对称,先绘制其中一半,另外一半通过进行镜像得到。

操作命令: ARC、LINE、PLINE、CIRCLE、TRIM、STRETCH、MIRROR、OFFSET 等。

命令:OFFSET

当前设置:删除源＝否　图层＝源　OFFSETGAPTYPE＝0

指定偏移距离或[通过(T)/删除(E)/图层(L)]＜通过(T)＞:

选择要偏移的对象,或[退出(E)/放弃(U)]＜退出＞:

指定要偏移的那一侧上的点,或[退出(E)/多个(M)/放弃(U)]＜退出＞:

选择要偏移的对象,或[退出(E)/放弃(U)]＜退出＞:

操作示意:图 8.4。

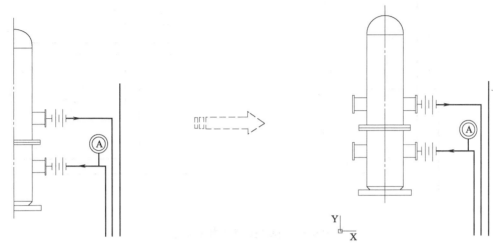

图 8.4　绘制预热器造型

(4) 绘制该节流程图中截止阀等其他相关细部轮廓造型。

操作方法:先绘制其中一个截止阀,另外的截止阀造型进行复制后再旋转即可。

操作命令:RECTANG、COPY、MOVE、TRIM、MIRROR、ROTATE 等。

命令:COPY

选择对象:找到 11 个

选择对象:

当前设置:　复制模式＝多个

指定基点或[位移(D)/模式(O)]＜位移＞:

指定第二个点或[阵列(A)]＜使用第一个点作为位移＞:

指定第二个点或[阵列(A)/退出(E)/放弃(U)]＜退出＞:

指定第二个点或[阵列(A)/退出(E)/放弃(U)]＜退出＞:

操作示意:图 8.5。

(5) 绘制下一个流程图尾气换热器相关造型。

操作方法:绘制方法与前面一致。

操作命令:LINE、ARC、TRIM、CHAMFER、CIRCLE、OFFSET、COPY、MOVE、MIRROR、PLINE 等。

命令:PLINE

指定起点:

当前线宽为 0.1500

指定下一个点或[圆弧(A)/半宽(H)/长度(L)/放弃(U)/宽度(W)]:W

指定起点宽度 ＜0.1500＞:0.5

指定端点宽度 ＜0.500＞:0.5

指定下一个点或［圆弧(A)/半宽(H)/长度(L)/放弃(U)/宽度(W)］:

指定下一点或［圆弧(A)/闭合(C)/半宽(H)/长度(L)/放弃(U)/宽度(W)］:

指定下一点或［圆弧(A)/闭合(C)/半宽(H)/长度(L)/放弃(U)/宽度(W)］:

操作示意：图 8.6。

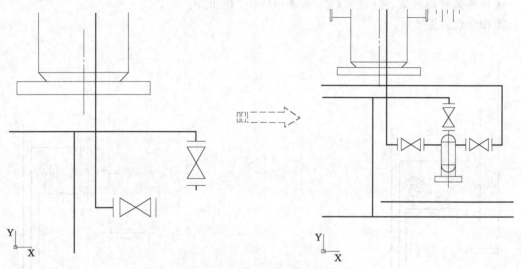

图 8.5 绘制流程图上其他轮廓

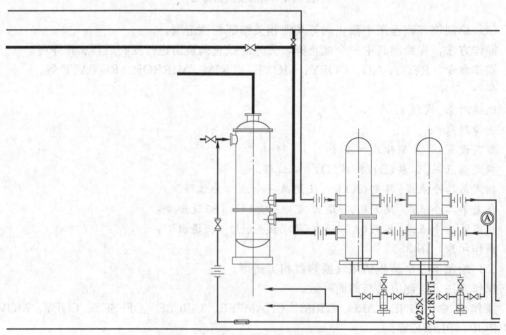

图 8.6 绘制下一流程尾气换热器造型

（6）按前述方法，继续进行流程图其他图形的绘制。

操作方法：包括流程中的混合器、燃烧炉等流程图。

操作命令：LINE、PLINE、TRIM、COPY、CIRCLE、OFFSET、ROTATE 、HATCH、EXTEND、STRETCH 等。

■命令:STRETCH

以交叉窗口或交叉多边形选择要拉伸的对象...

选择对象:指定对角点:找到 2 个

选择对象:

指定基点或[位移(D)]<位移>:

指定第二个点或<使用第一个点作为位移>:

■命令:HATCH

拾取内部点或[选择对象(S)/放弃(U)/设置(T)]:S

选择对象或[拾取内部点(K)/放弃(U)/设置(T)]:找到 1 个

选择对象或[拾取内部点(K)/放弃(U)/设置(T)]:T

选择对象或[拾取内部点(K)/放弃(U)/设置(T)]:

操作示意:图 8.7。

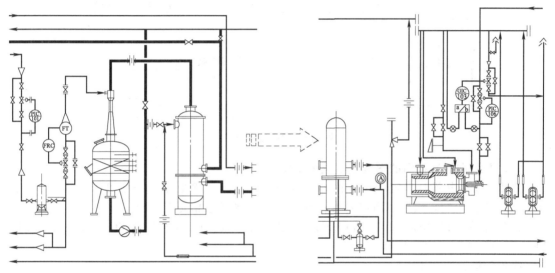

图 8.7　绘制其他图形

（7）设置文字样式、标注样式。

操作方法：根据绘图比例设置合适的文字样式、标注样式。设置方法参见前面相关章节，限于篇幅，在此从略。

操作命令：STYLE、DIMSTYLE 等。

操作示意：图 8.8。

（8）标注文字及尺寸等。

操作方法：按设计要求进行说明文字及尺寸标注。其中"Φ"输入"C％％"即可得到。

操作命令：TEXT、MTEXT、SCALE、MOVE 等。

命令:TEXT

当前文字样式:"Standard"　文字高度:2.5000　注释性:否　对正:左

指定文字的起点　或[对正(J)/样式(S)]:

指定高度 <2.5000>:600

指定文字的旋转角度 <0>:0

（在屏幕中输入文字即可）

操作示意：图 8.9。

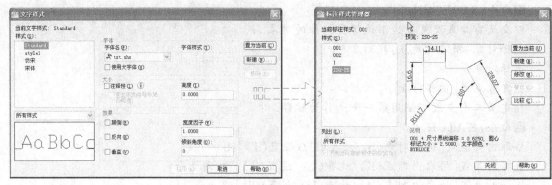

图 8.8 设置文字样式、标注样式

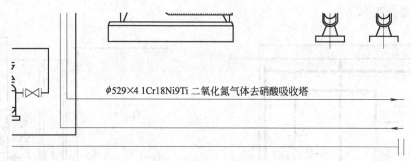

φ529×4 1Cr18Ni9Ti 二氧化氮气体去硝酸吸收塔

图 8.9 进行文字标注

（9）继续进行流程图的图例造型及表格绘制。

操作方法：按设计确定的设计内容、设备布置进行图例绘制。表格可以使用 LINE 及 OFFSET 直接绘制，然后使用拉伸功能 STRETCH 调整表格宽度大小。

操作命令：PLINE、LINE、OFFSET、CIRCLE、TRIM、COPY、EXTEND、STRETCH、TEXT、SCALE、MOVE 等。

操作示意：图 8.10。

图例

▷◁	截止阀	(P)	压力表	(FT)	气体转子流量计
——	新设备及管线	(G)	流量计	(A)	原有分析检测点
Y	膨胀管	FRC	流量调节	▷—	异径管
	保温管		防爆膜	—▷◁—	减压阀
(T)	温度计		调节阀		角阀
(A)	分析点	⊘	管道过滤器		

图 8.10 绘制流程图图例

（10）插入图框，完成某环境工程废气处理流程图绘制。

操作方法：图框直接使用已有图形。

操作命令：ZOOM、INSERT、COPYCLIP、PASTECLIP、SAVE 等。

命令:ZOOM

指定窗口的角点,输入比例因子(nX 或 nXP),或者

[全部(A)/中心(C)/动态(D)/范围(E)/上一个(P)/比例(S)/窗口(W)/对象(O)]＜实时＞:A

正在重生成模型。

操作示意：图 8.11。

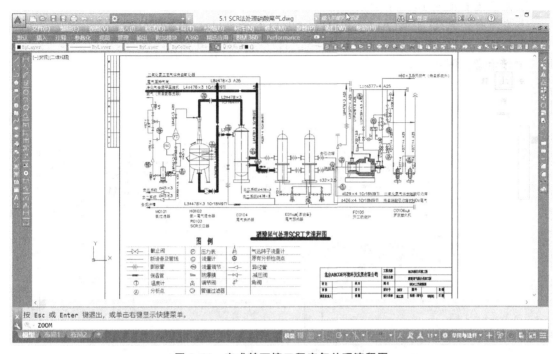

图 8.11　完成某环境工程废气处理流程图

8.2　某香料废水处理环境工程图纸 CAD 绘制

本节案例以某香料废水处理环境工程的流程图（图 8.12）为例，讲解其 CAD 快速绘制方法。

（1）先绘制流程图中的计量堰造型。

操作方法：计量堰造型绘制方法综述：粗线使用 PLINE 绘制，倾斜线使用图案填充方法得到，箭头造型使用 PLINE 绘制。绘制过程详解参见后面步骤介绍。

操作命令：ZOOM 等。

命令:ZOOM

指定窗口的角点,输入比例因子(nX 或 nXP),或者

[全部(A)/中心(C)/动态(D)/范围(E)/上一个(P)/比例(S)/窗口(W)/对象(O)]＜实时＞:W

指定第一个角点：指定对角点：

操作示意：图 8.13。

（2）绘制计量堰造型的水平轮廓线。

操作方法：使用 PLINE 命令设置宽度进行绘制，宽度大小根据绘制比例设定。

操作命令：PLINE、LINE、CHAMFER、OFFSET、TRIM、EXTEND 等。

命令:PLINE

指定起点：

当前线宽为 0

指定下一个点或[圆弧(A)/半宽(H)/长度(L)/放弃(U)/宽度(W)]:W

指定起点宽度 <0>:100

指定端点宽度 <100>:100

指定下一个点或[圆弧(A)/半宽(H)/长度(L)/放弃(U)/宽度(W)]:

指定下一点或[圆弧(A)/闭合(C)/半宽(H)/长度(L)/放弃(U)/宽度(W)]:

操作示意:图 8.14。

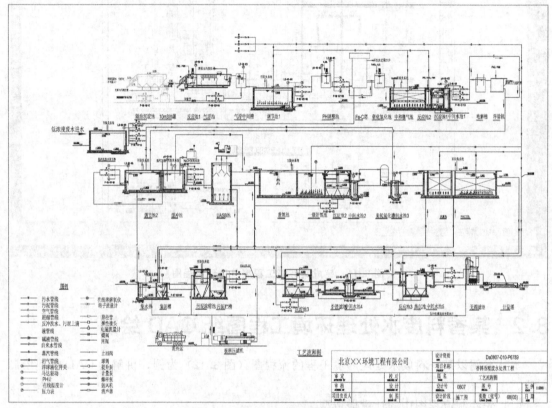

图 8.12　某香料废水处理环境工程

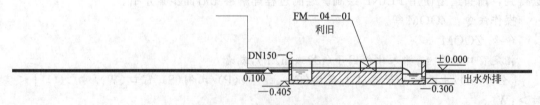

图 8.13　流程图中计量堰

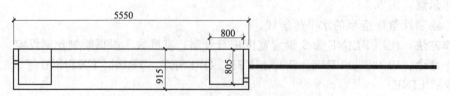

图 8.14　绘制计量堰造型的水平轮廓线

（3）填充图案、绘制标高造型。

操作方法：图案填充需设置合适的填充比例，标高三角形可以使用POLYGON绘制。"±0.000"的"±"符号输入"%%P"即可。

操作命令：HATCH、POLYGON、LINE、TEXT、SCALE、MTEXT、MOVE、TRIM等。

■命令：POLYGON

输入侧面数＜4＞：3

指定正多边形的中心点或[边(E)]：

输入选项[内接于圆(I)/外切于圆(C)]＜I＞：I

指定圆的半径：

■命令：HATCH

拾取内部点或[选择对象(S)/放弃(U)/设置(T)]：正在选择所有对象...

正在选择所有可见对象...

正在分析所选数据...

正在分析内部孤岛...

拾取内部点或[选择对象(S)/放弃(U)/设置(T)]：T

拾取或按Esc键返回到对话框或＜单击右键接受图案填充＞：

拾取或按Esc键返回到对话框或＜单击右键接受图案填充＞：

拾取内部点或[选择对象(S)/放弃(U)/设置(T)]：

■命令：TEXT

当前文字样式："STANDARD"　文字高度：0　注释性：否　对正：左

指定文字的起点或[对正(J)/样式(S)]：

指定高度＜0＞：500

指定文字的旋转角度＜0＞：0

操作示意：图8.15。

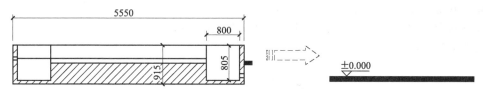

图8.15　绘制填充轮廓线及标高

（4）绘制该流程图中的水面及箭头造型。

操作方法：通过长度不等的平行线形成水面示意；箭头造型使用PLINE命令设置不同宽度即可绘制。

操作命令：LINE、OFFSET、STRECTH、LENGTHEN、PLINE等。

■命令：STRETCH

以交叉窗口或交叉多边形选择要拉伸的对象...

选择对象：指定对角点：找到1个

选择对象：

指定基点或[位移(D)]＜位移＞：

指定第二个点或＜使用第一个点作为位移＞：

■命令：LENGTHEN

选择要测量的对象或[增量(DE)/百分比(P)/总计(T)/动态(DY)]＜总计(T)＞：

当前长度：333

选择要测量的对象或[增量(DE)/百分比(P)/总计(T)/动态(DY)] ＜总计（T）＞:DY

选择要修改的对象或［放弃（U）］：

指定新端点：

■命令：PLINE

指定起点：

当前线宽为 4

指定下一个点或[圆弧(A)/半宽(H)/长度(L)/放弃(U)/宽度(W)]：

指定下一点或[圆弧(A)/闭合(C)/半宽(H)/长度(L)/放弃(U)/宽度(W)]：W

指定起点宽度 ＜4＞：20

指定端点宽度 ＜20＞：0

指定下一点或[圆弧(A)/闭合(C)/半宽(H)/长度(L)/放弃(U)/宽度(W)]：

指定下一点或[圆弧(A)/闭合(C)/半宽(H)/长度(L)/放弃(U)/宽度(W)]：

操作示意：图 8.16。

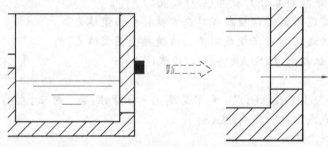

图 8.16　绘制该流程图中的水面及箭头造型

（5）计量堰其他造型的绘制。

操作方法：按前述介绍方法绘制即可。

操作命令：PLINE、MOVE、TRIM、CHAMFER 等。

操作示意：图 8.17。

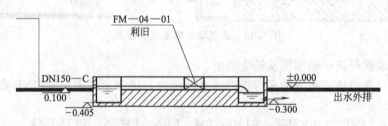

图 8.17　绘制计量堰其他轮廓造型

（6）绘制下一个流程图的无阀滤池轮廓线造型。

操作方法：无阀滤池右侧造型使用已有图库图形，不重新绘制。

操作命令：OPEN、COPYCLIP、PASTECLIP、MOVE、SCALE 等。

命令:SCALE

选择对象:指定对角点:找到 3 个

选择对象:

指定基点:

指定比例因子或[复制(C)/参照(R)]:1.5

操作示意：图 8.18。

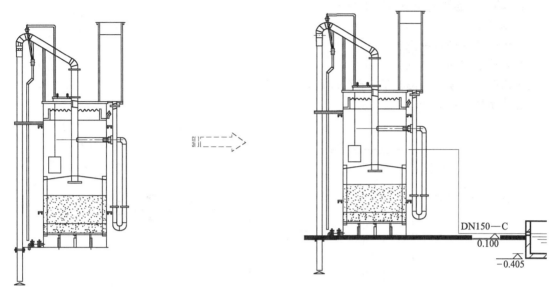

图 8.18　绘制无阀滤池右侧造型

（7）绘制无阀滤池右侧造型管线轮廓线。

操作方法：先绘制下侧管线线条。可以使用 PLINE 绘制有宽度的线条和箭头造型，然后单击"特性"工具栏中的线型，将其修改线型为虚线，若不显示线型，则使用 LTSCALE 调整合适的比例。

操作命令：ZOOM、PLINE、MOVE、TRIM、LINETYPE、LTSCALE 等。

命令:LTSCALE

输入新线型比例因子 <10.0000>:100

正在重生成模型。

操作示意：图 8.19。

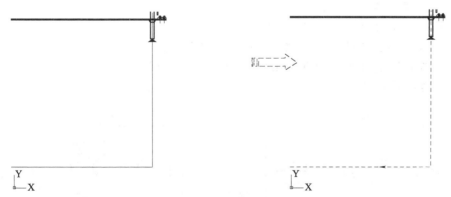

图 8.19　绘制无阀滤池右侧造型的管线

（8）绘制无阀滤池右侧管线及其相关阀门等设施造型。

操作方法：对相同图形通过复制得到，黑色图案造型通过填充得到。

操作命令：LINE、OFFSET、TRIM、EXTEND、COPY、CIRCLE、MIRROR、MOVE、

ZOOM、HATCH 等。

命令:MIRROR

选择对象:指定对角点:找到 35 个

选择对象:

指定镜像线的第一点:

指定镜像线的第二点:

要删除源对象吗?[是(Y)/否(N)]<否>:N

操作示意:图 8.20。

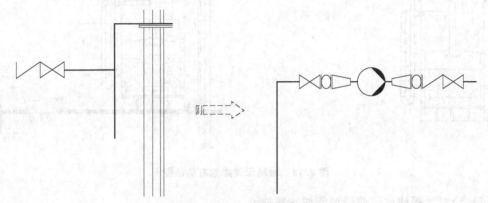

图 8.20　绘制右侧管线及相关阀门

(9) 复制相同的无阀滤池右侧管线及阀门造型,然后绘制各种压力表符号造型。

操作方法:按设计造型要求复制。先绘制圆形,再使用 TEXT 命令标注文字即可得到各种压力表造型。文字大小可以使用 SCALE 命令调整。

操作命令:CIRCLE、TEXT、SCALE、COPY、LINE、MOVE、MIRROR、TRIM 等。

命令:COPY

选择对象:指定对角点:找到 23 个

选择对象:

当前设置:复制模式=多个

指定基点或[位移(D)/模式(O)]<位移>:

指定第二个点或[阵列(A)]<使用第一个点作为位移>:

指定第二个点或[阵列(A)/退出(E)/放弃(U)]<退出>:

操作示意:图 8.21。

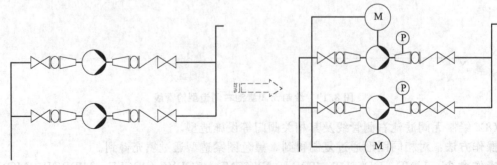

图 8.21　复制无阀滤池右侧管线及阀门造型

(10) 绘制下一个流程图中的反应池等轮廓。

操作方法：先按设计进行反应池轮廓的绘制。同时可以使用拉伸功能命令 STRETCH 快速调整图形长度位置。

操作命令：PLINE、LINE、TRIM、STRETCH、OFFSET、MIRROR、CHAMFER、MOVE 等。

■命令：STRETCH

以交叉窗口或交叉多边形选择要拉伸的对象...

选择对象：指定对角点：找到 10 个

选择对象：

指定基点或[位移(D)]<位移>：

指定第二个点或<使用第一个点作为位移>：

■命令：CHAMFER

（"修剪"模式）当前倒角距离 1＝10,距离 2＝10

选择第一条直线或[放弃(U)/多段线(P)/距离(D)/角度(A)/修剪(T)/方式(E)/多个(M)]：D

指定 第一个 倒角距离 <10>：0

指定 第二个 倒角距离 <0>：0

选择第一条直线或[放弃(U)/多段线(P)/距离(D)/角度(A)/修剪(T)/方式(E)/多个(M)]：

选择第二条直线,或按住 Shift 键选择直线以应用角点或[距离(D)/角度(A)/方法(M)]：

操作示意：图 8.22。

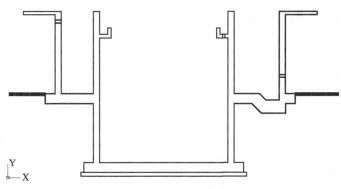

[—][俯视][二维线框]

图 8.22　绘制反应池的轮廓

(11) 填充反应池的轮廓混凝土图案造型。

操作方法：选择二种图案（ANSI31、AR-CONC）分别填充二次，即可得到混凝土图案造型。注意设置合适的填充比例大小。

操作命令：HATCH、BHATCH、ZOOM 等。

命令：BHATCH

拾取内部点或[选择对象(S)/放弃(U)/设置(T)]：正在选择所有对象...

正在选择所有可见对象...

正在分析所选数据...

正在分析内部孤岛...

拾取内部点或[选择对象(S)/放弃(U)/设置(T)]:T

拾取内部点或[选择对象(S)/放弃(U)/设置(T)]:

操作示意:图8.23。

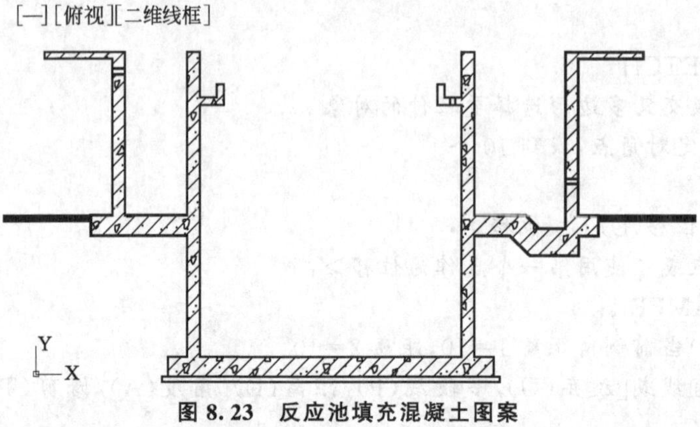

[一][俯视][二维线框]

图8.23　反应池填充混凝土图案

(12) 绘制反应池的水面造型及气体泡沫轮廓。

操作方法:绘制长度不等的平行线作为水面轮廓线,绘制大小不等的小圆作为泡沫造型。

操作命令:PLINE、LINE、LENGTHEN、OFFSET、MOVE、STRETCH、COPY等。

命令:LENGTHEN

选择要测量的对象或[增量(DE)/百分比(P)/总计(T)/动态(DY)]<总计(T)>:

当前长度:333

选择要测量的对象或[增量(DE)/百分比(P)/总计(T)/动态(DY)]<总计(T)>:DY

选择要修改的对象或[放弃(U)]:

指定新端点:

选择要修改的对象或[放弃(U)]:

操作示意:图8.24。

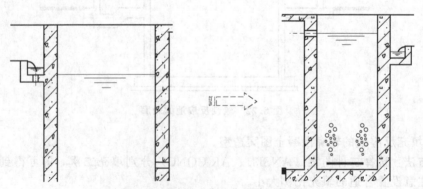

图8.24　绘制反应池水面造型轮廓

(13) 绘制反应池内水面的设备轮廓。

操作方法:反应池内水面的设备按设计确定的内容进行轮廓绘制。

操作命令:LINE、PLINE、TRIM、ROTATE、MIRROR、MOVE、OFFSET、STRETCH等。

命令:ROTATE

UCS 当前的正角方向：ANGDIR＝逆时针　ANGBASE＝0

选择对象：找到 1 个

选择对象：

指定基点：

指定旋转角度，或[复制(C)/参照(R)]＜0＞：30

操作示意：图 8.25。

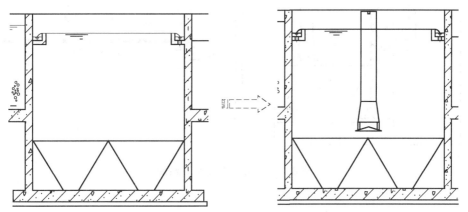

图 8.25　反应池内水面的设备轮廓绘制

(14) 绘制下一流程即反应池外侧的管线造型。

操作方法：反应池外侧流程管线使用 PLINE 绘制有一定宽度的线条。

操作命令：PLINE、TRIM、MOVE、STRETCH 等。

命令：PLINE

指定起点：

当前线宽为 4

指定下一个点或[圆弧(A)/半宽(H)/长度(L)/放弃(U)/宽度(W)]：W

指定起点宽度 ＜4＞：20

指定端点宽度 ＜20＞：20.

指定下一个点或[圆弧(A)/半宽(H)/长度(L)/放弃(U)/宽度(W)]：

指定下一点或[圆弧(A)/闭合(C)/半宽(H)/长度(L)/放弃(U)/宽度(W)]：

……

指定下一点或[圆弧(A)/闭合(C)/半宽(H)/长度(L)/放弃(U)/宽度(W)]：

操作示意：图 8.26。

(15) 继续工艺流程图后面流程相关管线及设施等造型绘制。

操作方法：后面流程相关管线及设施等造型内容按设计确定，绘制方法与前面相似。

操作命令：LINE、PLINE、TRIM、HATCH、CHAMFER、EXTEND、COPY、ROTATE、MIRROR、MOVE、OFFSET、STRETCH 等。

操作示意：图 8.27。

(16) 继续绘制流程图后面的内容，直至完成全部内容。

操作方法：绘制方法与前面相似，限于篇幅，后面的流程图具体绘制过程在此从略。

操作命令：ZOOM、PAN、LINE、PLINE、TRIM、HATCH、CHAMFER、EXTEND、COPY、ROTATE、MIRROR、MOVE、OFFSET、STRETCH 等。

操作示意：图 8.28。

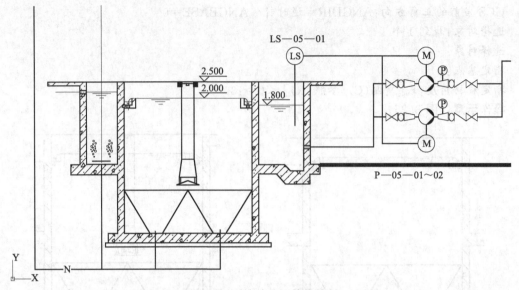

图 8.26 反应池外侧管线绘制

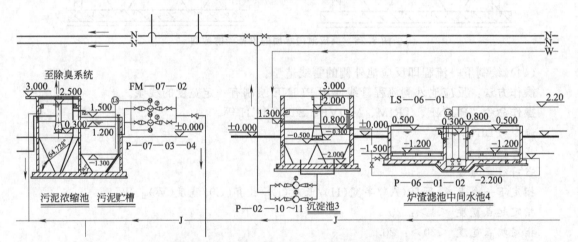

图 8.27 后面流程相关管线及设施等造型绘制

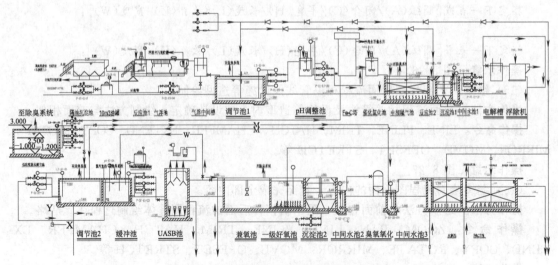

图 8.28 继续绘制流程图直至完成全部内容

(17) 继续绘制工艺流程图图例等其他内容。

操作方法：包括图例的图案造型、文字说明。

操作命令：LINE、PLINE、PEDIT、TEXT、MTEXT、SCALE、MOVE、COPY 等。

命令：TEXT

当前文字样式："Standard" 文字高度：6.0000 注释性：否 对正：左

指定文字的起点或[对正(J)/样式(S)]：

指定高度＜6.0000＞：300

指定文字的旋转角度＜0＞：0

操作示意：图 8.29。

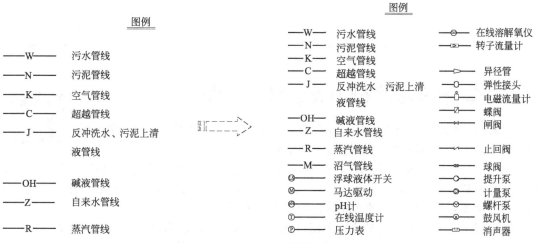

图 8.29 继续绘制图例等其他内容

(18) 插入图框，完成某香料废水处理环境工程的流程图绘制。

操作方法：图框使用已有图形，调整其大小即可。

操作命令：SAVE、INSERT、SCALE、MOVE、ZOOM 等。

操作示意：图 8.30。

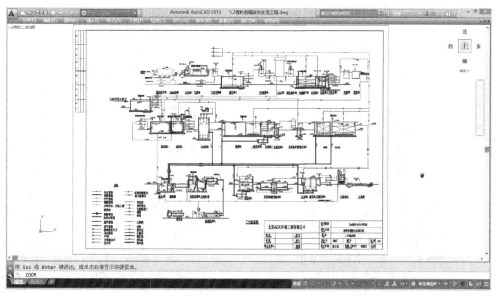

图 8.30 完成某香料废水处理环境工程的流程图

第9章

环境设施
安装图CAD绘制

9.0 本章练习案例 dwg 图形文件

本章练习案例 CAD 图形的 dwg 文件下载地址可以通过手机微信扫描右侧二维码获取，获取下载地址后即可通过网络免费下载。

本章所提供的案例为实际环境工程的简化图，仅供练习绘制环境设施安装图 CAD 图使用。进行本章案例 CAD 绘图时，建议下载相应的 dwg 图形文件后再进行操作练习，可以清楚观察各个图形的形状、尺寸大小等，便于操作练习。

本章详细介绍环境设施安装施工图（图 9.1）的 CAD 快速绘制方法，所讲解的实例为常见的集尘机等安装施工图，其他形式的环境保护设施安装施工图绘制方法类似。

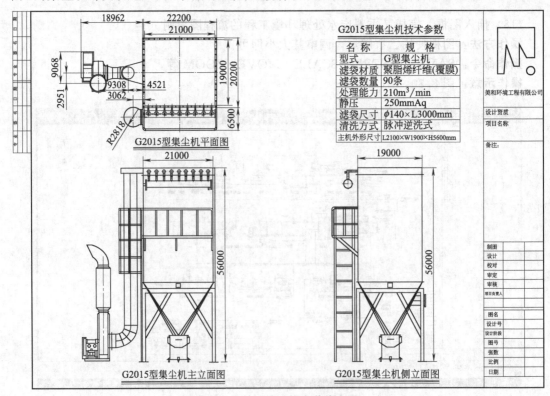

图 9.1 某环境设施安装施工图

9.1 集尘机平面布置图 CAD 绘制

本节案例以图 9.2 所示某集尘机安装平面图为例，讲解其 CAD 快速绘制方法。其他结构形式的环境设施安装施工图绘制方法类似。

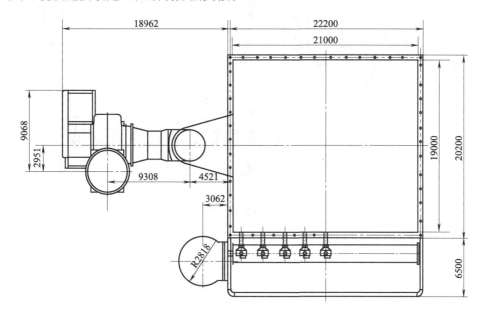

G2015型集尘机平面图

图 9.2 某集尘机安装平面图

（1）集尘机规格尺寸。

操作方法：按设计确定的集尘机大小通过计算确定，本案例的集尘机主要轮廓及配件设施大小如图 9.2 示意。未标注的轮廓尺寸，读者可以在下载的 CAD 图中自行进行量度标注。

操作命令：DIMLINEAR、DIMRADIUS 等。

命令：DIMRADIUS

选择圆弧或圆：

标注文字＝14

指定尺寸线位置或［多行文字(M)/文字(T)/角度(A)］：

操作示意：图 9.3。

（2）先绘制集尘机安装平面图的轴线。

操作方法：从平面图可以看出，该集尘机右侧平面安装图基本呈左右对称，绘制其中一半即可。轴线线型改变为点划线，可以使用 LINETYPE 及 LTSCALE 进行线型设置。

操作命令：LINE、PLINE、MOVE、LINETYPE、LTSCALE 等。

命令：LINE

指定第一个点：

指定下一点或［放弃(U)］：

指定下一点或［放弃(U)］：

操作示意：图 9.4。

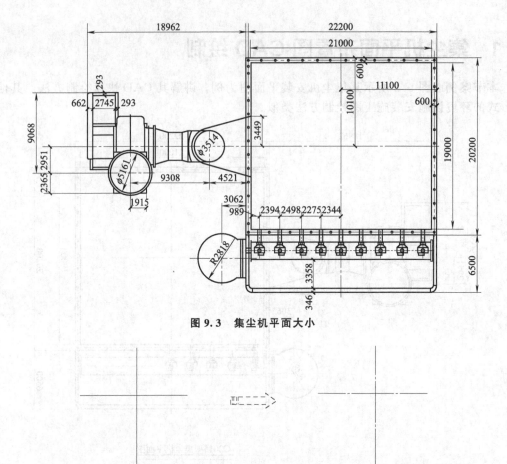

图 9.3　集尘机平面大小

图 9.4　集尘机平面图轴线绘制

（3）创建集尘机平面右侧造型部分平面轮廓。

操作方法：按设计确定的数值使用多边形功能命令进行绘制，其中四边形的平行图形可以使用 OFFSET 快速得到。然后结合捕捉功能及使用移动功能命令 MOVE 调整图形位置。

操作命令：POLYGON、OFFSET、MOVE 等。

命令:POLYGON

输入侧面数＜4＞:4

指定正多边形的中心点或[边(E)]:E

指定边的第一个端点:指定边的第二个端点:19000

操作示意：图 9.5。

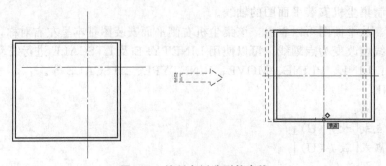

图 9.5　绘制右侧造型轮廓线

（4）绘制右侧平面图中两个同心矩形的中心轴线轮廓。

操作方法：两个同心矩形的中心轴线绘制通过 OFFSET 命令快速完成，然后通过特性匹配功能（格式刷）快速修改其线型为点划线。

操作命令：CIRCLE、POLYGON、OFFSET 等。

■ 命令：OFFSET

当前设置：删除源＝否　图层＝源　OFFSETGAPTYPE＝0

指定偏移距离或[通过(T)/删除(E)/图层(L)]＜通过＞：指定第二点：

选择要偏移的对象，或[退出(E)/放弃(U)]＜退出＞：

指定要偏移的那一侧上的点，或[退出(E)/多个(M)/放弃(U)]＜退出＞：

选择要偏移的对象，或[退出(E)/放弃(U)]＜退出＞：

■ 命令：MATCHPROP

选择源对象：

当前活动设置：颜色　图层　线型　线型比例　线宽　透明度　厚度　打印样式　标注文字　图案填充　多段线　视口　表格材质　阴影显示　多重引线

选择目标对象或[设置(S)]：

选择目标对象或[设置(S)]：

操作示意：图 9.6。

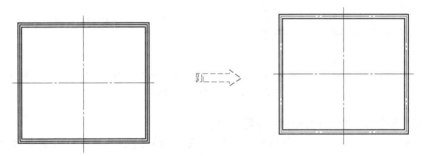

图 9.6　绘制溢流堰造型轮廓

（5）在同心矩形轴线上绘制小圆形作为铆钉轮廓造型。

操作方法：铆钉轮廓布置，可以在矩形轴线边先绘制四分之一段长直线，并按铆钉数量使用 DIVIDE 功能命令进行等分。然后绘制并按等分点位置进行复制小圆形。其他边的铆钉造型通过复制或镜像可以快速完成。最后删除等分符号（×）即可。

操作命令：LINE、DIVIDE、MIRROR、MOVE、TRIM、CIRCLE、COPY、ERASE、ROTATE 等。

命令：DIVIDE

选择要定数等分的对象：

输入线段数目或[块(B)]：6

操作示意：图 9.7。

（6）绘制矩形下侧长方形轮廓。

操作方法：先使用 PLINE 命令绘制，然后使用 OFFSET 偏移得到平行轮廓线，最后使用圆角功能命令 FILLET 对边角轮廓线进行编辑。

操作命令：PLINE、OFFSET、FILLET 等。

命令：FILLET

当前设置：模式＝修剪，半径＝41.5000

选择第一个对象或［放弃(U)/多段线(P)/半径(R)/修剪(T)/多个(M)］:R
指定圆角半径＜41.5000＞:76.2
选择第一个对象或［放弃(U)/多段线(P)/半径(R)/修剪(T)/多个(M)］:
选择第二个对象,或按住Shift键选择对象以应用角点或［半径(R)］:
操作示意:图9.8。

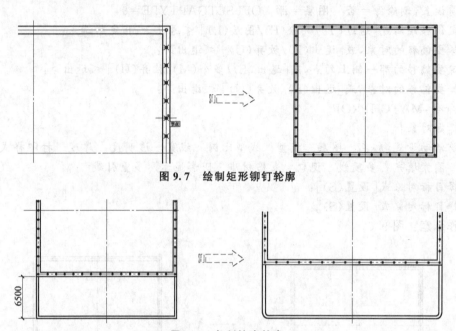

图9.7 绘制矩形铆钉轮廓

图9.8 复制拉索轮廓

(7) 绘制下侧长方形平面图中设备轮廓造型。

操作方法:先绘制其中一个设备轮廓造型,其他相同造型通过复制及进行镜像得到。

操作命令:CIRCLE、MOVE、OFFSET、LINE、CHAMFER、PLINE、MIRROR等。

命令:CHAMFER(对图形对象进行倒角)

("修剪"模式)当前倒角距离 1=0.0000,距离 2=0.0000

选择第一条直线或［放弃(U)/多段线(P)/距离(D)/角度(A)/修剪(T)/方式(E)/多个(M)］: D(输入 D 设置倒直角距离大小)

指定第一个倒角距离 ＜0.0000＞:0(输入第 1 个距离)

指定第二个倒角距离 ＜0.0000＞:0(输入第 2 个距离)

选择第一条直线或［放弃(U)/多段线(P)/距离(D)/角度(A)/修剪(T)/方式(E)/多个(M)］:(选择第 1 条倒直角对象边界)

选择第二条直线,或按住Shift键选择要应用角点的直线:(选择第 2 条倒直角对象边界)

操作示意:图9.9。

(8) 绘制长方形左侧半圆形轮廓造型。

操作方法:先绘制半圆形圆心定位轴线,然后绘制同心圆并进行剪切即可到达半圆形轮廓。

操作命令:LINE、MOVE、CIRCLE、OFFSET、LINETYPE、MATCHPROP、TRIM等。

命令:CIRCLE

指定圆的圆心或［三点(3P)/两点(2P)/切点、切点、半径(T)］:

指定圆的半径或［直径(D)］＜280＞:

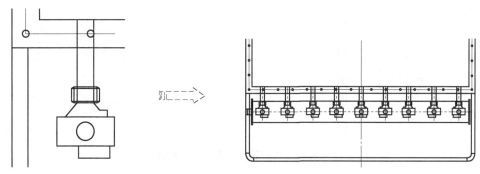

图 9.9　绘制平面图中设备造型

操作示意：图 9.10。

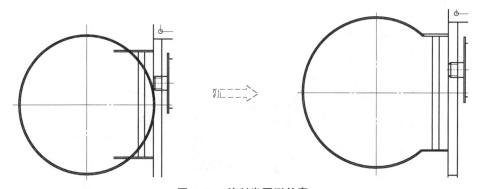

图 9.10　绘制半圆形轮廓

（9）绘制集尘机平面左侧设备部分造型。

操作方法：集尘机平面造型按设计确定的轮廓进行绘制。对倾斜直线的半圆形连接使用 FIILET 功能命令快速得到。

操作命令：LINE、PLINE、ROTATE、MIRROR、MOVE、CIRCLE、RECTANG、TRIM、FILLET 等。

■ 命令：MIRROR

选择对象：指定对角点：找到 1 个

选择对象：

指定镜像线的第一点：

指定镜像线的第二点：

要删除源对象吗？［是(Y)/否(N)］＜否＞：N

■ 命令：FILLET

当前设置：模式＝修剪，半径＝76.2000

选择第一个对象或［放弃(U)/多段线(P)/半径(R)/修剪(T)/多个(M)］：R

指定圆角半径 ＜76.2000＞：203.9

选择第一个对象或［放弃(U)/多段线(P)/半径(R)/修剪(T)/多个(M)］：

选择第二个对象，或按住 Shift 键选择对象以应用角点或［半径(R)］：

操作示意：图 9.11。

（10）继续进行集尘机左侧平面造型中其他部分轮廓线绘制。

操作方法：绘制方法与前面论述类似。

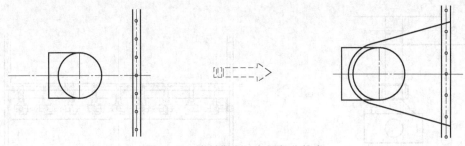

图 9.11　绘制集尘机左侧部分轮廓

操作命令：PLINE、LINE、MIRROR、TRIM、EXTEND、CHAMFER、CIRCLE、OFFSET、FILLET、RECTANG、STRETCH 等。

操作示意：图 9.12。

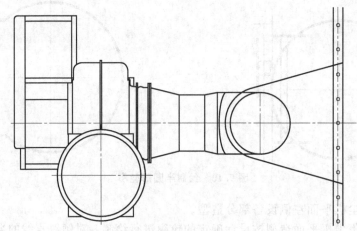

图 9.12　标注集尘机平面图文字、尺寸

(11) 标注集尘机平面图的相关尺寸、文字、说明等。

操作方法：先使用功能命令 STYLE、DIMSTYLE 设置文字及尺寸标注相关格式。文字标注一般使用 TEXT、MTEXT 等功能命令，使用 TEXTEDLIT 进行文字编辑修改。

操作命令：STYLE、DIMSTYLE、DIMLINEA、DIMRADIUS、TEXT、MTEXT、SCALE、MOVE、COPY、TEXTEDIT、LEADER 等。

■ 命令：DIMLINEAR
指定第一个尺寸界线原点或＜选择对象＞：
指定第二条尺寸界线原点：
指定尺寸线位置或［多行文字(M)/文字(T)/角度(A)/水平(H)/垂直(V)/旋转(R)］
标注文字＝53

■ 命令：LEADER
指定引线起点：
指定下一点：
指定下一点或［注释(A)/格式(F)/放弃(U)］＜注释＞：F
输入引线格式选项 ［样条曲线(S)/直线(ST)/箭头(A)/无(N)］＜退出＞：A
指定下一点或［注释(A)/格式(F)/放弃(U)］＜注释＞：(回车)
指定下一点或［注释(A)/格式(F)/放弃(U)］＜注释＞：

输入注释文字的第一行或＜选项＞:均质土坝

输入注释文字的下一行:浆砌石坝

输入注释文字的下一行:(回车)

操作示意:图 9.13。

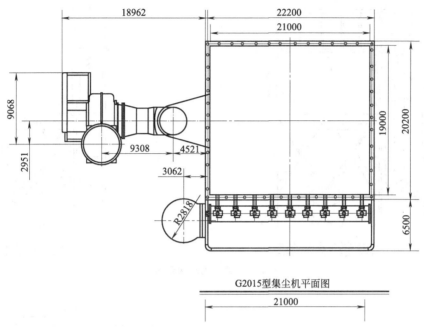

G2015型集尘机平面图

图 9.13 标注集尘机平面图文字尺寸

9.2 集尘机立面安装图 CAD 绘制

本节案例以集尘机立面安装图为例（见图 9.14），讲解其 CAD 快速绘制方法。环境工程其他立面安装图的绘制方法类似。

(1) 先绘制正立面图中下面门型轮廓线。

操作方法：按大小先绘制一侧轮廓线，再进行镜像、移动调整另外一侧对称轮廓线。

操作命令：LINE、PLINE、LENGTHEN、STRETCH、CHAMFER、MIRROR 等。

命令:LENGTHEN

选择要测量的对象或[增量(DE)/百分比(P)/总计(T)/动态(DY)]＜总计(T)＞:

当前长度:20000

选择要测量的对象或[增量(DE)/百分比(P)/总计(T)/动态(DY)]＜总计(T)＞:DY

选择要修改的对象或[放弃(U)]:

指定新端点:

选择要修改的对象或[放弃(U)]:

操作示意:图 9.15。

(2) 绘制底部门型轮廓内侧造型。

操作方法：轮廓大小按设计计算确定的位置及尺寸。倾斜直线可以先绘制其中一条，另外一条通过偏移、剪切或延伸得到。

操作命令：LINE、PLINE、OFFSET、TRIM、MIRROR、MOVE、CHAMFER、EXTEND 等。

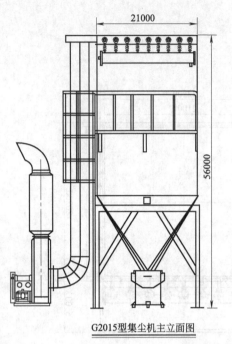

G2015型集尘机主立面图　　　　　　　　　　　G2015型集尘机侧立面图

图 9.14　集尘机立面安装图

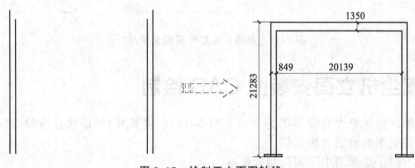

图 9.15　绘制正立面图轴线

命令:EXTEND

当前设置:投影＝UCS,边＝无

选择边界的边 …

选择对象或＜全部选择＞:找到 1 个

选择对象:

选择要延伸的对象,或按住 Shift 键选择要修剪的对象,或[栏选(F)/窗交(C)/投影(P)/边(E)/放弃(U)]:

选择要延伸的对象,或按住 Shift 键选择要修剪的对象,或[栏选(F)/窗交(C)/投影(P)/边(E)/放弃(U)]:

操作示意:图 9.16。

(3) 布置中底部结构中的设备轮廓。

操作方法:该设备造型使用已有图形,不新绘制,将其使用 SCALE、MOVE 进行大小及位置调整即可。

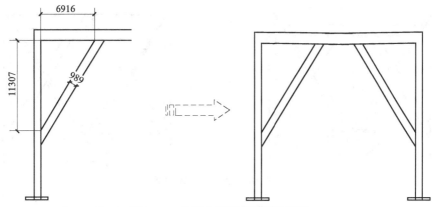

图 9.16　绘制水泥杆底部基础轮廓

操作命令：OPEN、COPYCLIP、PASTECLIP、SACLE、MOVE 等。

命令:COPYCLIP

选择对象:指定对角点:找到 45 个

选择对象:

操作示意：图 9.17。

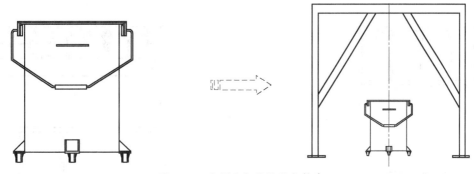

图 9.17　布置底部结构设备轮廓

（4）绘制 V 型轮廓线。

操作方法：先绘制一半的轮廓线，进行镜像得到另外一半。

操作命令：LINE、TRIM、MIRROR、POLYGON、OFFSET、ROTATE 、MOVE 等。

命令:TRIM

当前设置:投影＝UCS,边＝无

选择剪切边 ...

选择对象或＜全部选择＞:找到 1 个

选择对象:(回车)

选择要修剪的对象,或按住 Shift 键选择要延伸的对象,或[栏选(F)/窗交(C)/投影(P)/边(E)/删除(R)/放弃(U)]:

选择要修剪的对象,或按住 Shift 键选择要延伸的对象,或[栏选(F)/窗交(C)/投影(P)/边(E)/删除(R)/放弃(U)]:(回车)

操作示意：图 9.18。

（5）剪切横担遮挡的水泥杆轮廓，并布置固定的螺母造型。

操作方法：螺母造型使用 POLYGON 绘制。

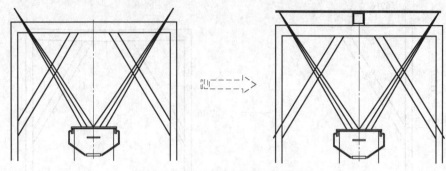

图 9.18 绘制 V 形轮廓线

操作命令：TRIM、MIRROR、OFFSET、POLYGON、COPY、CIRCLE、LINE 等。

命令:POLYGON

输入侧面数 <4>:6

指定正多边形的中心点或[边(E)]:

输入选项［内接于圆(I)/外切于圆(C)］<I>:

指定圆的半径:

操作示意：图 9.19。

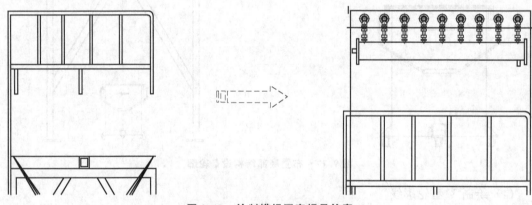

图 9.19 绘制横担固定螺母轮廓

（6）布置集尘机及低压综合配电箱立面造型。

操作方法：集尘机及低压综合配电箱立面造型使用已有图形。

操作命令：INSERT、MOVE、SCALE、ROTATE、COPYCLIP、PASTECLIP 等。

命令:SCALE

选择对象:找到 1 个

选择对象:

指定基点:

INTERSECT 所选对象太多

指定比例因子或[复制(C)/参照(R)]:R

指定参照长度 <1.0000>:指定第二点:

指定新的长度或[点(P)] <1.0000>:

操作示意：图 9.20。

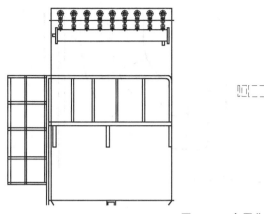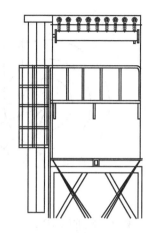

图 9.20　布置集尘机等立面造型

（7）绘制导线立面造型。

操作方法：导线使用 PLINE 绘制有一定宽度的轮廓线，或使用 LINE 结合 PEDIT 编辑命令进行绘制。

操作命令：PLINE、LINE、PEDIT 等。

■ 命令：PLINE

指定起点：

当前线宽为 0.0000

指定下一个点或［圆弧(A)/半宽(H)/长度(L)/放弃(U)/宽度(W)］：W

指定起点宽度 ＜0.0000＞：2.5

指定端点宽度 ＜2.5000＞：2.5

指定下一个点或［圆弧(A)/半宽(H)/长度(L)/放弃(U)/宽度(W)］：

指定下一点或［圆弧(A)/闭合(C)/半宽(H)/长度(L)/放弃(U)/宽度(W)］：

……

指定下一点或［圆弧(A)/闭合(C)/半宽(H)/长度(L)/放弃(U)/宽度(W)］：

■ 命令：PEDIT

选择多段线或［多条(M)］：M

选择对象：找到 1 个

选择对象：

是否将直线、圆弧和样条曲线转换为多段线？［是(Y)/否(N)］？＜Y＞ Y

输入选项［闭合(C)/打开(O)/合并(J)/宽度(W)/拟合(F)/样条曲线(S)/非曲线化(D)/线型生成(L)/反转(R)/放弃(U)］：W

指定所有线段的新宽度：2.5

输入选项［闭合(C)/打开(O)/合并(J)/宽度(W)/拟合(F)/样条曲线(S)/非曲线化(D)/线型生成(L)/反转(R)/放弃(U)］：

操作示意：图 9.21。

（8）绘制杆式集尘机立面图中的各种熔断器、避雷器等相关立面造型。

操作方法：熔断器、避雷器等相关立面造型看似复杂，其实多为弧线构成，注意连接为光滑的弧线即可。限于篇幅在这里使用已有图形，直接使用，其大小及位置通过缩放 SCALE、移动 MOVE 进行调整。

操作命令：PLINE、ARC、SPLINE、TRIM、SCALE、MOVE、CIRCLE、LINE、ELLISPE 等。

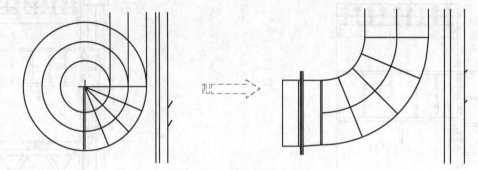

图 9.21　绘制导线立面造型

■ 命令:ELLIPSE
指定椭圆的轴端点或[圆弧(A)/中心点(C)]:
指定轴的另一个端点:
指定另一条半轴长度或[旋转(R)]:
■ 命令:ARC
指定圆弧的起点或[圆心(C)]:
指定圆弧的第二个点或[圆心(C)/端点(E)]:
指定圆弧的端点:
操作示意:图 9.22。

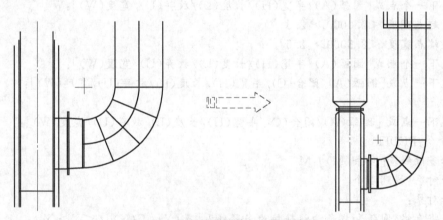

图 9.22　绘制熔断器等相关立面造型

（9）继续布置或绘制其他位置的导线、熔断器、避雷器等相关立面造型。

操作方法:结合复制、镜像等功能进行导线、熔断器、避雷器等相关立面造型绘制。然后布置水泥杆的拉索接头造型,接头造型同样使用已有图形。

操作命令:PLINE、COPY、MIRROR、LINE、ARC、PEDIT、TRIM 等。

操作示意:图 9.23。

（10）绘制连接集尘机及变配电箱的导线及其保护管（UPVC 管及弯头）。

操作方法:导线及弯管的轮廓线为平行线,可通过偏移功能 OFFSET 功能进行绘制。

操作命令:CIRCLE、TRIM、ARC、OFFSET、PLINE、LINE、CHAMFER、POL-YGON、COPY 等。

操作示意:图 9.24。

（11）标注集尘机立面图的尺寸、文字。

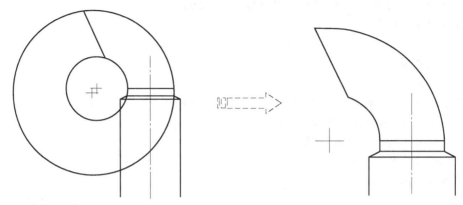

图 9.23 继续布置其他位置的避雷器等

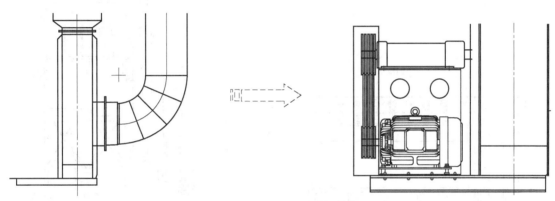

图 9.24 绘制导线及其保护管

操作方法：先使用 DIMSTYLE、STYLE 设置尺寸、文字样式，然后标注尺寸、文字。文字标注根据设计需要进行标注。

操作命令：LINE、CIRCLE、COPY、MOVE、MIRROR、LEADER、QLEADER、TEXT、MTEXT、SCALE 等。

■ 命令:DIMCONTINUE

指定第二个尺寸界线原点或 [选择(S)/放弃(U)] <选择>：

标注文字＝215

指定第二个尺寸界线原点或[选择(S)/放弃(U)] <选择>：

标注文字＝382

指定第二个尺寸界线原点或[选择(S)/放弃(U)] <选择>：

标注文字＝217

指定第二个尺寸界线原点或[选择(S)/放弃(U)] <选择>：

标注文字＝245

指定第二个尺寸界线原点或[选择(S)/放弃(U)] <选择>：

■ 命令:QLEADER

指定第一个引线点或 [设置(S)] <设置>：

指定下一点:<正交 关>

指定下一点:<正交 开>

指定文字宽度 <0.0000>：

输入注释文字的第一行 ＜多行文字(M)＞:集尘机

输入注释文字的下一行:

■ 命令:LEADER

指定引线起点:

指定下一点:

指定下一点或[注释(A)/格式(F)/放弃(U)]＜注释＞:＜正交　开＞

指定下一点或[注释(A)/格式(F)/放弃(U)]＜注释＞:

输入注释文字的第一行或＜选项＞:4

输入注释文字的下一行:

操作示意:图9.25。

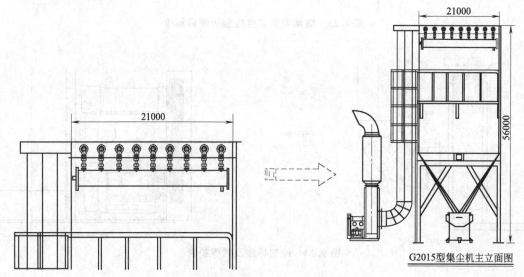

21000

56000

G2015型集尘机主立面图

21000

图9.25　标注尺寸文字等

(12) 绘制表格,标注立面图中相应设施对应的文字内容等。

操作方法:先使用 STYLE 设置文字样式,然后标注文字。文字标注根据设计需要进行标注。

操作命令:STYLE、MTEXT、TEXT、SCALE、MOVE、LEADER、PLINE、LINE、OFFSET、TRIM 等。

命令:TEXT

当前文字样式:"Standard"文字高度:2.5000 注释性:否 对正:左

指定文字的起点或[对正(J)/样式(S)]:J

输入选项 [左(L)/居中(C)/右(R)/对齐(A)/中间(M)/布满(F)/左上(TL)/中上(TC)/右上(TR)/左中(ML)/正中(MC)/右中(MR)/左下(BL)/中下(BC)/右下(BR)]:L

指定文字的起点:

指定高度 ＜2.5000＞:5

指定文字的旋转角度 ＜0＞:0

操作示意:图9.26。

(13) 将杆式集尘机正立面图、侧立面图、平面图及报告等布置在一张图框中。

操作方法:绘制方法与正立面图相同。具体绘制过程在此处略。完成杆式集尘机安装图绘制。

操作命令:INSERT、ROTATE、SCALE、MOVE、ZOOM、SAVE 等。

操作示意:图9.27。

G2015型集尘机技术参数

名 称	规 格
型式	G型集尘机
滤袋材质	聚丙烯腈纤维(覆膜)
滤袋数量	90条
处理能力	210m³/min
静压	250mmAq
滤袋尺寸	$\phi140×L3000mm$
清洗方式	脉冲逆洗式
主机外形尺寸	L2100×W1900×H5600mm

图 9.26　绘制表格并标注文字

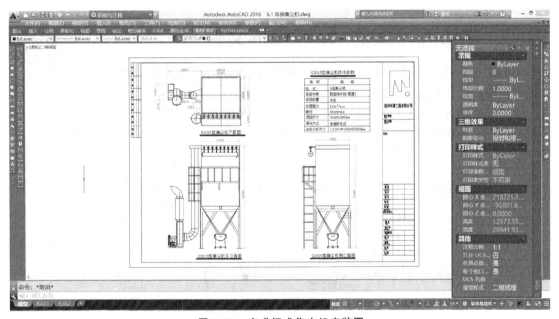

图 9.27　完成杆式集尘机安装图

第10章

环境工程
构筑物施工图CAD绘制

10.0 本章练习案例 dwg 图形文件

本章练习案例 CAD 图形的 dwg 文件下载地址可以通过手机微信扫描右侧二维码获取，获取下载地址后即可通过网络免费下载。

本章所提供的案例为实际环境工程的简化图，仅供练习绘制环境工程构筑物施工 CAD 图使用。进行本章案例 CAD 绘图时，建议下载相应的 dwg 图形文件后再进行操作练习，可

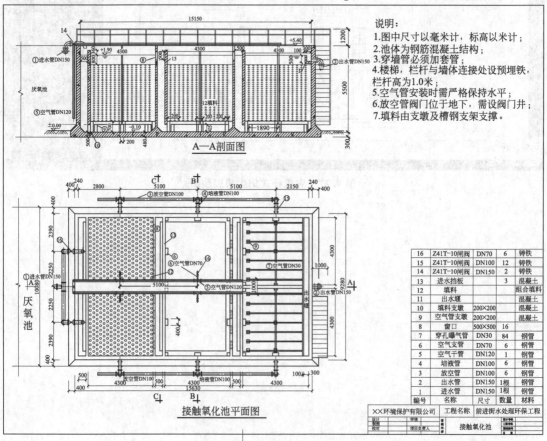

说明：
1.图中尺寸以毫米计，标高以米计；
2.池体为钢筋混凝土结构；
3.穿墙管必须加套管；
4.楼梯，栏杆与墙体连接处设预埋铁，栏杆高为1.0米；
5.空气管安装时需严格保持水平；
6.放空管阀门位于地下，需设阀门井；
7.填料由支墩及槽钢支架支撑。

16	Z41T-10闸阀	DN70	6	铸铁
15	Z41T-10闸阀	DN100	12	铸铁
14	Z41T-10闸阀	DN150	2	铸铁
13	进水挡板		3	混凝土
12	填料			组合填料
11	出水堰			混凝土
10	填料支墩	200×200		混凝土
9	空气管支墩	200×200		混凝土
8	窗口	500×500	16	
7	穿孔曝气管	DN30	84	钢管
6	空气支管	DN70	6	钢管
5	空气干管	DN120	1	钢管
4	培液管	DN100	6	钢管
3	放空管	DN100	6	钢管
2	出水管	DN150	1根	钢管
1	进水管	DN150	1根	钢管
编号	名称	尺寸	数量	材料

××环境保护有限公司		工程名称	前进街水处理环保工程
设计			
审核			
校对	项目负责人	接触氧化池	

图 10.1 某水处理工程接触氧化池

以清楚观察各个图形的形状、尺寸大小等，便于操作练习。

本章详细介绍环境工程构筑物等相关保护设施施工图 CAD 快速绘制方法，所讲解的实例为常见环保工程某水处理工程接触氧化池（如图 10.1）施工图，其他环境工程施工图绘制方法类似。

10.1　接触氧化池平面布置图 CAD 绘制

本节案例以图 10.2 所示某水处理工程的接触氧化池平面布置图为例，讲解其 CAD 快速绘制方法。其他环境设施施工图绘制方法类似。

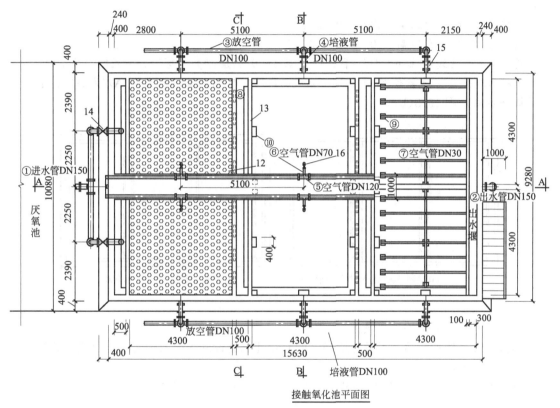

接触氧化池平面图

图 10.2　某水处理工程接触氧化池平面图

（1）先绘制接触氧化池的池体平面轮廓。

操作方法：按接触氧化池的池体平面轮廓大小进行绘制，可以使用 PLINE 及 OFFSET 等命令绘制。线型宽度根据需要设置其大小。

操作命令：PLINE、OFFSET、LINE、CHAMFER、STRETCH 等（其他有关操作命令提示参考前面章节相同命令的内容，在此从略，后面同此）。

操作示意：图 10.3(a)。

命令：PLINE

指定起点：

当前线宽为 0.5000

指定下一个点或［圆弧(A)/半宽(H)/长度(L)/放弃(U)/宽度(W)］：W

指定起点宽度 ＜0.5000＞：0.8

指定端点宽度 <0.8000>:0.8

指定下一个点或[圆弧(A)/半宽(H)/长度(L)/放弃(U)/宽度(W)]：

指定下一点或[圆弧(A)/闭合(C)/半宽(H)/长度(L)/放弃(U)/宽度(W)]：

（2）绘制氧化池池体底层突出的平面轮廓。

操作方法：可以利用偏移 OFFSET 及倒角 CHAMFER 等命令绘制。

操作命令：LINE、OFFSET、CHAMFER、TRIM、STRETCH 等。

命令:CHAMFER

("修剪"模式)当前倒角距离 1=300.0000,距离 2=300.0000

选择第一条直线或[放弃(U)/多段线(P)/距离(D)/角度(A)/修剪(T)/方式(E)/多个(M)]:D

指定 第一个 倒角距离 <300.0000>:0

指定 第二个 倒角距离 <0.0000>:0

选择第一条直线或[放弃(U)/多段线(P)/距离(D)/角度(A)/修剪(T)/方式(E)/多个(M)]：

选择第二条直线,或按住 Shift 键选择直线以应用角点或[距离(D)/角度(A)/方法(M)]：

操作示意：图 10.3(b)。

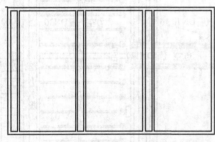 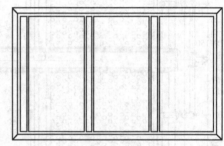

(a)绘制接触氧化池池体平面轮廓　　　　(b)绘制池体底层突出平面轮廓

图 10.3　轮廓绘制

（3）绘制氧化池相关配套设施。

操作方法：按水处理工程设计所确定的氧化池配套设施内容及位置等逐个进行绘制。先从右下侧的楼梯造型开始绘制。

操作命令：PLINE、LINE、OFFSET、COPY、MOVE、TRIM 等。

命令:TRIM

当前设置:投影=UCS,边=无

选择剪切边 ...

选择对象或<全部选择>:找到 1 个

选择对象：

选择要修剪的对象,或按住 Shift 键选择要延伸的对象,或[栏选(F)/窗交(C)/投影(P)/边(E)/删除(R)/放弃(U)]：

选择要修剪的对象,或按住 Shift 键选择要延伸的对象,或[栏选(F)/窗交(C)/投影(P)/边(E)/删除(R)/放弃(U)]：

操作示意：图 10.4。

（4）绘制氧化池中的空气管造型轮廓线。

操作方法：相同的空气管轮廓造型通过复制即可得到。

操作命令：PLINE、LINE、OFFSET、MOVE、TRIM、EXTEND、RECTANG 等。

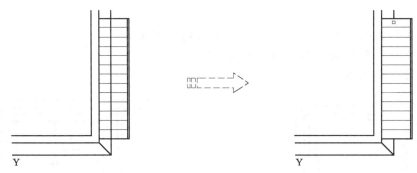

图 10.4　绘制楼梯造型

命令:EXTEND

当前设置:投影＝UCS,边＝无

选择边界的边 ...

选择对象或＜全部选择＞:找到 1 个

选择对象:

选择要延伸的对象,或按住 Shift 键选择要修剪的对象,或[栏选(F)/窗交(C)/投影(P)/边(E)/放弃(U)]:

选择要延伸的对象,或按住 Shift 键选择要修剪的对象,或[栏选(F)/窗交(C)/投影(P)/边(E)/放弃(U)]:

操作示意：图 10.5。

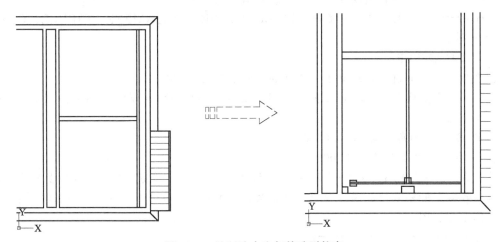

图 10.5　绘制池内空气管造型轮廓

(5) 继续进行氧化池中的其他空气管造型绘制。

操作方法：其他空气管造型大小按设计确定。

操作命令：PLINE、LINE、TRIM、CHAMFER、COPY、MIRROR 等。

命令:COPY

选择对象:指定对角点:找到 9 个

选择对象:

当前设置:复制模式＝多个

指定基点或[位移(D)/模式(O)]＜位移＞:

指定第二个点或[阵列(A)]＜使用第一个点作为位移＞:

......

指定第二个点或[阵列(A)/退出(E)/放弃(U)]<退出>:

指定第二个点或[阵列(A)/退出(E)/放弃(U)]<退出>:

操作示意：图10.6。

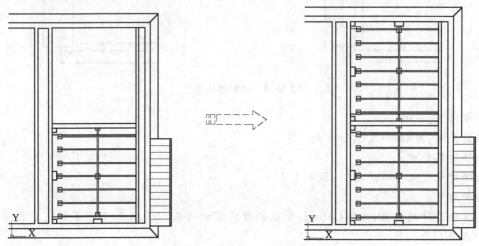

图10.6 其他空气管造型绘制

（6）绘制氧化池的管道造型。

操作方法：先绘制管道轮廓，然后绘制管道阀门造型。

操作命令：LINE、STRETCH、TRIM、OFFSET、CHAMFER、CIRCLE、COPY、MIRROR等。

命令:CHAMFER

（"修剪"模式）当前倒角距离 1＝10.0000,距离 2＝10.0000

选择第一条直线或[放弃(U)/多段线(P)/距离(D)/角度(A)/修剪(T)/方式(E)/多个(M)]:D

指定 第一个 倒角距离 <10.0000>:0

指定 第二个 倒角距离 <0.0000>:0

选择第一条直线或[放弃(U)/多段线(P)/距离(D)/角度(A)/修剪(T)/方式(E)/多个(M)]:

选择第二条直线,或按住 Shift 键选择直线以应用角点或[距离(D)/角度(A)/方法(M)]:

操作示意：图10.7。

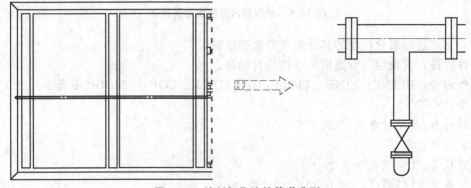

图10.7 绘制氧化池的管道造型

（7）进行镜像得到另外一个对称的管道轮廓造型。

操作方法：注意镜像轴线位置点的选择。

操作命令：MIRROR、MOVE 等。

命令:MIRROR

选择对象:指定对角点:找到 25 个

选择对象:

指定镜像线的第一点:

指定镜像线的第二点:

要删除源对象吗？[是(Y)/否(N)]＜否＞:N

操作示意：图 10.8。

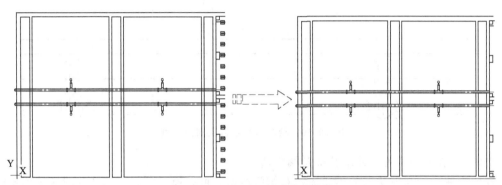

图 10.8　进行对称管道轮廓镜像

（8）继续进行氧化池外围位置管道及阀门轮廓线造型绘制。

操作方法：管道弯管处造型绘制同心圆进行剪切即可。

操作命令：CIRCLE、OFFSET、LINE、PLINE、MOVE、STRETCH、MIRROR、TRIM、COPY 等。

操作示意：图 10.9。

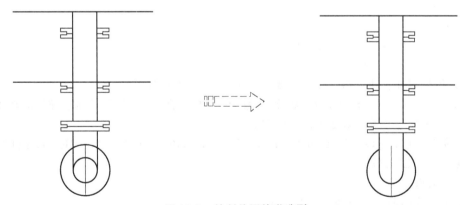

图 10.9　绘制外围管道造型

命令:STRETCH

以交叉窗口或交叉多边形选择要拉伸的对象...

选择对象:指定对角点:找到 2 个

选择对象:

指定基点或[位移(D)]＜位移＞:

指定第二个点或＜使用第一个点作为位移＞：

（9）绘制水平方向管道造型轮廓线。

操作方法：点划线线型通过 LINETYPE、LTSCALE 命令或单击特性工具栏中的线型进行修改，管道阀门使用复制 COPY 命令进行操作。

操作命令：LINE、OFFSET、TRIM、MOVE、COPY、LINETYPE、LTSCALE、STRETCH、MATCHPROP 等。

操作示意：图 10.10。

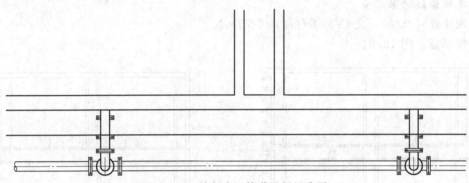

图 10.10　绘制水平管道及阀门造型

（10）绘制另外位置的外围管道及阀门造型。

操作方法：绘制方法同前面所述，对阀门造型，可以通过复制、镜像及旋转等到不同方向相同造型。

操作命令：LINE、OFFSET、PLINE、MIRROR、TRIM、COPY、ZOOM、PAN、SAVE、ROTATE 等。

命令：ROTATE

UCS 当前的正角方向：ANGDIR＝逆时针 ANGBASE＝0

选择对象：指定对角点：找到 101 个

选择对象：

指定基点：

指定旋转角度，或［复制(C)/参照(R)］＜0＞：90

操作示意：图 10.11。

（11）绘制氧化池中一些小方块轮廓，并填充左侧池内图案。

操作方法：填充图案可以按设计绘图效果选择合适的图案。本案例图案选择为"HEX"。注意填充比例、角度等设置调整。

操作命令：POLYGON、COPY、PLINE、MIRROR、TRIM、MOVE、HATCH 等。

■ 命令：POLYGON

输入侧面数 ＜4＞：4

指定正多边形的中心点或［边(E)］：E

指定边的第一个端点：指定边的第二个端点：

■ 命令：HATCH

拾取内部点或［选择对象(S)/放弃(U)/设置(T)］：正在选择所有对象…

正在选择所有可见对象…

正在分析所选数据…

正在分析内部孤岛…

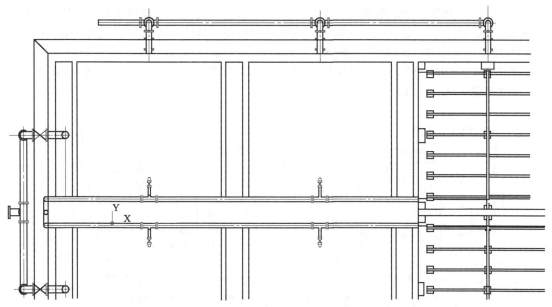

图 10.11　其他位置外围管道绘制

拾取内部点或［选择对象(S)/放弃(U)/设置(T)］:T
拾取内部点或［选择对象(S)/放弃(U)/设置(T)］:
操作示意：图 10.12。

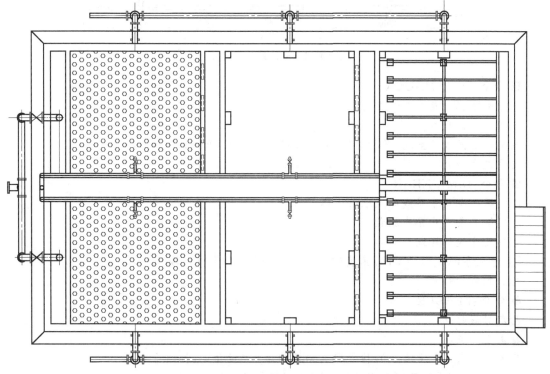

图 10.12　绘制池体中的小方块及填充图案

(12) 标注氧化池等构造大小尺寸。

操作方法：标注氧化池等构造大小尺寸是便于加工和施工。先使用 DIMSTYLE 设置标注格式，包括箭头、文字、比例等内容，然后进行标注。标注标高的三角造型可使用 POLYGON 绘制，文字"±0.000"可输入"％％p0.000"即可。

操作命令：DIMSTYLE、DIMLINEAR、DIMANGULAR、LEADER、ZOOM 等。

操作示意：图 10.13。

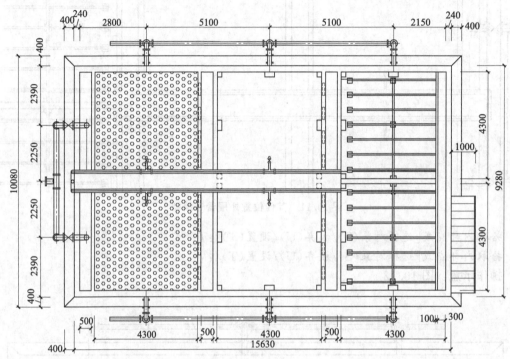

图 10.13　标注氧化池尺寸

■ 命令:DIMANGULAR

选择圆弧、圆、直线或＜指定顶点＞:

选择第二条直线:

指定标注弧线位置或[多行文字(M)/文字(T)/角度(A)/象限点(Q)]:

标注文字＝55

■ 命令:DIMLINEAR

指定第一个尺寸界线原点或＜选择对象＞:

指定第二条尺寸界线原点:

指定尺寸线位置或

[多行文字(M)/文字(T)/角度(A)/水平(H)/垂直(V)/旋转(R)]:

标注文字＝86

■ 命令:LEADER

指定引线起点:

指定下一点:

指定下一点或 [注释(A)/格式(F)/放弃(U)]＜注释＞:机组中心线

指定下一点或[注释(A)/格式(F)/放弃(U)]＜注释＞:

输入注释文字的第一行或＜选项＞:

输入注释文字的下一行：

（13）标注氧化池各个设施的编号。

操作方法：先绘制圆形，然后标注数字文字。文字大小可以使用 SCALE 调整。

操作命令：CIRCLE、TEXT、SCALE、MTEXT、MOVE、SCALE 等。

操作示意：图 10.14。

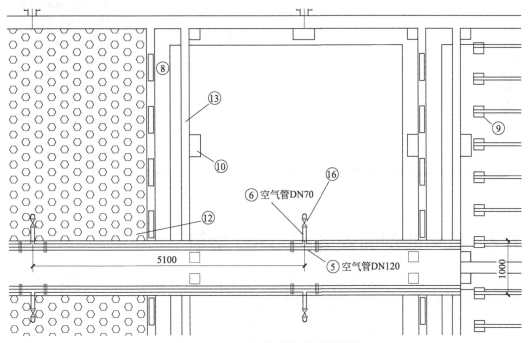

图 10.14　标注氧化池相关设施编号

■ 命令：CIRCLE

指定圆的圆心或[三点(3P)/两点(2P)/切点、切点、半径(T)]：

指定圆的半径或[直径(D)]：

■ 命令：SCALE

选择对象：指定对角点：找到 1 个

选择对象：

指定基点：

指定比例因子或[复制(C)/参照(R)]：2

（14）标注文字内容、其他设计说明、插入图框。完成氧化池平面安装施工图绘制。

操作方法：及时保存氧化池平面图形。

操作命令：LINE、OFFSET、TETX、SCALE、MOVE、COPY、TEXTEDIT、MTEXT、SCALE、TEXT、OPEN、COPYCLIP、PASTECLIP、MOVE、ZOOM、PAN、SAVE 等。

命令：TEXT

当前文字样式："HZDX"文字高度：0.4000　注释性：否　对正：左

指定文字的起点或[对正(J)/样式(S)]：

指定高度 <0.4000>：15

指定文字的旋转角度 <0>：0

操作示意：图 10.15。

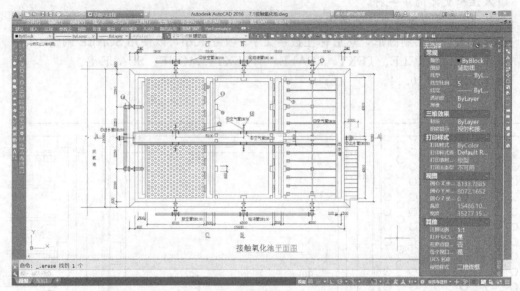

图 10.15 完成氧化池平面安装图

10.2 氧化池剖面安装图 CAD 绘制

本节案例以图 10.16 所示常见的某水处理项目氧化池的剖面图为例，讲解其 CAD 快速绘制方法。其他环境设施施工图绘制方法类似。

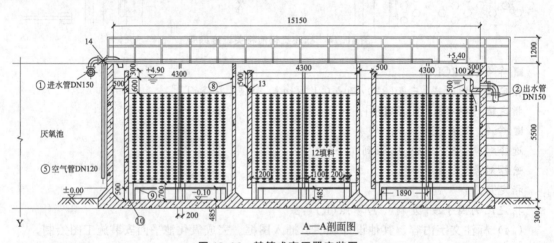

A—A剖面图

图 10.16 某箱式变压器安装图

（1）绘制氧化池结构墙体轮廓。

操作方法：先绘制右侧轮廓，折角使用倒角命令 CHAMFER 快速完成。

操作命令：LINE、PLINE、OFFSET、CHAMFER、TRIM、ZOOM 等。

命令：CHAMFER

（"修剪"模式）当前倒角距离 1＝0.0000，距离 2＝0.0000

选择第一条直线或［放弃（U）/多段线（P）/距离（D）/角度（A）/修剪（T）/方式（E）/多个（M）］：D

指定 第一个 倒角距离 <0.0000>:300

指定 第二个 倒角距离 <300.0000>:300

选择第一条直线或[放弃(U)/多段线(P)/距离(D)/角度(A)/修剪(T)/方式(E)/多个(M)]:

选择第二条直线,或按住 Shift 键选择直线以应用角点或[距离(D)/角度(A)/方法(M)]:

操作示意:图 10.17。

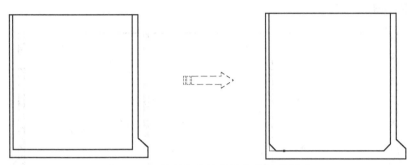

图 10.17 绘制氧化池池体结构墙体轮廓

(2) 继续绘制右侧池体轮廓。

操作方法:左侧部分轮廓可以使用镜像命令 MIRROR 得到。

操作命令:RECTANG、LINE、OFFSET、MOVE、ARC、MIRROR、ROTATE 等。

命令:RECTANG

指定第一个角点或[倒角(C)/标高(E)/圆角(F)/厚度(T)/宽度(W)]:

指定另一个角点或[面积(A)/尺寸(D)/旋转(R)]:D

指定矩形的长度 <10.0000>:4200

指定矩形的宽度 <10.0000>:2300

指定另一个角点或[面积(A)/尺寸(D)/旋转(R)]:

操作示意:图 10.18。

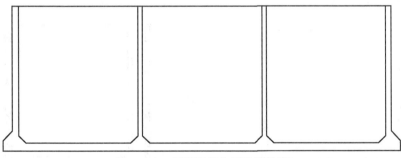

图 10.18 继续绘制右侧池体轮廓

(3) 填充池体墙体结构混凝土材料图案。

操作方法:通过进行两次填充得到混凝土图案造型(分别选择"ANSI31"、"AR-CONC"进行填充)。

操作命令:LINE、ARC、MIRROR、MOVE、TRIM、ROTATE 等。

命令:HATCH

拾取内部点或[选择对象(S)/放弃(U)/设置(T)]:正在选择所有对象…

正在选择所有可见对象…

正在分析所选数据…

正在分析内部孤岛……

拾取内部点或[选择对象(S)/放弃(U)/设置(T)]:T

拾取或按Esc键返回到对话框或<单击右键接受图案填充>:

拾取或按Esc键返回到对话框或<单击右键接受图案填充>:

拾取内部点或[选择对象(S)/放弃(U)/设置(T)]:

操作示意:图10.19。

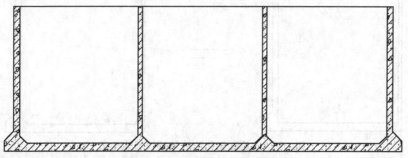

图 10.19　填充池体轮廓图案造型

(4) 创建池体内部构造分隔轮廓。

操作方法:池体内部构造分隔轮廓按设计布置。

操作命令:RECTANG、LINE、MOVE、STRETCH、OFFSET、TRIM、CHAMFER等。

命令:OFFSET

当前设置:删除源=否　图层=源　OFFSETGAPTYPE=0

指定偏移距离或[通过(T)/删除(E)/图层(L)]<通过>: 1210

选择要偏移的对象,或[退出(E)/放弃(U)]<退出>:

指定要偏移的那一侧上的点,或[退出(E)/多个(M)/放弃(U)]<退出>:

选择要偏移的对象,或[退出(E)/放弃(U)]<退出>:

操作示意:图10.20。

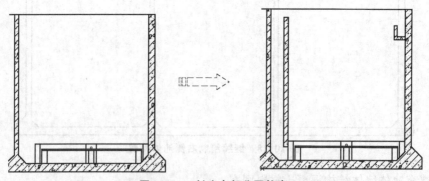

图 10.20　创建内部分隔轮廓

(5) 对内部设施轮廓进行细化。

操作方法:按设备的特点及要求细化其造型。

操作命令:LINE、OFFSET、CIRCLE、MIRROR、COPY、TRIM、MOVE等。

命令:COPY

选择对象:指定对角点:找到 3 个

选择对象:

当前设置:复制模式＝多个
指定基点或[位移(D)/模式(O)]＜位移＞:
指定第二个点或[阵列(A)]＜使用第一个点作为位移＞:
指定第二个点或[阵列(A)/退出(E)/放弃(U)]＜退出＞:
指定第二个点或[阵列(A)/退出(E)/放弃(U)]＜退出＞:
操作示意:图 10.21。

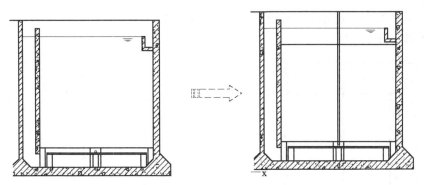

图 10.21　绘制内部细部造型

(6) 绘制池体排水弯管轮廓。
操作方法:按各个设备关系连接方式及位置进行连接导线轮廓绘制。
操作命令:PLINE、TRIM、COPY 等。
命令:PLINE
指定起点:
当前线宽为 0.0000
指定下一个点或[圆弧(A)/半宽(H)/长度(L)/放弃(U)/宽度(W)]:W
指定起点宽度＜0.0000＞:2 5
指定端点宽度＜25.0000＞:
指定下一个点或[圆弧(A)/半宽(H)/长度(L)/放弃(U)/宽度(W)]:
指定下一个点或[圆弧(A)/闭合(C)/半宽(H)/长度(L)/放弃(U)/宽度(W)]:
操作示意:图 10.22。

(7) 绘制池体内侧细部造型。

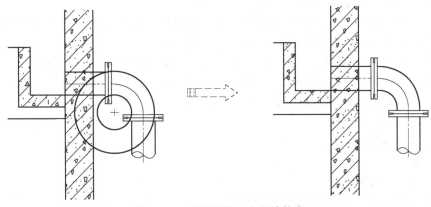

图 10.22　绘制池体排水弯管轮廓

操作方法：先绘制水平及竖直直线。再绘制伞形造型的一根短直线，旋转一定角度。

操作命令：PLINE、TRIM、ROTATE、EXTEND、MOVE、LINE 等。

命令：ROTATE

UCS 当前的正角方向：ANGDIR＝逆时针　ANGBASE＝0

选择对象：找到 1 个

选择对象：

指定基点：

指定旋转角度，或[复制(C)/参照(R)]＜0＞：－29

操作示意：图 10.23。

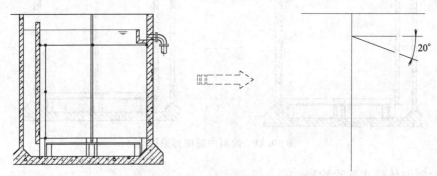

图 10.23　绘制池体内侧细部造型

（8）通过阵列绘制伞形图案造型。

操作方法：伞形图案造型使用环形阵列功能命令 ARRAYPOLAR 快速完成，具体操作详见命令 ARRAYPOLAR 提示的相关输入操作。然后进行镜像得到另外一半。

操作命令：ARRAYPOLAR、MIRROR 等。

命令：ARRAYPOLAR

选择对象：找到 1 个

选择对象：

类型＝极轴　关联＝是

指定阵列的中心点或[基点(B)/旋转轴(A)]：

选择夹点以编辑阵列或[关联(AS)/基点(B)/项目(I)/项目间角度(A)/填充角度(F)/行(ROW)/层(L)/旋转项目(ROT)/退出(X)]＜退出＞：I

输入阵列中的项目数或[表达式(E)]＜6＞：7

选择夹点以编辑阵列或[关联(AS)/基点(B)/项目(I)/项目间角度(A)/填充角度(F)/行(ROW)/层(L)/旋转项目(ROT)/退出(X)]＜退出＞：F

指定填充角度(＋＝逆时针、－＝顺时针)或[表达式(EX)]＜360＞：－70

选择夹点以编辑阵列或[关联(AS)/基点(B)/项目(I)/项目间角度(A)/填充角度(F)/行(ROW)/层(L)/旋转项目(ROT)/退出(X)]＜退出＞：

命令：ARRAYPOLAR

选择对象：找到 1 个

选择对象：

类型＝极轴　关联＝是

指定阵列的中心点或[基点(B)/旋转轴(A)]：

选择夹点以编辑阵列或[关联(AS)/基点(B)/项目(I)/项目间角度(A)/填充角度(F)/行

（ROW）/层（L）/旋转项目（ROT）/退出（X）]＜退出＞:A

　　指定项目间的角度或[表达式（EX）]＜60＞:70

　　选择夹点以编辑阵列或[关联（AS）/基点（B）/项目（I）/项目间角度（A）/填充角度（F）/行（ROW）/层（L）/旋转项目（ROT）/退出（X）]＜退出＞:

　　操作示意：图 10.24。

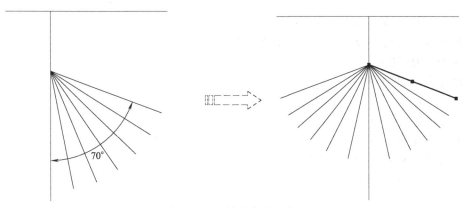

图 10.24　绘制伞形图案

　　（9）绘制复制伞形造型。

　　操作方法：先复制一根，然后整串造型进行复制。

　　操作命令：COPY、MOVE 等。

　　命令:COPY

　　选择对象:指定对角点:找到 230 个

　　选择对象:

　　当前设置:复制模式＝多个

　　指定基点或[位移（D）/模式（O）]＜位移＞:

　　指定第二个点或[阵列（A）]＜使用第一个点作为位移＞:

　　指定第二个点或[阵列（A）/退出（E）/放弃（U）]＜退出＞:

　　指定第二个点或[阵列（A）/退出（E）/放弃（U）]＜退出＞:

　　操作示意：图 10.25。

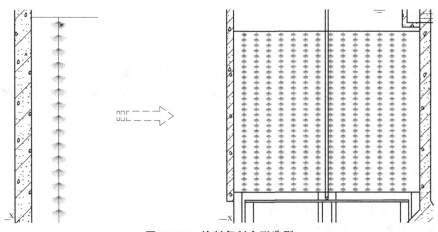

图 10.25　绘制复制伞形造型

(10) 将整个造型复制到另外池体内。

操作方法：复制时注意选择复制定位基点。

操作命令：PLINE、COPY、MOVE、MIRROR 等。

■ 命令：MOVE

选择对象：找到 1 个

选择对象：

指定基点或[位移(D)]<位移>：

指定第二个点或 <使用第一个点作为位移>：

■ 命令：MIRROR

选择对象：找到 1 个

选择对象：

指定镜像线的第一点：

指定镜像线的第二点：

要删除源对象吗？[是(Y)/否(N)]<否>：N

操作示意：图 10.26。

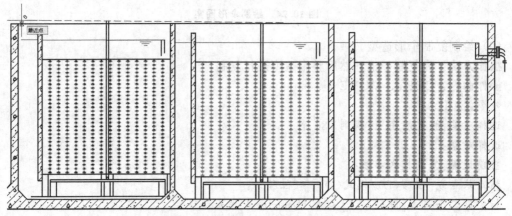

图 10.26 整个造型复制到另外池体内

(11) 绘制其他外墙管道及地面轮廓线。

操作方法：地面轮廓线的图案通过绘制短线，然后复制得到。

操作命令：LINE、PLINE、TRIM、ROTATE、COPY 等。

操作示意：图 10.27。

(12) 绘制剖面图中的栏杆、楼梯等其他设施轮廓。

操作方法：先绘制顶部栏杆轮廓线，再绘制侧面楼梯轮廓。

操作命令：PLINE、LINE、TRIM、OFFSET、CHAMFER、MOVE、MIRROR、COPY、STRETCH 等。

命令：STRETCH

以交叉窗口或交叉多边形选择要拉伸的对象 …

选择对象：指定对角点：找到 4 个

选择对象：

指定基点或[位移(D)]<位移>：

指定第二个点或 <使用第一个点作为位移>：

操作示意：图 10.28。

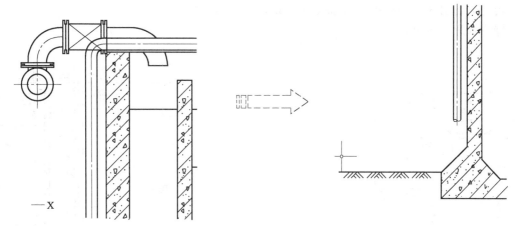

图 10.27　绘制外墙管道及地面轮廓线

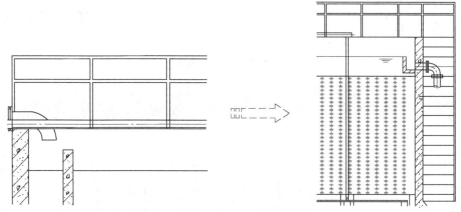

图 10.28　绘制栏杆等其他设施轮廓

（13）标注氧化池剖面图的尺寸及文字。

操作方法：根据需要进行相应的文字、尺寸标注。先使用 STYLE、DIMSTYLE 设置文字样式、标注样式，然后使用 DIMRADIUS、LEADER 等标注尺寸、文字。

操作命令：STYLE、DIMSTYLE、DIMLINEAR、DIMCONTINUS、TEXT、SCALE、COPY、LEADER、MOVE、LINE 等。

命令：DIMLINEAR

指定第一个尺寸界线原点或＜选择对象＞：

指定第二条尺寸界线原点：

指定尺寸线位置或

［多行文字(M)/文字(T)/角度(A)/水平(H)/垂直(V)/旋转(R)］：

标注文字＝300

操作示意：图 10.29。

（14）完成氧化池剖面图绘制。

操作方法：及时保存图形。

操作命令：ZOOM、SAVE、PLOT 等。

命令：ZOOM

指定窗口的角点，输入比例因子(nX 或 nXP)，或者

［全部(A)/中心(C)/动态(D)/范围(E)/上一个(P)/比例(S)/窗口(W)/对象(O)］＜实时＞：

按 Esc 或 Enter 键退出,或单击右键显示快捷菜单。

操作示意:图 10.30。

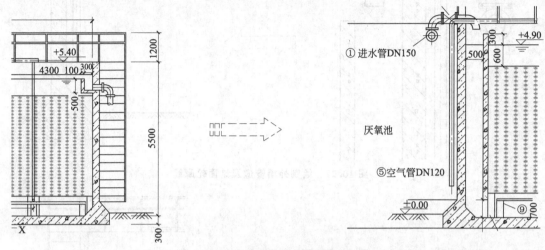

图 10.29 标注氧化池相关说明文字

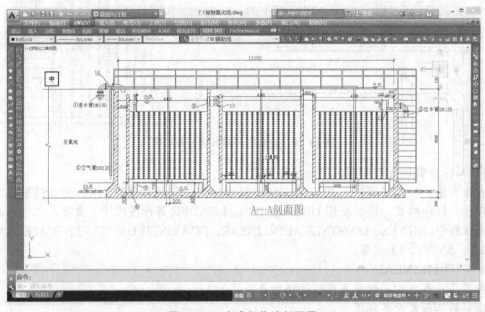

图 10.30 完成氧化池剖面图

(15)继续进行其他图纸内容,如标注设计说明、绘制材料表等,直至完成所有图形绘制。

操作方法:具体内容按设计确定,具体绘制过程在此从略。

操作命令:TEXT、MTEXT、PLINE、SCALE、MOVE、OFFSET、TRIM、EXTEND、ZOOM、SAVE、PLOT 等。

命令:ZOOM

指定窗口的角点,输入比例因子(nX 或 nXP),或者

[全部(A)/中心(C)/动态(D)/范围(E)/上一个(P)/比例(S)/窗口(W)/对象(O)]<实时>:

按 Esc 或 Enter 键退出,或单击右键显示快捷菜单。

操作示意：图 10.31。

16	Z41T-10闸阀	DN70	6	铸铁
15	Z41T-10闸阀	DN100	12	铸铁
14	Z41T-10闸阀	DN150	2	铸铁
13	进水挡板		3	混凝土
12	填料			组合填料
11	出水堰			混凝土
10	填料支墩	200×200		混凝土
9	空气管支墩	200×200		混凝土
8	窗口	500×500	16	
7	穿孔曝气管	DN30	84	钢管
6	空气支管	DN70	6	钢管
5	空气干管	DN120	1	钢管
4	培液管	DN100	6	钢管
3	放空管	DN100	6	钢管
2	出水管	DN150	1根	钢管
1	进水管	DN150	1根	钢管
编号	名称	尺寸	数量	材料

说明：
1.图中尺寸以毫米计，标高以米计；
2.池体为钢筋混凝土结构；
3.穿墙管必须加套管；
4.楼梯，栏杆与墙体连接处设预埋铁，栏杆高为1.0米；
5.空气管安装时需严格保持水平；
6.放空管阀门位于地下，需设阀门井；
7.填料由支墩及槽钢支架支撑。

图 10.31　标注设计说明及表格

（16）将氧化池平面图及剖面图等图形放置在一张图中，缩放视图观察。

操作方法：完成氧化池平面图及剖面图绘制。

操作命令：ZOOM、SAVE、PLOT 等。

命令：ZOOM

指定窗口的角点，输入比例因子（nX 或 nXP），或者

[全部(A)/中心(C)/动态(D)/范围(E)/上一个(P)/比例(S)/窗口(W)/对象(O)]＜实时＞：

按 Esc 或 Enter 键退出，或单击右键显示快捷菜单。

操作示意：图 10.32。

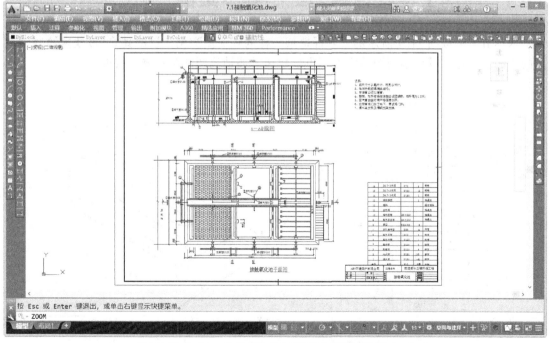

图 10.32　完成氧化池平面图及剖面图绘制

第 11 章

环境工程
轴测图CAD绘制

11.0 本章练习案例 dwg 图形文件

　　本章练习案例 CAD 图形的 dwg 文件下载地址可以通过手机微信扫描右侧二维码获取，获取下载地址后即可通过网络免费下载。

　　本章所提供的案例为相对简单的轴测图，仅供练习绘制环境工程轴测图使用。进行本章 CAD 案例绘图时，建议下载相应的 dwg 图形文件后再进行操作练习，可以清楚地观察各个图形的形状、尺寸大小等，便于操作练习。

11.1 环境工程等轴测图绘制基本案例

　　本小节案例以图 11.1 所示的某零件造型大样的轴测图为例，讲解其 CAD 快速绘制轴测图的方法。通过该零件轴测图的学习，可以快速掌握轴测图的基本操作技能。

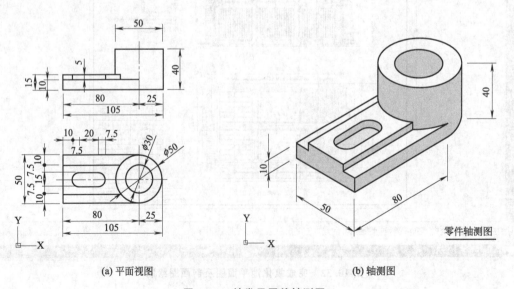

(a) 平面视图　　　　　　　　　　　　　　(b) 轴测图

图 11.1　某常见零件轴测图

(1) 激活为等轴测图绘图状态，然后按 F5 键切换至＜等轴测平面 俯视＞。

操作方法：选择"工具"下拉菜单中"绘图设置"菜单，打开"草图设置"对话框，在"捕捉和栅格"选项卡中选择"等轴测捕捉"选项，然后单击"确定"按钮即可激活。

操作命令：SNAP、F5 按键等。

■ 命令:SNAP

指定捕捉间距或［开(ON)/关(OFF)/纵横向间距(A)/样式(S)/类型(T)］＜10.0000＞:S

输入捕捉栅格类型［标准(S)/等轴测(I)］＜S＞:I

指定垂直间距＜10.0000＞:1

■ 命令：＜等轴测平面 俯视＞

操作示意：图11.2。

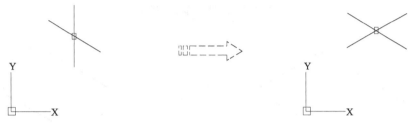

图 11.2 切换至＜等轴测平面 俯视＞

(2) 进行零件轴测图底部矩形轮廓的绘制。

操作方法：按 F8 键切换到"正交"模式，然后执行"直线"命令（LINE），绘制80mm×50mm 的矩形对象。按 F5 键切换至＜等轴测平面 右视＞、＜等轴测平面 左视＞配合绘制。

操作命令：LINE 等。

命令:LINE

指定第一点：

指定下一点或［放弃(U)］:80

指定下一点或［放弃(U)］:50

指定下一点或［闭合(C)/放弃(U)］:80

指定下一点或［闭合(C)/放弃(U)］:C

操作示意：图11.3

(3) 执行"复制"命令进行复制。

操作方法：按 F5 键切换至＜等轴测平面 右视＞，将绘制的对象垂直向上复制，复制的距离为10mm。

操作命令：COPY 等。

■ 命令：＜等轴测平面 右视＞

■ 命令:COPY

选择对象:找到1个

选择对象:指定对角点:找到2个,总计3个

选择对象:找到1个,总计4个

选择对象:

当前设置：复制模式＝多个

指定基点或［位移(D)/模式(O)］＜位移＞:

指定第二个点或［阵列(A)］＜使用第一个点作为位移＞:10

指定第二个点或[阵列(A)/退出(E)/放弃(U)]＜退出＞：

操作示意：图 11.4。

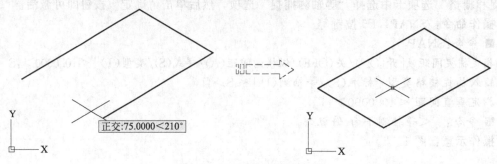

图 11.3　绘制底部矩形轮廓

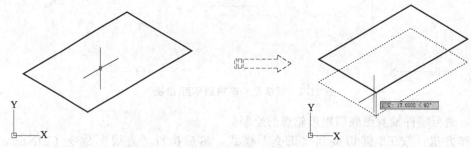

图 11.4　复制矩形

（4）对上下图形轮廓进行连接。

操作方法：执行"直线"命令连接直线段，从而绘制长方体对象。

操作命令：LINE 等。

命令：LINE

指定第一点：

指定下一点或[放弃(U)]：

指定下一点或[放弃(U)]：(回车)

操作示意：图 11.5。

（5）绘制小长方体轮廓。

操作方法：按 F5 键切换至＜等轴测平面 俯视＞，然后按前述大长方体同样的方法，绘制 30mm×80mm×5mm 的小长方体对象。

操作命令：LINE、COPY 等。

■ 命令：　＜等轴测平面 俯视＞

■ 命令：LINE

指定第一点：

指定下一点或[放弃(U)]：80

指定下一点或[放弃(U)]：30

指定下一点或[闭合(C)/放弃(U)]：80

指定下一点或[闭合(C)/放弃(U)]：C

■ 命令：COPY

选择对象：找到 1 个

选择对象:指定对角点:找到 2 个,总计 3 个

选择对象:找到 1 个,总计 4 个

选择对象:

当前设置: 复制模式=多个

指定基点或[位移(D)/模式(O)]<位移>:

指定第二个点或[阵列(A)]<使用第一个点作为位移>:5

指定第二个点或[阵列(A)/退出(E)/放弃(U)]<退出>:

操作示意：图 11.6。

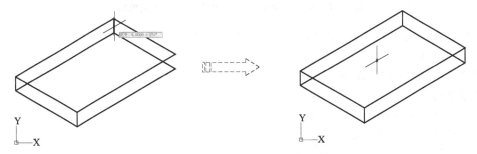

图 11.5 对上下图形轮廓进行连接

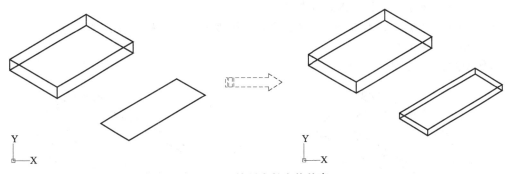

图 11.6 绘制小长方体轮廓

(6) 执行"移动"命令,将绘制的小方长体移至大长方体相应的中点位置。

操作方法：按 F3 键启动捕捉功能,选择小长方体的端部底边轮廓线中心点作为移动基点,然后选择大长方体端部顶边轮廓线中心点作为移动第二个点。同时结合 F8 按键进行操作。

操作命令：MOVE 等。

命令:MOVE

选择对象:找到 1 个

选择对象:指定对角点:找到 8 个,总计 11 个

选择对象:指定对角点:找到 1 个,总计 12 个

选择对象:

指定基点或[位移(D)]<位移>:

指定第二个点或<使用第一个点作为位移>: <正交 关>

操作示意：图 11.7。

(7) 进行长方体线条修剪及删除。

操作方法：根据效果执行"修剪"命令,将多余的线段进行修剪。

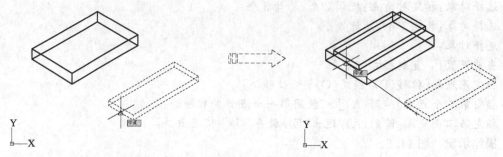

图 11.7　小方长体移至大长方体相应的中点位置

操作命令：TRIM、ERASE 等。

命令：TRIM

当前设置：投影＝UCS,边＝无

选择剪切边...

选择对象或＜全部选择＞： 找到 1 个

选择对象:找到 1 个,总计 2 个

选择对象:

选择要修剪的对象,或按住 Shift 键选择要延伸的对象,或[栏选(F)/窗交(C)/投影(P)/边(E)/删除(R)/放弃(U)]： 指定对角点:

选择要修剪的对象,或按住 Shift 键选择要延伸的对象,或[栏选(F)/窗交(C)/投影(P)/边(E)/删除(R)/放弃(U)]:

操作示意：图 11.8。

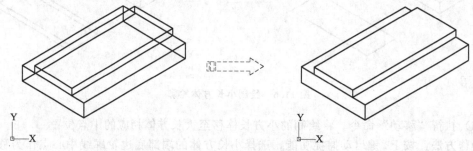

图 11.8　进行长方体线条修剪及删除

(8) 结合捕捉功能绘制辅助线。

操作方法：按 F5 键切换至＜等轴测平面 俯视＞，执行"直线"命令，通过相应中点绘制辅助中心线，再执行"复制"命令，将指定直线段水平向右复制 10mm 和 15mm。可以将其复制的直线段线型转换为点画线线型作为"中心线"对象。

操作命令：LINE、COPY 等。

命令:COPY

选择对象:找到 1 个

选择对象:

当前设置： 复制模式＝多个

指定基点或[位移(D)/模式(O)]＜位移＞:

指定第二个点或[阵列(A)]＜使用第一个点作为位移＞:110.5

指定第二个点或[阵列(A)/退出(E)/放弃(U)]＜退出＞:310.5

指定第二个点或[阵列(A)/退出(E)/放弃(U)]＜退出＞：
操作示意：图 11.9。

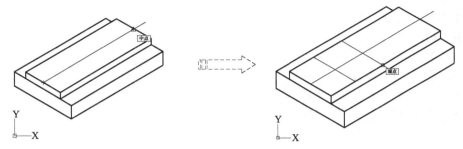

图 11.9　绘制辅助线

（9）绘制轴测图中的 2 个小圆形。

操作方法：执行"椭圆"命令，根据命令行提示选择"等轴测圆（I）"选项，分别指定中心线的交点作为圆心点，以及输入圆的半径值 10.5mm；再执行直线等命令，连接相应的交点。

操作命令：ELLIPSE、LINE 等。

命令：ELLIPSE

指定椭圆轴的端点或[圆弧(A)/中心点(C)/等轴测圆(I)]：I

指定等轴测圆的圆心：

指定等轴测圆的半径或[直径(D)]：10.5

操作示意：图 11.10。

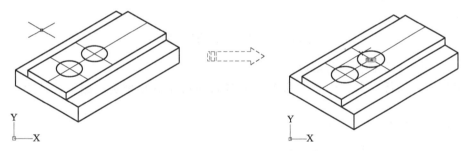

图 11.10　绘制轴测图中的 2 个小圆形

（10）对小圆形进行剪切。

操作方法：通过修剪操作，形成长椭圆效果。

操作命令：TRIM 等。

操作示意：图 11.11。

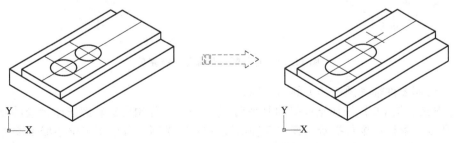

图 11.11　对小圆形进行剪切

(11) 对长椭圆进行复制。

操作方法：按 F5 键转换至＜等轴测平面 右视＞，将该长椭圆效果垂直向下复制，复制的距离为 5mm。

操作命令：COPY 等。

命令：COPY

选择对象：找到 1 个

选择对象：找到 1 个,总计 2 个

选择对象：找到 1 个,总计 3 个

选择对象：找到 1 个,总计 4 个

选择对象：

当前设置： 复制模式＝多个

指定基点或［位移(D)/模式(O)］＜位移＞：

指定第二个点或［阵列(A)］＜使用第一个点作为位移＞：5

指定第二个点或［阵列(A)/退出(E)/放弃(U)］＜退出＞：

操作示意：图 11.12。

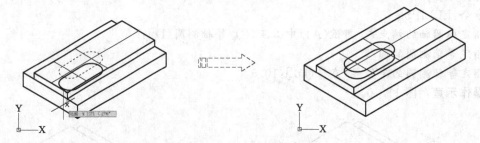

图 11.12 对长椭圆进行复制

(12) 对复制的长椭圆进行修剪。

操作方法：执行修剪、删除等命令，将多余的对象进行修剪、删除，从而形成键槽效果。

操作命令：TRIM、ERASE 等。

操作示意：图 11.13。

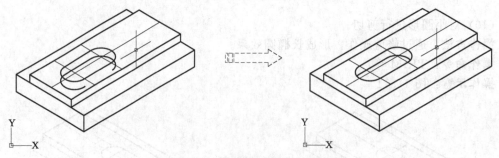

图 11.13 对复制的长椭圆进行修剪

(13) 绘制零件轴测图中的大圆形轮廓。

操作方法：按 F5 键切换至＜等轴测平面 俯视＞，先复制底边轮廓线作为辅助线。执行"椭圆"命令，根据命令行提示选择"等轴测圆（I）"选项，分别指定中心线的交点作为圆心点，以及输入圆的半径值为 25mm。

操作命令：COPY，ELLIPSE 等。

操作示意：图 11.14。

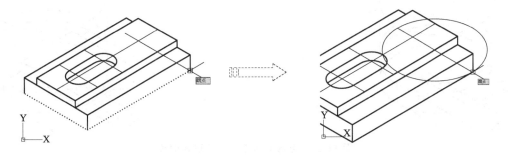

图 11.14　绘制大圆形轮廓

（14）对大圆形进行复制。

操作方法：再执行复制命令，按 F5 键转换至＜等轴测平面 右视＞，将该等轴测圆对象垂直向上复制，复制的距离分别为 10mm、15mm 和 40mm。

操作命令：COPY 等。

命令:COPY

选择对象:找到 1 个

选择对象：

当前设置： 复制模式＝多个

指定基点或[位移(D)/模式(O)]＜位移＞：

指定第二个点或[阵列(A)]＜使用第一个点作为位移＞:10

指定第二个点或[阵列(A)/退出(E)/放弃(U)]＜退出＞： ＜正交 开＞15

指定第二个点或[阵列(A)/退出(E)/放弃(U)]＜退出＞:40

指定第二个点或[阵列(A)/退出(E)/放弃(U)]＜退出＞：

操作示意：图 11.15。

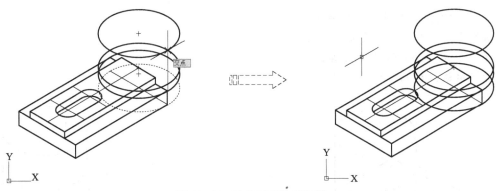

图 11.15　对大圆形进行复制

（15）连接复制得到的各个大圆形轮廓线。

操作方法：捕捉象限点配合绘制。

操作命令：LINE 等。

操作示意：图 11.16。

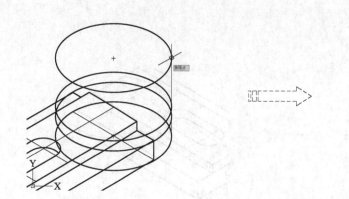
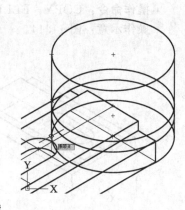

图 11.16　连接复制各个大圆形轮廓线

（16）对复制得到的各个大圆形轮廓线进行修剪。

操作方法：执行"修剪"命令，将多余的圆弧和直线段进行修剪，并删除多余线条。注意中间 2 个大圆形要连接部分轮廓线。

操作命令：TRIM，ERASE，LINE 等。

操作示意：图 11.17。

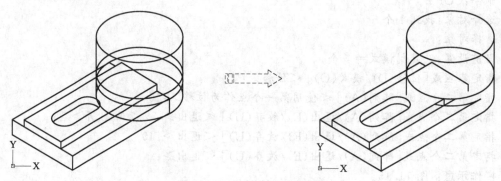

图 11.17　修剪大圆形轮廓线

（17）继续进行修剪，直至完成。

操作方法：注意各个轮廓线关系。

操作命令：TRIM，LINE 等。

操作示意：图 11.18。

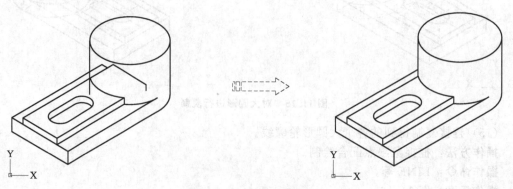

图 11.18　继续进行修剪

（18）在轴测图中创建大圆形中间圆形的轮廓。

操作方法：按 F5 键转换至＜等轴测平面 俯视＞。执行"椭圆"命令，根据命令行提示选择"等轴测圆（I）"选项，捕捉指定大圆形的圆心位置作为圆心点，以及输入圆的半径值为 15mm。

操作命令：ELLIPSE 等。

命令：ELLIPSE

指定椭圆轴的端点或［圆弧(A)/中心点(C)/等轴测圆(I)］:I

指定等轴测圆的圆心：

指定等轴测圆的半径或［直径(D)］:15

操作示意：图 11.19。

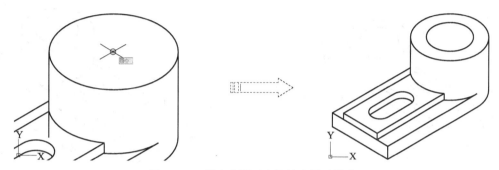

图 11.19 创建大圆形中间的中圆形轮廓

（19）完成零件的轴测图绘制。

操作方法：及时保存图形。

操作命令：ZOOM，SAVE 等。

操作示意：图 11.20。

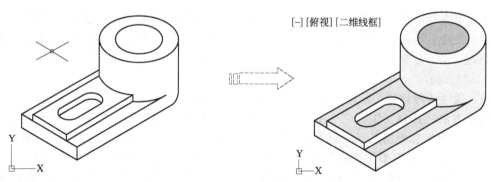

图 11.20 完成零件的轴测图绘制

（20）进行零件轴测图尺寸及文字标注。

操作方法：轴测图的尺寸、文字标注方法参见前面小节所述，限于篇幅，具体标注操作过程在此从略。其他轴测图绘制方法类似，按前述方法练习绘制其他零件轴测图。

操作命令：DIMALIGNED, DIMEDIT, MTEXT, PLINE 等。

■ 命令：DIMALIGNED

指定第一个尺寸界线原点或＜选择对象＞：

指定第二条尺寸界线原点：

创建了无关联的标注。

指定尺寸线位置或

[多行文字(M)/文字(T)/角度(A)]：

标注文字＝50

■ 命令：DIMEDIT

输入标注编辑类型［默认(H)/新建(N)/旋转(R)/倾斜(O)］＜默认＞：O

选择对象：找到1个

选择对象：

输入倾斜角度(按 ENTER 表示无)：90

操作示意：图 11.21。

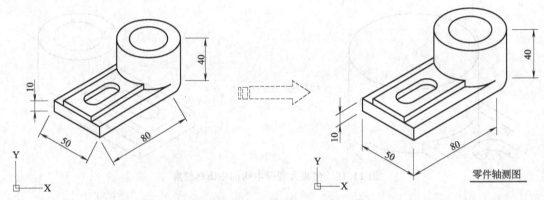

图 11.21　零件轴测图尺寸及文字标注

11.2　环境工程等轴测图绘制专业案例

本小节案例以图 11.22 所示的某废水处理工程工艺局部流程轴测图为例，讲解其 CAD 快速绘制方法。通过该轴测图绘制进一步熟悉及掌握环境工程相关轴测图的绘制操作方法。废水处理工程工艺全部流程图绘制方法类似，其具体绘制过程限于篇幅在此不作一一论述，如图 11.23 所示。

(1) 激活为等轴测图绘图状态。然后按 F5 键切换至＜等轴测平面 俯视＞。

操作方法：选择"工具"下拉菜单中"绘图设置"菜单命令，打开"草图设置"对话框，在"捕捉和栅格"或"捕捉类型"选项卡中选择勾取"格栅捕捉"和"等轴测捕捉"单选项，然后单击"确定"按钮即可激活。在操作中具体切换到＜等轴测平面 左视＞、＜等轴测平面 右视＞、＜等轴测平面 俯视＞其中一个，根据图形方向分析确定。

操作命令：SNAP、F5 按键等。

■ 命令：SNAP

指定捕捉间距或[开(ON)/关(OFF)/纵横向间距(A)/样式(S)/类型(T)]＜10.0000＞：S

输入捕捉栅格类型［标准(S)/等轴测(I)］＜S＞：I

指定垂直间距＜10.0000＞：1

■ 命令：＜等轴测平面 俯视＞

操作示意：图 11.23。

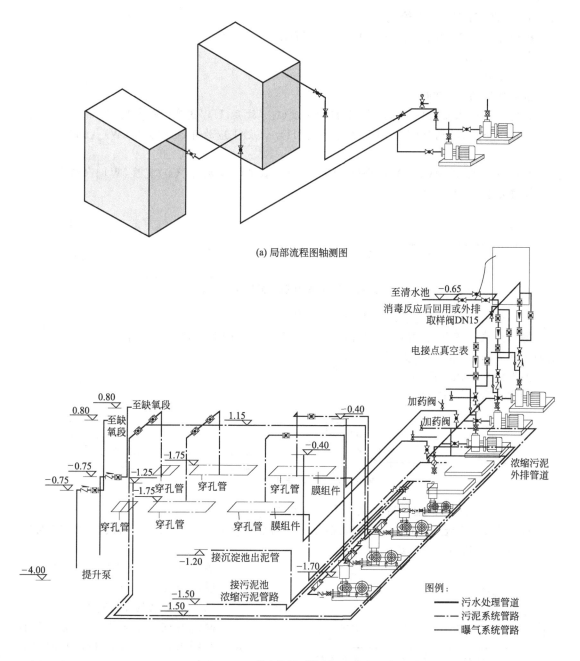

(a) 局部流程图轴测图

(b) 整个流程图轴测图

图 11.22 某废水处理工程轴测图

（2）进行废水处理流程图的轴测图中的水泵设备底座轮廓线绘制。

操作方法：先关闭等轴测图绘图状态绘制水平方向轮廓线。然后按 F5 键切换至＜等轴测平面 左视＞、＜等轴测平面 右视＞、＜等轴测平面 俯视＞配合绘制，按 F8 键切换到"正交"模式，然后

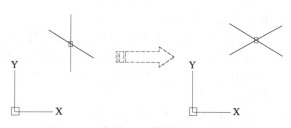

图 11.23 切换至＜等轴测平面 俯视＞

执行命令（PLINE）进行绘制。

操作命令：PLINE、LINE、TRIM、CHAMFER 等。

命令：PLINE

指定起点：

当前线宽为 0.0000

指定下一个点或[圆弧(A)/半宽(H)/长度(L)/放弃(U)/宽度(W)]:1360

指定下一点或[圆弧(A)/闭合(C)/半宽(H)/长度(L)/放弃(U)/宽度(W)]:660

……

指定下一点或[圆弧(A)/闭合(C)/半宽(H)/长度(L)/放弃(U)/宽度(W)]:(回车)

操作示意：图 11.24。

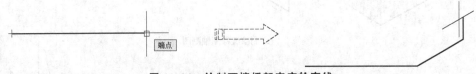

图 11.24　绘制环境桥架底座轮廓线

（3）绘制底座高度轮廓线及上一层轮廓线。

操作方法：按 F5 键切换至＜等轴测平面 右视＞，向上绘制直线，直线长度为 150mm。绘制水平方向段直线可以关闭轴测图绘图状态。

操作命令：PLNE、LINE 等。

操作示意：图 11.25。

图 11.25　绘制底座高度等轮廓线

（4）绘制或连接底座轮廓线上下图形的各个轮廓。

操作方法：结合 F8 键及 F5 键切换至该＜等轴测平面 左视＞、＜等轴测平面 右视＞、＜等轴测平面 俯视＞进行绘制。

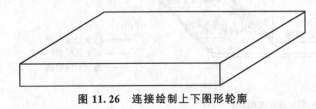

图 11.26　连接绘制上下图形轮廓

操作命令：PLINE、LINE 等。

操作示意：图 11.26。

（5）布置水泵设备轮廓线。

操作方法：水泵设备轮廓造型使用已有图形，不重新绘制，同时结合捕捉功能定位。然后进行剪切，把遮挡部分轮廓线剪切。

操作命令：ZOOM、COPYCLIP、PASTCCLIP、TRIM 等。

操作示意：图 11.27。

（6）绘制外部流程各种管线轮廓及相关设备造型。

操作方法：外部流程管线轮廓及相关设备造型绘制，按一般绘制要求进行绘制即可。

操作命令：LINE、PLINE、CIRLCE、HATCH、OFFSET、COPY 等。

命令：TRIM

当前设置:投影＝UCS,边＝无

选择剪切边…

选择对象或<全部选择>：找到 1 个

选择对象：

选择要修剪的对象,或按住 Shift 键选择要延伸的对象,或

[栏选(F)/窗交(C)/投影(P)/边(E)/删除(R)/放弃(U)]：

选择要修剪的对象,或按住 Shift 键选择要延伸的对象,或

[栏选(F)/窗交(C)/投影(P)/边(E)/删除(R)/放弃(U)]：

操作示意：图 11.28。

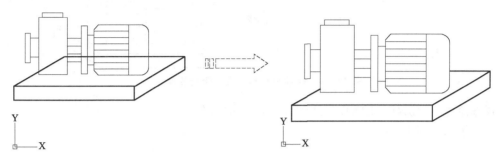

图 11.27　水泵设备轮廓

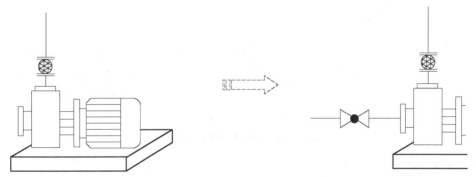

图 11.28　绘制流程图各种管线及设备轮廓

(7) 继续绘制外部流程其他各种管线轮廓及相关设备造型。

操作方法：对水平方向的图形可先关闭等轴测图状态（SNAP）,按常规绘制方法进行。各个管线及设备根据环境工程工艺设计要求进行流程图的绘制及设备布置。

操作命令：SNAP、LINE、TRIM、CHAMFER、COPY、CIRCLE、PLINE、HATCH、OFFSET 等。

命令:CHAMFER(对图形对象进行倒角)

选择第一条直线或[放弃(U)/多段线(P)/距离(D)/角度(A)/修剪(T)/方式(E)/多个(M)]:D(输入 D 设置倒直角距离大小)

指定第一个倒角距离<0.0000>:0(输入第 1 个距离)

指定第二个倒角距离<0.0000>:0(输入第 2 个距离)

选择第一条直线或[放弃(U)/多段线(P)/距离(D)/角度(A)/修剪(T)/方式(E)/多个(M)]:(选择第 1 条倒直角对象边界)

选择第二条直线,按按住 Shift 键选择要应用角点的直线:(选择第 2 条倒直角对象边界)

操作示意：图 11.29。

(8) 绘制左侧管线轴测图。

操作方法：注意结合捕捉功能及 F5 键切换至<等轴测平面 左视>、<等轴测平面 右

视>、<等轴测平面 俯视>进行绘制。

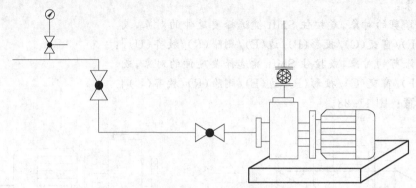

图 11.29　继续进行其他设备管线轮廓绘制

操作命令：PLINE、LINE、STRETCH、TRIM 等。

操作示意：图 11.30。

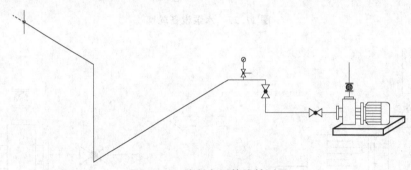

图 11.30　绘制左侧管线轴测图

(9) 布置阀门开关等造型。

操作方法：布置阀门开关等造型通过复制已绘制的图形及旋转快速得到。注意结合 F5 键切换至<等轴测平面 左视>、<等轴测平面 右视>、<等轴测平面 俯视>进行绘制。

操作命令：LINE、PLINE、COPY、MOVE、ROTATE 等。

命令:ROTATE

UCS 当前的正角方向：　ANGDIR＝逆时针　ANGBASE＝0

选择对象:指定对角点:找到 9 个

选择对象:

指定基点:

指定旋转角度,或[复制(C)/参照(R)]<330>：　R

指定参照角 <180>：　指定第二点:

指定新角度或[点(P)]<150>：

操作示意：图 11.31。

(10) 绘制轴测图中的长方体设备容器等造型。

操作方法：使用 LINE 或 PLINE 命令结合 F5 键切换至<等轴测平面 左视>、<等轴测平面 右视>、<等轴测平面 俯视>进行绘制。

操作命令：LINE、PLINE、COPY、MOVE、TRIM 等。

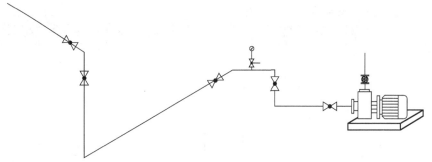

图 11.31　布置阀门开关等造型

操作示意：图 11.32。

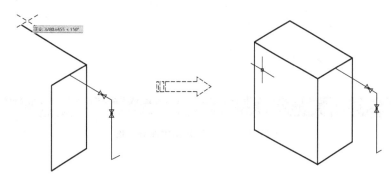

图 11.32　绘制轴测图中的长方体设备容器等

(11) 完成一个流程图的轴测图部分管线及设备绘制。

操作方法：缩放视图观察绘制效果。

操作命令：MOVE、ZOOM、SAVE 等。

操作示意：图 11.33。

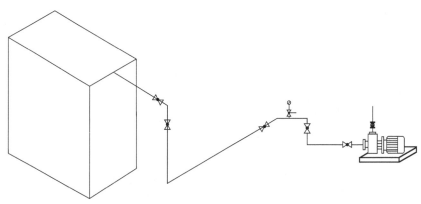

图 11.33　完成桥架轴测图

(12) 按前述方法完成其他工艺流程轴测图绘制。

操作方法：绘制方法与前面讲述。

操作命令：PLINE、LINE、TRIM、ROTATE、COPY、MOVE、ZOOM、SAVE 等。

操作示意：图 11.34。

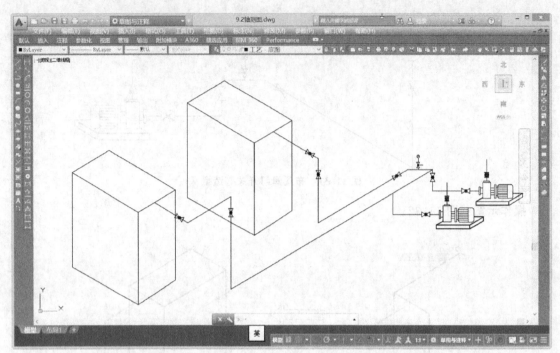

图 11.34　完成部分流程图轴测图

　环境工程 CAD 绘图快速入门（视频 + 案例版）